ZEN Q Practice

ZEN Q
Practice

明心見性企業禪

ZEN Q Practice

眼界決定世界，一切唯心所現！

你之所以能完成不可能的事，
正因為你不知道那是不可能的。

吳三和◎著

自序

危機經常就是轉機，在我生命低潮的時候，我很幸運地接觸到禪法，幾乎是一夕之間，徹見前非。從此之後，「萬般皆下品，唯有修禪高。」

台灣的教育讓我對任何的學科都提不起興趣，念農業科學只是聯考分發的關係而已。三十年前的第一次禪七之後，出門看到的不再是灰色的天空，而是天天天藍。並且突然變得對任何的學科都很有興趣，不僅藝術、哲學、數學、國學，就連國中以來視若畏途的物理也變成我的最愛，同時我也變得喜歡深入思考人生的難題。

那一年幸運地考取教育部公費留學獎學金負笈德國，滯留德國四年九個月期間，更讓我有機會親自觀察先進國家的社會建設與民情素養，並印證禪的內容。

二〇〇七年，生命給我再一次的淬鍊，離開教職的舒適圈（comfortable zone），進行中高齡的轉業，進入企業界。住在天堂的人不到地獄走一回，無法瞭解什麼是天堂；住在地獄的人不到天堂走一遭，也無法知道什麼是地獄。轉換跑道與密集禪修，寬闊了我的視野，更有助於釐清過去的一些疑惑。

以前，我心中一直有一個疑問，歐美先進國家的社會大眾或企業界，他們並不知道「禪」為何物，可是為什麼他們的表現比亞洲口口聲聲談禪的國家還要更接近禪呢？兩、三年來，實質接觸歐美企業界人士後，我終於有了答案。他們無禪之「名」，卻有禪之「實」。對我們大多數的人而言，禪像是圖書館裡塵封已久的檔案，並沒有拿出來落實在生活中。簡單地舉一個例子，佛法居士五戒中有一條「不妄語戒」——不可以說謊，但是每到選舉的時候，我們都會看到好多座橋浮上來，選舉過了，橋就沉下去。在台灣這已經是常態，大家見怪不怪，然而歐美先進國家的人會這樣子嗎？

佛祖在佛教中有無限上綱的崇高位階，而另一方面釋迦牟尼佛又親自傳承「不立文字，教外別傳」的禪宗法門，演化到後來的禪宗祖師大唱「佛來佛砍，魔來魔斬」。唐朝的趙州從諗禪師就說：「佛之一字，吾不喜聞。」禪師們勇於破除造物者的權威，直下承擔自性清淨。所以自達摩祖師攜來禪法之後的中國，禪風鼎盛時，國勢就強大，禪風衰微時，國勢就衰弱。

中世紀歐洲的文藝復興可以說是另類的「禪的解脫」，將歐洲人的思想從神的桎梏中解放出來，這股人文思潮到了十八世紀促成工業革命，逐漸形成國強民富的現代化國家。他們在不知不覺中實踐禪，而不是大唱「口頭禪」。

佛陀在菩提樹下證道後，本來就要入涅槃，大梵天王現身敦請佛陀為渡化眾生而駐留世間，所以若沒有眾生就不需要有佛了。宗教的存在是為服務眾生，企業也是一樣，不能服務消費者的企業是無法生存的。宗教與企業最大的差別只在於有沒有針對它們的服務預先訂價格而已。宗教先服務眾生，受益的眾生自動回饋宗教；企業對於它的產品或是服務先訂下價格，只要消費者認為合理便接受它的服務或產品。宗教可以說是企業的原始雛形。

因為轉換工作的需要，必須補強企業管理的知識，翻過幾本書後，我直覺地意識到這些書講的根本就是「禪」嘛！從一九二〇年代Napoleon Hill的成功學，到一九四〇年代Peter Drucker的通用汽車公司管理學，再到一九九四年《基業長青》的願景企業（visionary company），甚至未來的管理學智慧，基本上都可以用禪來分析貫穿。

一八四〇年清國與英國爆發鴉片戰爭以後，科技或者是企業經營管理學問，只有從西方先進國家傳來東方，沒有一項是反其道而行。然而最近十幾年來，東方國家的禪和西藏的密宗修行逐漸向西方國家輸出，慢慢地形成一股風氣，可見禪法必然有它的殊勝之處。

因此本書裡，我們想由禪的角度來看待企業經營管理。

第一章〈宇宙三個基本原理〉談到一切在變、一切唯心、一切圓滿是宇宙的三個基本原理。禪宗修行在於究明心性，這三個原理即是心性的本質。

經濟發達的國家，通常人民的美學涵養也比較高，而美學涵養的基礎奠基在敏銳的六識。台灣社會長期以來忽略美學的價值，第二章〈禪的認知心理學〉裡，我們由六識修行來看六識提升經濟動能。

關心世界經濟發展的人都想知道，人類經濟發展的盡頭到底在哪裡？第三章〈天人生活與科技經濟〉從天人的快意生活尋找一些靈感，提供創新科技的未來方向。本章裡頭，我們引用《二〇〇〇科技大未來》相當量的資料來支撐我們的看法。

十幾年前，因為商界朋友的推介，《基業長青》這本書讓我印象深刻。近幾年走入企業界的實際體會，重新勾起更多的感觸與發想。因此在第四章〈願景企業的禪觀分析〉裡頭，我們由禪出發來分析這些百年長青企業體的永續祕方，尤其是企業領導者的成功傳承與禪宗祖師的傳承，有異曲同工之妙。

一般社會大眾大多把賺錢當成職業工作的唯一目的，實際上工作報酬僅僅是衡量職業工作成就眾多指標中的其中之一而已。職場是我們離開學校之後的一個很重要的人格養成環境，第五章〈職業是一種修行〉希望提供讀者另類的角度看待職業工作。

張載說：「讀書在於變化氣質。」當職業是一種修行的時候，職業工作更可以變化個人的氣質。

坊間流行的禪書，經常讓人以為禪宗就是驚世駭俗的流派，所以不明究裡的人常以「狂禪」來看待禪宗。在第六章〈禪的修煉〉裡，我們揭開「狂禪」的面紗，讓外界瞭解禪修的真實內容，並且如何啟用禪來服務企業界。

很多人以為蘋果電腦的賈伯斯是天生異稟，其實他驚人的成績和禪有很大的關係。賈伯斯臨終前親自授權華特．艾薩克森寫的《賈伯斯傳》一書，清楚地描述賈伯斯的禪修紀錄。第七章〈企業禪〉的前半部，我們由禪觀的角度解構賈伯斯的成就與智慧，後半部則是整理一些高階經理人參與Supermind領導力訓練營的實驗成果報告，提供企業界參考。

雖然涉足企業界的時間短促，不自量力，倉促撰成管窺蠡測，容或遭譏為野人獻曝，誠願奉效石頭希遷禪師的心偈：「寧可永劫受沉淪，不從諸聖求解脫。」

目錄

第一章

宇宙三個基本原理

「哇！哇！」一聲聲的哭叫，醫院裡一個新生命降生到人間來了；告別式上，哀樂緩緩升起，我們噙住傷懷，送走一位長輩。這個世界有生也有死，為什麼非得這樣不可，難道不能沒有生死？如果可以的話，那該有多好。事實上，這好像是極端不可能的，大智慧者像是儒家的聖人孔老夫子不是說過「生死有命」嘛！

想要不面對生死的問題可能嗎？我們可以迴避生死嗎？談到生死的課題，孔夫子的態度是「不知生焉知死」，所以只能「敬鬼神而遠之」。

兩千五百年前在印度，釋迦牟尼佛以人的立場，深入探索人類生死課題的核心，揭開宇宙的實相，啟示人生的安樂旅程。

佛陀的一大事因緣

二千五百多年前，中印度地區迦毗羅衛國淨飯王的王后摩耶夫人生了一位太子。這位太子深深地影響後來的人類社會，由於出生時的種種瑞相，因此取名「悉達多」，意思是「具備一切德行」。

長大後的悉達多太子智勇雙全，雖然王宮裡頭榮華富貴，但是太子並不快樂，他經常沉思一些奇怪的問題，類似：為什麼他穿著華麗，別人卻穿得很差？為什麼別人要工作，他卻可以整天玩樂？

看到太子不開心，淨飯王決定讓他走出王宮散散心。太子第一次走出東門看到拄著拐杖的佝僂老人，第二次走南門看到一個在路旁垂死呻吟的病人，第三次出西門看到出殯行列躺在棺木裡的死人。這個時候悉達多太子更加迷惑：為什麼人生會有生老病死？怎樣才能解決這些問題？

第四次悉達多走出北門，看到路旁站著一位修道的比丘，法相莊嚴自在。太子趨前很恭敬地問他：「您是什麼人，做什麼事情，為何能呈現令人景慕的莊嚴相？」

比丘回答：「我是一個追求解脫生命桎梏的修行人，隱居僻靜的山林中，斷絕一切煩惱……」

此刻的悉達多太子心裡已經默默地有了答案。

回到王宮的太子，向淨飯王表達出離世間修道的心願。當然，全宮震動。原本希望太子接掌王位的父王極端失望，深怕他拋家棄子，逃禪山林，因此憤怒地下令嚴謹看守太子，不再讓他出宮。

有一個晚上，心意堅定的悉達多吻別熟睡中的太太與兒子，喚醒隨從騎馬逃出王宮。他請隨從回去王宮轉達，想替人類社會尋找一個超脫生老病死的方法。

太子首先進入頻陀山的修行森林中，訪謁婆羅門教仙人求道，雖然修習了禪定，總覺得婆羅門教法也無法究竟。世界上所存有的學問已經到了盡頭，不能幫助他，於是他決定靠自己的力量，深入探索完成。他來到伽耶山的苦行林，坐禪苦修，一天只吃一粒芝麻一粒麥子。六年下來，身形消瘦，皮骨相連。

一日悉達多心想，如此的肉身苦修，也不能解脫，反而不如從前在閻浮樹下，離欲清淨地修法。他站起來，走入尼連禪河，清洗身上污垢。沐洗完後。竟然全身乏力，無法走上岸來，剛好有一位牧羊女端來一碗乳糜供養悉達多。

太子喝下乳糜後，氣力充沛，身體光鮮。起身走向伽耶山麓一棵菩提樹下，坐上金剛座，立下誓願，若不透澈生死源頭的道理，到達正覺涅槃，永遠不下座。

太子快要成就前，魔王波旬率領魔女魔眾下來擾亂太子修行。魔女變現美女輕歌妙舞，搔首弄姿，想引誘太子墮入愛欲的漩渦，但是太子不為所動。魔眾現出種種兇惡鬼臉企圖驚嚇，太子一點也不畏懼。最後魔王用箭威脅太子離座，箭射向悉達多時，自動掉落在金剛座跟前。無法遂願的魔群們終於自動退去。

悉達多太子修入清淨實相的金剛喻定，黎明前出定後瞥見一顆流星畫過天際，便大澈大悟，親證佛道，當下就要入涅槃寂滅，他說：

「奇哉！奇哉！一切眾生皆具如來智慧德相，但因妄想執著，不能證得，若離妄想，一切智，自然智，即得現前。」

這時候天上的天人一知道佛陀想入涅槃，唯恐大法斷絕，緊張得不得了。大梵天王從天上降下人間，請求佛陀為眾生，留在人世間說法，開啟大家的智慧。經過再三懇求，佛陀應允為渡化眾生此一大事因緣而住世說法。

從此我們尊稱他為「釋迦牟尼佛」，也稱為「世尊」，取意為世人所景仰尊崇的人天導師。

世尊所教導的內容是在傳達宇宙的實相智慧，整體宇宙的內容就是禪的內容。延續到今天，禪的任務就是引領眾生解脫開悟，不畏生死，創造自由自在的人生。

生存是人類活動的主要目的。職業活動幫助我們賺取生活資糧，維持這個肉身，免於陷入死亡的恐懼。然而職業工作不僅是現代社會生活中維持肉體生理的必要活動，它也可以提升我們的精神層次，達到解放自我、妙樂人生的靈性開悟境界。

三法印——宇宙三個基本原理

沁涼的夜空，繁星閃爍。走出戶外，看到賞心悅目的這一幕，你有什麼樣的感想呢？

十八世紀德國哲學家康德說：「有兩種偉大事物，我們越思索，我們越充滿讚嘆和敬畏：我們頭上燦爛的星空；我們心中的道德法則。」

至於牛頓呢？有一個晚上，他看累了伽利略的《對話》，走出房間來透透氣。不知不覺地走到蘋果樹下，「撲通」一聲，有個東西落在他的頭上滾到腳邊。他俯下身撿起來一看。啊！一顆蘋果。仰起頭來看到滿樹的蘋果，不經意的同時也瞥見了燦爛的星星。瞬間，腦海閃起了一絲念頭：蘋果會掉下來，星星會不會也掉下來？幾年後，他整理出「萬有引力」解釋天體的運行，更以三大運動定律，解釋定位「物體的運動」。

兩千五百多年前，菩提樹下修證成佛的世尊，證入宇宙實相，那個晚上出禪定之後，瞥見流星畫過天際。他了然於胸，這個現象界是怎麼一回事了。世尊揭示我們三法印——宇宙三個基本原理：諸行無常，諸法無我，常樂我淨。

東西南北上下稱作「宇」，過去、現在與未來叫做「宙」，所以整個時間空間的集合體就是「宇宙」。牛頓萬有引力定律的前提是在絕對的時間空間之下，二十世紀的愛因斯坦提出「相對論」說明時間空間不是絕對的，而是相對的，否定牛頓的觀點。今天開始有新的發現，又否定愛因斯坦的觀點。

禪的三法印是宇宙間三個恆常不變的真理，這三個最基本最徹底的定理，不僅適用於任何時間、任何空間，即使在沒有時間、沒有空間之下也是有效的。

諸行無常——一切在動

諸行無常，一切萬法萬物都在運動中。這個「一切」包括有形的物體，或無形的抽象思考，宇宙一切的一切都涵蓋在內。

桌子放在那邊，一動也不動。乍看之下，好像不會動。是啊，好像沒有在動；實際上它還是在動。巨觀的立場來看，它沒有動；微觀的立場來看，碳原子聚合形成桌子，按照原子理論，電子有沒有繞著原子核在運動呢？今天這個桌子好端端的，明天也是好端端的，一百年後呢？恐怕化為灰燼了。如此，這一百年間的每一天，這個桌子難道不是一天動一點，一天動一點嗎？《列子．天瑞篇》楚國人的祖先鬻熊說：「萬物都在運轉，天地一點一滴地悄悄在動，但是有誰察覺得出來呢？」

成住壞空

人類剛剛降生時，小小一個個體，充其量四、五公斤重而已，經過媽媽的哺乳餵養到五、六歲，身高加長，體重增加，直到三十歲壯年的頂峰，過了這個高峰，體力與身體健康狀況逐漸走下坡，到了四十五歲有人開始有老花眼了，五十歲以後齒搖髮落，甚至會彎腰駝背。七十歲垂垂老矣，生命慢慢地走到盡頭。這樣的生命過程是人類的成住壞空。從出生開始，我們的容貌、神色和體態一丁點一丁點地在遷動直到死亡，經歷出生、茁壯、衰壞到死亡的成住壞空。

我們的思想也是一樣在不斷地遷動中。這個念頭消失了，緊接著下一個念頭生出來了，剛生出來的念頭很快又退場，又上來一個新的想法。昨天下午兩點鐘整的你，跟今天下午兩點鐘的你，絕對不是同一個。身上有幾個細胞死掉了，有幾個細胞新生出來了，所以絕對不會是同一個你。並且昨天那個時間腦袋想的事情，跟今天這個時間想的事情也不一樣。

山河大地的器世界也是在遷動中。美國科羅拉多州的大峽谷怎麼生成的？是幾百萬年來科羅拉多河沖蝕切割所形成的。「白衣蒼狗多翻覆，滄海桑田幾變更」，滄海會成為桑田，桑田也會成為滄海。歷史上黃河幾次更改水道，新的土地露出來，舊的河岸被淹沒。

一切在變

因為一切在動，所以一切在變。因為一切在變，有錢的人會變成沒錢，沒錢的人可以變成有錢，這樣才公平。如果一切不變，有錢的人永遠有錢，沒錢的人永遠沒錢，這個世界就太不公平了，所以還是要「一切在變」才合道理。

「床頭冤家床尾和」，夫妻之間難免吵架，只要一吵架一定沒有好話，因為一切在變，愛會變恨，恨也會變愛；若是一切不變，那可慘了，恨會恨死一輩子，愛也會愛得很慘，愛與恨如同兩條沒有交集的平行線。

哲學家懷海德說：「知識像魚一樣，不容易保持新鮮。」四、五十歲年齡層的世代都見識過近三十年通訊工具的迅速變化。三十年前訊息的傳遞由家用有線電話進步到BB-call，很快地進步到立法院用來打架的黑金剛手機，沒多久又進步到小海豚天線手機，又沒多久進步到所謂的cell phone，又到涵蓋相機功能的智慧手機，今天又進步到具有語音識別能力的手機，可以想像下一步會進化到可以讀取人念頭的智慧手機吧！「學如逆海行舟，不進則退。」今日的明星科技，如果不繼續努力研發進步，明日就落伍被淘汰了，因為一切在變。

商朝的開國君主成湯，在他的洗澡盆上刻著銘文「苟日新，日日新，又日新。」勉勵自己修養個人的品德今日比昨日更好，國家社會一日比一日進步，百姓生活一天比一天美好。順應一切在變的真理才是王道。

昨是今非，今非明是

清朝文人蔣垣與夫人秋芙感情很好。他總感覺太太種的芭蕉樹長大了，植株壯碩，葉片遮擋住書房的光線，並且下雨時，雨打芭蕉，雨聲淅瀝有夠煩人。有一天他在芭蕉葉上寫著：「是誰多事種芭蕉？早也瀟瀟，晚也瀟瀟。」

隔天卻看見芭蕉葉上也有人題字：

「是君心緒太無聊，種了芭蕉，又怨芭蕉。」

秋芙點醒他，芭蕉可是自己的傑作，怎麼出爾反爾。這件事情讓蔣垣玩味不已。

人的思緒很有意思，昨是今非，今非明是，反覆無常。是啊！因為一切在變。「世事如棋局局新」，所以換了位置，順便換個腦袋，就不足為奇了。

今日科技已經非常進步，衛星雷達連颱風都可以追蹤。學生們一聽到颱風要來，心裡都在慶幸又會有颱風假。政府首長卻戒懼謹慎，唯恐錯估颱風的威力，造成人命財產損失，又怕放錯颱風假，引起資方老闆的損失。但是再怎麼謹慎，科技再怎麼厲害，總還是會放錯颱風假。一宣布颱風停班停課，結果風雨都沒有那麼厲害，大眾樂得逛百貨公司看電影。實在也不能怪他們，因為一切在變。

諸法無我——一切無主

「諸法」就是一切的法則，「無我」就是沒有一個固定不變的主宰存在。

快速運轉中的電扇，我們可以看得清一片一片的扇葉嗎？當然不能，只看見一團模糊的扇葉運動軌跡，必須等到電扇停止轉動，我們才分得清它一片一片的形相。一切萬法萬物都在運動中，因此一切現象都不是停止在固定的狀態，所以萬法萬象都僅是運動中短暫存有的虛幻不實的狀況；進而言之，宇宙沒有一個中心點，也沒有一個主宰的存在。

一八七四年奧地利的化學家蔡德勒（Zeidler）合成ＤＤＴ，當時不清楚有什麼作用。一九三九年保羅米勒首先利用ＤＤＴ殺死蚊子及一些農業害蟲，此後ＤＤＴ發揮很大功用，制止傷寒、斑疹等疫病。據估計ＤＤＴ拯救了約二千五百萬人的生命，保羅米勒於一九四八年獲得諾貝爾醫學獎。但是這個聖藥很快地被發現是一種環境荷爾蒙，會造成海鳥蛋殼軟化，以至於瀕臨絕種。一九七〇年代，多數國家禁絕使用。

科學上很多的所謂定律，經常禁不起時間的檢驗，到後來都被推翻了。一九五〇年代醫學上發現生物細胞的ＤＮＡ，當時聲稱這是生物遺傳的最基本物質，它是固定不變的，現在又發現ＤＮＡ還是會受環境影響而改變。

一切唯心

因為一切萬法萬象沒有一個固定中心點，既然一切無主，所以可以一切唯心。人類社會現象及生活樣態，都是人類內心思維表現出來的結果。

就以宗教信仰來說，佛教徒尊崇釋迦牟尼佛，但是釋迦牟尼佛是怎樣的一個標準形象呢？中國的佛像有漢人的臉孔，西藏的佛像有西藏人的臉相，當然日本、韓國的佛像會有他們國人的臉樣。一切唯心所現，如此佛像雕刻表現也不足為奇了。

企業經營學有一個很有意思的「一切唯心」例子。兩個鞋子製造商到非洲，一下飛機，看見非洲的小朋友都不穿鞋子。一個傷心地吶喊：「他們都不穿鞋子，我一雙鞋子也賣不出去！」另一個看到這個現象，好高興地叫出來：「太棒了，這個市場可真大。」

《論語．子罕第九》「子曰：譬如為山，未成一簣；止，吾止也！譬如平地，雖覆一簣；進，吾往也！」堆一座山，只差最後的一籠土沒有堆成就停下來了，是自己要停下來的；填平一個窪洞，倒進一簏土，好像看不見什麼效果，繼續努力，一簏一簏地倒土進去，終於填平了，那也是自己的決心要做才能達成的。「為山九仞，功虧一簣」，是一切唯心所現的結果。

愛因斯坦主張「一切運動都是相對的」，因為觀察者的立場不同而有不一樣的觀察結果。中國梁武帝普通元年，西天竺國的達摩祖師傳來禪法，從中國的立場來看是「祖師西來」，從印度的立場來看，則是「大法東傳」。同樣的一件事情，因為觀察者立足點的不同，而有兩個觀察結果。

梁武帝時代有一位禪門清士傅翕，當時的人尊稱他為傅大士。傅大士平時也耕田種菜，有一次扛著鋤頭回家，騎牛走上橋時，靈感一來做了一偈：

「空手把鋤頭，步行騎水牛；人從橋上過，橋流水不流。」

「滾滾長江東逝水」，平常站在橋頭，我們看到的是水不斷地流過，漸行漸遠。若是有一片葉子漂流在水上，葉面上有一隻螞蟻，就螞蟻的立場來看，則是橋在它的後面，並且越離越遠，是「橋流水不流」。世界上很多的衝突，都是堅持自己的立場才是唯一正確所引起的，傅大士站在橋上，他的心量可以平等觀地從螞蟻的角度看待水流這件事情。

常樂我淨——一切皆空

什麼是宇宙的本體？從上古時代人類有思想之後，就一直不停在探討這個問題。探討宇宙的本體就是在探討：形成這個宇宙的最根本原因是什麼？

目前最為常見的本體論即是物質科學的原子論。十九世紀初，英國科學家道耳吞提出原子說認為，一切物質是由最小不可分割的粒子所組成，這個粒子叫做原子。雖然唯物科學的原子論是當今顯學，但是用來解釋人類的精神文化，則稍嫌不足。

悶熱的夏天，在大樹下納涼，薰風拂面，是一大享受。而這棵傘蓋大樹是怎麼形成的呢？當然是從一顆小小的種子發生的。這顆種子就是這棵大樹的本體。那麼宇宙的本體是什麼？禪的術語裡，我們管它叫做「真如本性」，也稱作「佛性」。

不管有生命或無生命，有形相或是沒有形相，看得見的或是看不見，宇宙的任何一個成員都具有真如本性。佛性是清淨而沒有污染的，佛陀具有佛性，凡夫也同樣具有佛性，像是數學的公約數一樣，一切眾生與事物法則都有這個公約數「佛性」。

佛性為一切眾生有情無情所共通共有，因此它是一個「大我」。清淨無染的大我，所以稱為「我淨」；因為清淨沒有污染，所以是一種絕對永恆的快樂，因此稱作「常樂」。

「生滅滅已，寂滅常樂」，一般而言，現象界中的快樂是生滅法的快樂。什麼是生滅法？比如你中了樂透第一特獎一億元，好高興好高興；但是彩券放在褲子裡忘了拿出來，換洗衣褲時，被洗衣機絞壞了。先前的快樂很快地消失變成無限的懊惱，這樣的快樂就是相對性的快樂，它不是絕對永恆的快樂。「生滅法」就是有大就有小；有生就有死，有快樂就有痛苦。相對於如此的生滅法，真如本性是寂滅法，是絕對的不是相對的，是寂滅的「空性」。佛性即是寂滅空性，一切眾生事物法則都有佛性，所以稱作「一切皆空」。

大家可別看到這個「空」字，便誤以為「一切皆空」說的是一切都不存在，所以財產可以不要了，職業可以不要了。當然不是這個意思。「空」的意思是晶瑩剔透的純潔無瑕。在印度，禪的修行已經證知清淨無染的寂滅空性，但是佛法傳入中國以前，中國的玄學探索尚未能探入如此勝境，所以沒有一個漢語可以相對應於印度的寂滅空性。因此翻譯佛經時，不得已只好藉一個「空」字，希望盡量詞能達意地完美表達「寂滅空性」。

滯留德國念書期間，有一個秋天的午後，我坐在麥田邊沉思，欣賞一波一波的金黃麥浪，靈光一閃，突然想起為什麼西方文化中沒有相對於東方人「謙虛」的用語。小麥成熟時，麥稈硬撐著麥穗，由於麥穗的重量導致穗軸有一點點的彎曲。稻子的情況則不一樣，稻穀成熟時，稻穗甚至會倒垂下來。穀粒越飽滿，稻穗彎得越厲害。所以中華文化的內容，修養越好的人越謙虛，就像飽滿的稻穗一樣。西方的文化卻不是如此，年紀大了卻不服老，企圖抗拒生命的成住壞空，瀰漫著希臘的悲劇精神，就像小麥成熟時的表現一樣。因為西方生活中沒有水稻的作物，他們無法體會謙虛的意義，因此也沒有同位於我們「謙虛」的用詞。

語言是一種符號，用來表達生活文化中的某一種事態。一個文化中若缺乏對某一事態的認知，就無法創立出相對應的詞彙。空性一詞之於中土，就如同謙虛一語之於歐美。如果要完全體會「空性」，就得完全證悟宇宙本體，所以禪門心法是「言語道斷，心行路絕。」

一切如意

因為一切皆空，所以可以一切如意。空性本體就像一張未畫上顏色的畫布一樣，可以由你隨心所欲地畫上自己喜歡的圖案，只要你高興就好。真如本性就像一個空杯子，想要喝茶，就倒入茶來喝，要喝酒，就斟上酒，要喝汽水，就盛汽水，沒有人限制你這個空杯子應該如何使用，完全由你自由自在地使用。

誰綁住你了

中國的禪宗從初祖達摩祖師經二祖傳到三祖僧璨禪師。有一位十四歲的小沙彌道信，久仰僧璨大師的法名，登門求教。

道信一見面就行大禮拜，說：「請大和尚慈悲，教我解脫的方法。」

僧璨禪師問：「誰綁著你？」

道信沙彌答：「沒有人啊！」

僧璨禪師說：「既然沒有人綁住你，那你要解脫什麼？」

道信一聽，為之一震，言下契悟，決心依止僧璨大師修行。道信禪師傳承僧璨的禪法，後來成了中土禪宗四祖。

絕對運動

愛因斯坦（Albert Einstein）主張世界上所有的運動都是相對的，那麼到底絕對運動存在或不存在呢？相對運動是由絕對運動而發生的。生命就是一種一切如意的絕對運動。

坐在火車上

「火車快跑，火車快跑，穿過高山，渡過小溪，一天要跑幾百里。快到家裡，快到家裡，媽媽看了心歡喜。」這是一首小學時代唱過的童歌，它也讓我回憶起第一次坐火車的感覺。

回憶起五歲時第一次坐火車的情況：汽笛響了，火車慢慢向前推進，很驚奇地我看到窗邊的樹和電線桿是向後走的。當時很訝異，問媽媽。媽媽沒有給我很滿意的答案，只說：「傻孩子，哪有樹向後走這回事！是我們在前進啦！不要亂想了。」從此我就默默地刻意告訴自己，是我們在前進，不是樹在向後退。見怪不怪之後，以後坐火車，「樹向後退」毫無痕跡很自然地被轉譯成我們向前進。

坐在前進的火車中，如果拉下窗簾時，到底你有沒有在向前進。答案是肯定的：有！可是你感覺得出來，你在前進嗎？當然感覺不出來，有才怪呢！沒有感覺到自己在前進，但實際上你的確是在前進。這個的確在前進就是「絕對運動」，只是我們所認知到的「絕對運動」，仍然是透過思考推理（inference）所結論出來的。若不用經過推理就可以確知自己是在向前進，那可名符其實真的是絕對運動。或我們可以說，絕對運動本身是無法被認知的，一旦動心起念想去瞭解認知或是定位絕對運動時，就一定馬上墮入相對運動的範疇內，因為你必須開啟窗戶看見樹往後走，才能肯定自己在前進。

美國有一位老人在公路旁經營一家小吃店，當時正處於經濟不景氣的年代。老人眼力差無法看報讀書，聽力不好無法與人交談，因此他完全不知道外頭經濟狀況很差。老人把店面整理得美觀亮麗，豎起醒目的招牌，餐點也做得非常引人垂涎，路過的客人聞香下馬，就連沒錢的人也會心動。

老人辛勤地工作，送兒子去讀大學。兒子修了經濟學課程，瞭解不景氣的事情，聖誕節放假回到家，看見家裡生意好得異常。

兒子告訴父親：「這裡不太對勁，生意不該這麼好，難道你不知道外面景氣很差嗎？」

兒子告訴父親整個外頭的經濟慘狀，人們如何節衣縮食，縮減開支。老人受兒子的影響，新年度停止了任何積極的措施，節省開支。當然，生意一落千丈。

復活節假期兒子回來了，老人說：「我要謝謝你告訴我景氣差的消息，一點也沒錯，連我的生意也受到波及，大學教育的確管用。」（註一）

生存本身就是一切如意的絕對運動

如果有人向禪師發問：「什麼是生存的意義？」這個問題本身就已經是一個問題。所以禪師給的回答往往是默默無語，或一些毫不相干的無厘頭答案。但是所有可能得到的回答都是這個問題的正確答案。這就好像坐在關著窗簾向前推進的火車上，卻不知道自己在前進。為了想確定自己是否在前進，只有把窗簾拉上來，看到樹向後走之後，才敢肯定自己是在前進。其實不管是看到樹向後走，或電線桿向後走……甚至關著窗簾看不到外景，都不會影響到你坐著火車向前走的鐵證事實。

「生存」本身的一切運作，就是生存的意義，生存本身就是自由自在不被局限的，所以一興起想要瞭解「什麼是生存的意義」的念頭時，就已經自我綁手綁腳了，不管找到什麼樣的答案，反而是落入自導自演自賞、自我設計出來的陷阱裏頭。

因此坐在關著窗簾前進中的火車，心血來潮突然想要瞭解自己是否在前進時，就在這個剎那，已經由絕對運動產生出相對運動來，當然可以找出很多組合的相對運動來定位獨一無二的絕對運動。

「行於所當行，止於所不可不止」，生命宛若行雲流水，行止自然得宜，是沒有時間與方所限制的自由自在絕對運動。

悠遊於名利之間

乾隆皇帝賞遊江南到了鎮江，登上金山江天寺，看見錢塘江上船隻來來往往。

他問江天寺住持和尚：「你在這裡住了多久？」

住持和尚回答：「五十年。」

乾隆問：「五十年來，每天有多少船隻來往？」

住持和尚回答：「只有兩條船，一條為名，一條為利。」

一聽咋舌，名利二字充滿銅臭味，諸方名士聞言止步。但名利卻成就日本帝國。明治天皇的首相伊藤博文說：「計利當計天下利，求名當求萬世名。」

十九世紀中期，西方列強不僅侵略中國，同時也覬覦日本。日本英雄豪傑革命志士紛紛挺身要求掌權的德川幕府「大政奉還」天皇，德川幕府後來自廢武功相忍為國，江戶無血開城，勤王與佐幕兩派相泯恩仇，效力建設新國家，使日本帝國躋身世界列強。如此的「天下利」與「萬世名」當然要鼓勵眾人追求，不僅是追求，而且要爭先恐後，拚死命地追求。

體、相、用

八國聯軍侵犯清帝國北京時，兩江總督劉坤一與湖廣總督張之洞等人發起東南自保運動，在理學上他們主張「中學為體，西學為用」。「體」是什麼？「用」是什麼？這個自念國中以來一直困擾著我的問題，後來在禪學裡找到了答案。

宇宙三個基本原理可以衍生為：

常樂我淨，一切如意↓體；

諸法無我，一切唯心↓相；

諸行無常，一切在變↓用。

體、相、用是怎麼一回事，底下用一些例子來說明。

氣體動力論

高中化學課本裡提到的氣體動力論，很適合用來說明「體、相、用」。

一個密閉容器內，氣體的壓力乘以體積的積，等於該氣體莫耳數乘以常數，再乘以絕對溫度的積。

PV = nRT

P=壓力；V=體積；n=氣體莫耳數；R=：0.082；T=絕對溫度。

日常生活中，我們可以經常看到這個定律的運用。

一般在公路上所看到的內燃機動力車，有汽油車與柴油車兩種。內燃機原理是使燃料油在引擎內由液體變成氣體，再點火燃燒產生動力。

汽油車使用以汽油為動力來源的引擎。汽油由液體變成氣體的沸點比柴油來得低，所以汽油引擎密閉器內壓力比較低，就可以讓汽油汽化，因此引擎壁不用太厚就可以達成目的。

反觀柴油，因為沸點比較高，引擎壁要厚一些才能承受較高的壓力。所以柴油引擎比起汽油引擎要厚重多了。

廚房料理用的壓力鍋也是運用氣體動力論原理。一般我們用水煮東西，達到攝氏一百度時，水燒開了，因為鍋蓋沒有密閉，蒸氣會衝開鍋蓋散失，所以水溫會一直維持在一百度。壓力鍋相當於一個密閉容器，由於密閉的關係，水蒸氣持續保留在鍋內，鍋內壓力持續增加，所以溫度也上升超過一百度。更高的溫度煮熟東西更快，所以壓力鍋煮東西比一般鍋子效率來得高。

有一家鐵板燒餐廳，料理很好吃，師傅炒的菜也可口清脆。我一直在探索他們炒菜的祕訣。後來我弄懂了，師傅在熱鐵板淋上少許的油，放上蔬菜，拌了幾拌，然後以一個半球型的鍋蓋蓋住，並且雙手緊壓鍋蓋，以上半身的重量鎮住鍋子，不讓一絲絲的氣沫露出，約莫兩分鐘，掀開鍋蓋即盛盤出菜。如此炒出來的蔬菜清甜鮮美。其實這還是氣體動力論的運用，鎮住半球形鍋蓋時，它形成一個密閉空間，鍋內壓力越大，溫度越高，而且空間內每一點溫度都一樣，任何一部分的菜體均勻地接觸到同樣的溫度，所以熟脆度都一樣。

汽油引擎、柴油引擎、壓力鍋和鐵板燒炒菜，運用的都是同一個原理：氣體動力論。原理即是「體」，氣體動力論就是「體」；由這個原理展現出四個不同的「相」，也就是呈現出四個不同的樣貌；四個「相」有四個各自特有的功能作用，亦即四個相有各自所屬的「用」。

這就是「體、相、用」。原理本身並沒有相態，你能說出PV=nRT到底是什麼相貌嗎？可是汽油引擎、柴油引擎、壓力鍋和鐵板燒炒菜，任何一個「相」一定都有這個「體」，因而顯現不同的「用」：汽油車速度快，柴油車載重力強，壓力鍋快速煮熟食物，鐵板燒烹調清脆蔬菜。

橘逾淮而北為枳

《晏子春秋．內篇雜下》：「橘生淮南則為橘，生於淮北則為枳，葉徒相似，其實味不同，所以然者何？水土異也。」枳者，柑橘之品質差者。淮南與淮北的橘樹是同一個品種，可是不一樣的環境下，其結果也不一樣。橘子在淮南是甘甜的，跑到淮北來，則變成酸苦的枳。甘甜的橘子適合鮮食，作飯後水果；酸苦的枳卻只能做中藥的枳殼！

大學時代念到生物學，提及生物的基因型（Genotype）和表現型（Fenotype），我一直沒有弄懂過。二十年後，我終於弄懂了，不過還是透過禪才弄清楚的。基因型與表現型其實就是「體」與「相」。我們永遠無法瞭解掌握某一種生物的基因型是什麼，但是所有這種生物在全世界任何一個角落的生長相的總合，我們可以認為這個總合體，已經很接近它的基因型了。說來好像很玄的樣子，讓我舉個例子來說明吧！

大家都知道李遠哲博士是諾貝爾獎得主。假設李遠哲博士一直留在台灣，而沒有去美國深造的話，那麼他會拿到諾貝爾獎嗎？相信很多人跟我一樣都認為不會。如此一來，這個留在台灣的李遠哲和在美國的李遠哲，是不是同樣一個李遠哲呢？其實他的本質沒有改變，也就是他的「體」沒有變過，但是美國的環境塑造了一個拿諾貝爾獎李遠哲的「相」，台灣的環境卻造就了一個拿不到諾貝爾獎的李遠哲的「相」。所以李遠哲先生到底能不能拿到諾貝爾獎就跟他的本質無關，而是跟他所處的環境密切相關。因此一切都是環境條件在決定基因的表現。有了這樣的認知之後，應該可以瞭解我們所看到一切生物的相貌，其實只是反映生存環境加諸在它身上的作用而已。

兩千五百年前，漢學就已經有體、相、用的認知了。淮南的柑橘與淮北的柑橘是同一個品種的柑橘，也就是它們來自同一個體，但是在不同環境中現出不同的相，而有不同的用。

臨濟義玄禪師登上法堂說：「赤肉團上有一個無位真人。經常在你們面門進進出出。還沒有體證到的人，再參看看！」

有一個和尚起身問：「什麼是無位真人呢？」

臨濟禪師衝下講座，揪住這個和尚大聲喝道：「快說！快說！」

和尚一句話也說不出來。

臨濟禪師打了一掌並推開他說：「無位真人值什麼乾屎橛！」（註二）

衛生紙尚未盛行以前的年代，排糞之後人們使用竹片或是木片刮除肛門口殘餘，四、五十年前台灣有些比較鄉下的地方，仍然使用這種方法擦拭肛門口。「乾屎橛」就是拭淨人糞之橛片，是很普遍，一點都不稀貴的平凡物。「赤肉團」指的是我們每一個人，「無位真人」就是真如自性，也就是體。每一個人「相」，都具足佛性的「體」。這個「體」是普世泛有的，你有我有他也有，大家都有，一點都不稀有，所以「無位真人值什麼乾屎橛。」

清兮濯纓，濁兮濯足

三閭大夫屈原因為直諫惹禍被楚王放逐。屈原形容憔悴，步履蹣跚踽踽江邊。

打魚的漁父看到了，問：「你不是三閭大夫嗎？怎麼會在這裡遊蕩呢？」

屈原答：「舉世皆濁我獨清，眾人皆醉我獨醒，所以被放逐了。」

漁父說：「唉！聖人不拘泥僵化，而能順應時勢。既然全天下都混濁了，為什麼不能一起和稀泥呢？所有人都爛醉了，那就大碗酒大塊肉一起歡樂啊！何必特立獨行，徒使自己遭到放逐啊！」

屈原答：「我聽說剛洗過頭的人，要把帽子上灰塵拍掉才戴上；剛洗過澡的人，也要把衣服抖乾淨才穿上。我怎能讓我清淨的身體被這些穢物污染呢？寧可跳入湘江，葬身魚腹，也不願意讓我清白的人格蒙塵受損！」

漁父笑一笑，一邊搖著槳離開一邊唱著：「滄浪的水清澈的話，可以洗我的帽帶，滄浪的水污濁的話，就用來洗我的雙腳吧！」不再理會他了。（註三）

劉向：「動亂時代，聖賢隱伏。」劉向的話說明了環境的作用。太平清明的時代，聖賢輩出；相反的狀況下，聖賢紛紛隱遁不出。當代的環境容不下憂國憂民的屈原，所以也怪不得漁父所主張的，如果水不夠清淨的話就拿來洗洗腳吧！

唐太宗李世民輔佐唐高祖李淵，起兵推翻隋煬帝的暴政。李世民身邊有眾多的人才，文才像是魏徵、杜如晦、房玄齡、薛收、孔穎達、虞世南、褚遂良，武將如尉遲敬德、李靖、侯君集、殷開山、秦叔寶等人。隋煬帝之所以滅亡並非缺乏人才，而是不會用人才。隋滅唐興，這些唐帝國的開國功勳都曾經在隋煬帝期間任過官職，只是都沒有得到重用。人才易地開花，他們轉到唐太宗手下，才有機會發揮才能，協助李世民成就大業。

一切眾生都具有如來的清淨圓滿佛性，先進國家與開發中國家的人民同樣具足如來的智慧德性，為什麼兩者之間國家建設與人民生活差異那麼大？這一切只說明一件事情：環境的重要性。這裡所指的「環境」涵蓋政治制度、社會習俗、人民涵養、評估辦法，甚至成功的定義。任何的時代、任何的國家都一定有人才。開發中國家的人才不會比先進國家少，只是開發中國家的環境埋沒人才，而先進國家的環境讓人才發光發亮。

不少的家長省吃儉用存下一筆錢，為的是希望把孩子送到國外接受更好的教育。到先進國家留學取經的事，從清朝的第一個留學生容閎一八四七年赴美國耶魯大學念書算起，至今天已經有一百六十多年的歷史。留學的目的應該是移植別人的先進知識到本土生根發展，期盼後人不需要再辛苦地負笈他國。經過了一百六十多年，我們卻仍然爭先恐後、千辛萬苦地把子弟們送到洋邦去深造，為什麼呢？顯然移植計畫經過了這麼長久時間的努力，仍然是失敗的。

橘逾淮而北為枳的事情告訴我們，是我們的環境有問題，而不是人種品質有問題。即使是先天不良的種子，都可以在優異的環境中後天地培育出優質的生命內容。看到美國職業籃球或棒球，我一直有如是的感慨。那些臂上刺龍刺鳳的球星們，如果在台灣，大概只能淪為黑幫集團的打手吧！但是在美國他們可以年薪百萬或千萬，只要他專精一項職能運動。我們的社會仍然受「萬般皆下品，唯有ＩＱ高」的魔咒束縛住。「一枝草一點露」，先進國家之所以能偉大，因為它們創造一個可以讓你圓夢的環境，在這個多元化面向的環境裏頭，人的潛力可以轉化成實力進而放光發熱。

企業經營也一樣，企業主創造一個優良的環境，讓他的員工釋放出能量，創新產品或服務，增加企業收益，形成一個善性循環。個中三昧在於培育一個創新氣氛的環境溫床。

惠普公司（HP）是一家永續經營的願景公司，創辦人大衛・普克（David Packard）及威廉・惠列（William Hewlett）經歷過崎嶇的創業初期，學會了謙虛。他們經過摸索、堅持和嘗試錯誤，才想出如何建構一家有創新能力的公司。他們都是工程師出身，卻迅速地從設計產品轉型為設計組織，建立一個創造偉大產品的環境。

一九五〇年代中期，惠列在一次內部演講中說：「我們的工程人員一直相當穩定，這點是靠設計，不是靠機遇得到的。工程師是有創造力的人，所以我們在僱用一位工程師之前，先確定能夠讓他在穩定而安全的氣氛下工作。我們也要確定每一位工程師在公司裡有長期發展的機會，有適當的計畫可做。還有一件事，就是我們確定公司有適當的監督，以便我們的工程師過得快樂，發揮最大的生產力。」普克在一九六四年的一次演講中，也說：「問題在於，你怎麼發展出一個讓個人可以發揮創造力的環境？我相信你們必須多費心思在組織結構上，以便提供這種環境。」惠列與普克的最終發明不是聲音示波器或袖珍型計算機，而是惠普公司和惠普風範（註四）。

「一切眾生皆具如來智慧德相，但因妄想執著，不能證得，若離妄想，一切智，自然智，即得現前。」禪的目的在於幫助眾生解脫自在，顯露出原本具足的自然智、一切智，解脫自在即是「開悟」。

只有開悟的腦袋，才能設計出開悟的制度，篩選出開悟的人才，形塑一個無限創意的開悟環境，孕育樂觀活潑的開悟人民。

註一《人生光明面》；第七十五頁。皮爾博士◎著，謝麗玟◎譯；晨星出版有限公司。

註二《景德傳燈錄》。

註三《楚辭・漁父》。

註四《基業長青》；第四十二頁。詹姆斯・柯林斯與傑利・薄樂斯◎著，真如◎譯；二〇〇五年三月再版，智庫文化。

第二章

禪的認知心理學

美國的南邊墨西哥灣處有一個颶風形成，逐漸向北移動威脅佛羅里達州。這個颶風肆虐美國南邊，對我們住在台灣的居民有影響嗎？當然沒有影響。蒙古地方沙塵暴向南移動，沙塵暴會影響我們嗎？可能再過兩、三天飄移到台灣，我們的空氣品質就會變糟了。

天地之間的變化，要有人感受；如果天地的變化沒有人感受，那天地的變化就不會發生作用，像是美國的颶風和我們不相關一樣。

那麼人用什麼感知天地的變化呢？這就屬於知識論的課題，尤其是西方的知識論內容深深影響今日的顯學——科學。

西方的知識論

人類如何認知我們生存的世界？英國人洛克（John Locke）寫了一本書《人類理解論》，探索兩個課題：其一，我們的知識由哪裡來？其二，我們是否能信賴感官的經驗？

洛克的經驗主義

只有「存在」的東西才能被認識。科學有一句箴言：眼見為憑（To see is to believe.）。也就是感官作用可以感受到的對象才能存在。人類的感官作用有：視覺、聽覺、嗅覺、味覺和觸覺等五種感覺作用。這五種感覺作用，加上意識的綜合分析和判斷加工成了「經驗」。

人類必須被生出來之後，才有感官的作用，所以洛克認為人的心靈本來一無所有，沒有先天的知識。

所有的知識都是後天的，都是來自經驗。這樣的經驗主義是很有力的科學哲理依據。

科學講求客觀性，也就是重複性。有一個物件，你看得到，我看得到，他看得到，大家共通看得到。

這個眾人都看得到的對象，是存在的，也是科學可以探討處理的對象。經驗主義雖然提供科學客觀依據，但是後來的哲學家們發現經驗主義只能達到物性，不能掌握本體。

上帝存在嗎？

「世界上到底有沒有上帝？」如果讓你與你的朋友們討論起來，會是怎樣的情形呢？有人會說：「你相信祂，祂就存在。」或「不管你信不信，但是我真的看到了。」答案總不出於這樣的範疇，有時候更為證明自己是對的，大家爭得面紅耳赤，不歡而散；即使是高級知識分子們，也可能各執己見，互不相讓。留學德國期間，原本我也希望用這個難題考倒德國同事，結果卻讓我體會了「當頭棒喝」。

一提起這個問題，我的德國同事馬上回答我：「上帝存在不存在，不是科學可以討論的。現在假設：我們四個人之間，只有你看到上帝，但是我們其他三個人都無法看到。這件事情——看到上帝，沒有重複性，它超越科學可以處理的範圍了。」緊接著，他強調：「雖然我們看不到上帝，但是我們尊重你聲稱你可以看得到上帝。」

天啊！民主原來是科學的孿生兄弟。民主政治不就是少數服從多數，多數尊重少數啊！多數人感官接觸得到的對象才是科學處理的對象，少數人的特異事件則屬於玄學範圍，但是多數人不會用多數暴力否定少數人的堅持。受過科學訓練的人，就應該有能力用科學的行話討論「上帝存在與否」的問題。一個德國高中畢業生就有如是見地，可見德國人民科學素養。根據我的觀察，這應該與德國觀念論哲學有相當關係。

康德的認識哲學

一七二四年康德（Immanuel Kant）出生於德國東普魯士的柯尼士堡，他是一位思想家，不喜歡外面的花花世界，終其一生蟄守家鄉，創立他的哲學理論。康德一系列關於理性的哲學鉅著引領德國觀念論學派，一篇〈啟蒙論〉的短論更為世人所傳頌。

康德在《純粹理性的批判》表達如下的內容：

人類有三種認識能力：感性、知性和理性。感性與知性合作認識了經驗世界，它們是有根據可檢驗的知識。因果關係、時間與空間則是理性的形式。空間對於能認識的主體而言是外在的，時間則是內在的，所以時間與空間並不是客觀的，是主觀的，是我們觀察事物時，由我們自己所帶來的。康德提出的認識過程：感官作用所收到的印象被整理成認識的對象，經過理性的時空架構，然後再經過知性的概念作用加工吸收與反芻。

康德稱這個由我們的感知性所認識到的世界為「現象界」，但是這個世界有多真實，我們不知道。理性的任務原本是要處理一些超越經驗感知的課題，例如上帝存在與否？世界是永恆的嗎？理性應該超越現象界，探索「事物本身」的世界，也就是「物自體」；但是理性還是無能為力。

我們的世界是永恆的嗎？「不識廬山真面目，只緣身在此山中」，我們是構成這個世界的一小部分，又沒有活得比世界還要久，怎麼可能知道世界是不是永恆的？所以康德最後得到一個結論：物自體不可知。

雖然上帝、自由與因果律無法作為理性概念認識的對象，卻可以是我們行為的規範。《實踐理性的批判》一書說到，不可知的事物是可以追求的，純粹理性達不到的，實踐理性可以達到。換句話說，「知」的極限可以由「行」的實踐來彌補。回歸內心，反求諸己，藉由行為，實踐在道德內涵中肯定理性概念「自由、上帝的存在和靈魂不死」，便算是把握了「物自體」。

康德後來意識到「人」本身就是「現象界」與「物自體」的綜合，如此的綜合剛好可以「知」、「行」與「感」，對應外界的「自然」、「道德」與「藝術」。《判斷力的批判》一書則探討「感」對「藝術」境界的認識，讓感性溝通知性與理性，讓藝術「美」串連自然「真」與道德「善」。

萬法唯識——禪的認識作用

如果探討「誰在認知宇宙的變化」這一課題，禪的認識論比起西方學術來得更透徹、更深入。因為禪的認識論不是觀念意識想像出來，是實際證入宇宙實相所得到的內容。

前五識與第六意識

「三界唯心，萬法唯識」的意思就是，一切事物的發生都是「心識」的認識作用結果。例如，我們聽到暮鼓晨鐘的聲音，是因為我們可以感受到鐘鼓的聲音，聲音並非發生在外界。現在以科學來幫助我們瞭解人類的認識作用。撞擊鐘鼓，鐘鼓的振動影響周圍空氣的振動，振動像漣漪一樣傳到我們的耳朵，振動耳膜，再藉由耳神經傳遞到大腦，我們才感知到聲音。所以聲音並非發生在外界，而是聲音與我們的耳朵受體產生交集作用，我們才聽取到聲音。何以見得呢？撞擊鐘鼓，耳聾的人聽得到聲音嗎？明明有撞擊的動作，但是聽障朋友卻聽不到聲音。

認知的主體，禪的術語稱為「根」，有六根：眼、耳、鼻、舌、身和意等六根。被認知的客體，叫做「塵」，相對於六根有六塵：色、聲、香、味、觸和法等六塵。根與塵交涉產生「識」的作用，眼根與色塵交涉產生眼識，其餘依此類推：

眼根→眼識←色塵
耳根→耳識←聲塵
鼻根→鼻識←香塵
舌根→舌識←味塵
身根→身識←觸塵
意根→意識←法塵

一六三七年既是哲學家又是科學家的笛卡爾（René Descartes），從死牛的遺體上拿出一顆眼睛，把眼球後方的表層刮下來，貼上一張底片。點燃蠟燭放在牛眼前，可以清楚地看見底片上有燭火的倒影。既然眼球後方的影像是倒影，為何我們所看到的景象卻不是倒影？這中間顯然有意根的加工作用，把倒影轉成正立影像。眼識與意識合作，才讓我們看得見東西。前五識——眼、耳、鼻、舌、身、等五識的作用，由意根統合整理，產生判斷分別的第六意識作用。

基本上，禪學認識論的六識比較粗淺的功用，可以從西方認知心理學的感官知覺作用來瞭解，但是六識的深層精化功能，則遠遠超越西方感官知覺心理學的掌握。

除了六識以外，「萬法唯識」的禪認識論還講到第七識與第八識。六識的反認形成執著有一個我的「我執識」，也就是第七識。第八識則是清淨的本體，等同於三法印中所說的真如本性。

第七識——六識的反認

第一章「坐在火車上」所描述的情節，我們必須看到窗外景物向後倒退，才能肯定我們是在前進，這就是眼識反認出來的結果。「看到窗外景物向後走」，這件事情讓我們自然而然地反推論出一定有一個「我」的存在，有了這個「我」，我才能觀察到這件事情。聽到鐘聲響，一定有一個主體的「我」才能聽到客體的響聲，耳識也反認出一個「我」的存在。其餘的鼻、舌、身、意識也是如此，第七識的「自我」是由六識所反認出來的。

第七識也稱作「我執識」，我執識分別你、我、他的不同。自己的孩子流鼻涕了，就覺得小孩子，傷風感冒是正常的啊！別人的小孩子感冒流鼻涕了，就覺得這孩子身體怎麼這麼差，父母親應該要檢討一下喔！「非我族類，其心必異」這就是我執識的「黨同伐異」，分別我、他之間差異的作用。

六識對應產生空間，由認知空間反認出來的我執，一點一點連續不斷像水龍頭的水滴，一滴一滴沒有間斷過，前念才滅後念即起，如此的流注串連形成時間，時間在第七識，因此第七識也稱作「流注識」。

第八識

第八識也稱作「種子識」、「含藏識」。第八識作為種子識，它像種子一樣，萌芽長出枝條，成長繁盛，開花結果，又生出種子，再繼續下一個生命世代。一顆種子的天生體質受到前一個母體植物的影響，就像這顆種子，先天就受到過去世行為舉止累積的功德性的影響。這輩子努力修身養性，助人行善，累積的善功德會儲存回歸到第八識裡頭，影響到下一世的表現。

含藏識涵蓋宇宙的一切，十方三世有生命的、沒有生命的，都包含在內。在含藏識裡頭，一切串聯在一起，互相成就，互相依存。「民吾同胞，物吾類與」，我們與宇宙其他成員是生命共同體，應該善待一切人類與生物，並且惜福納德，珍惜資源。

猴子的心電感應

日本宮崎縣串間市外海有一座小島叫幸島（Koshima），島上只有一條快要乾枯的小溪流與約一百隻日本猿猴。一九五〇年日本京都大學靈長類研究所的研究人員，上了幸島研究猴子的行為，離開時留下一些番薯餵食猴子。一九五二年島上只剩下約二十隻猴子。

猴子們發現番薯可以填飽肚子，紛紛撿食番薯。但是番薯上頭的泥巴很渣嘴，一些聰明的猴子便懂得拍掉泥巴才吃番薯。這個動作很快地傳遍猴子族群。

一九五三年有一天，一隻小猴子意外地發現以清澈的溪水洗掉泥巴，效果更好。當然，其他的猴子也群起效尤。一九五七年，二十隻猴子中有十五隻會以溪水清洗番薯。不久之後，小溪乾枯了。但是有一隻猴子竟然到海邊用海水清洗番薯的泥巴，鹽分沾染番薯，吃起來更加美味。很快地其他猴子也學會這一招，島上有將近八五%的猴子都改用海水來清洗番薯。

研究人員非常驚訝地發現，遠在二百公里外大分縣高崎山的猴子，也開始用水清洗番薯。

這兩個族群的猴子被地理障礙遠遠地分隔開來，牠們不具備人類的通訊能力，也沒有現代通訊工具可以運用，如何幸島的現象會傳染到大分縣？很簡單，因為在第八識裡頭，一切眾生本來就串聯在一起，幸島猴子的念頭可以跨越時空「心電感應」到大分縣的猴子。

不是發明而是發現

蘋果電腦公司的賈伯斯（Steve Jobs）生產了幾件風靡世界的產品，他的智慧結晶改變了我們的世界。賈伯斯一直很推崇幾個心目中的偶像：汽車大王亨利福特、發明大王愛迪生、Polaroid公司的藍德（Edwin Land，發明拍立得相機）。

有一次賈伯斯和他的執行長史考利（John Sculley）去拜訪藍德。藍德說：「我已經看到拍立得相機應該長得像什麼樣子了，在我做出它之前，它就像坐在我面前一樣真實地存在。」這時賈伯斯也很有同感地說：「對啊！就是這樣啊！我也是先看到我的麥金塔電腦（Macintosh）！」

賈伯斯與藍德未做出他們的發明之前，已經先看到產品的影像（vision）。他們都認為這些東西本來就一直存在，只是以前一直沒有人看到它們而已。他們並不是發明這些產品，只是發現到它們而已（註一）。

日本經營之神稻盛和夫也有同樣的經驗。稻盛和夫創立兩家身列世界五百大的公司：一為京都陶瓷株式會社，另一家是第二電電通訊公司。他也強調當人有極端強烈的願望，會預先看到事情的結果（註二）。

八識薰變

《金剛經》：「過去心不可得，現在心不可得，未來心不可得。」過去、現在、未來三心不可得。為什麼說過去心？過去是由心識認知抓取出來的，現在與未來也是如此。

在第八識這個源頭裡沒有過去，沒有現在，也沒有未來，沒有時間、空間，從第八識衍生出第七識與六識等，從沒有時間、空間的清淨本體，再展現出一切時間、空間，衍生出一切現象界。時間與空間是第八識運動作用的遺跡，並非先第八識而存在，時間、空間如同船過水無痕一樣，只留在意識認知裡頭。

澳洲原住民使用回力棒（Boomerang）捉捕獵物，右手扔出去迴旋一圈由左手收回來。現在的右手扔出，右手很快變成過去；左手要接到、未接到之時，就形成未來。左手的「未來」其實來自右手的「過去」，收到迴旋而來的回力棒的瞬間成了「現在」。過去、現在、未來不是線性的，而是在一個圓圈輪迴上。

賈伯斯、藍德與稻盛和夫的創新產品未真正做出來之前，他們已經先看到了，可以說是「未來」發生的事件提前在「現在」出現。生活中，我們周遭的朋友也會有類似的經驗，曾經夢見到一個優勝美地去旅遊，醒過來覺得很奇怪。幾年後不經意到一個地方旅遊，總覺得似曾相識，仔細一想，原來曾經在過去的日子裡頭夢中出現過這個景象。

正念的力量可以在第八識裡心電感應傳染開來，所以幸島的猴子可以超越時空間隔感染高崎山的猴子。美國聖塔費研究院（Santa Fe Institute）的經濟學家亞瑟（W. Brian Arthur）說：「一切影響深遠的創新，都是基於向內探索的里程，直到引出心靈深處的領悟。」這樣的探索絕非是六識所及，會在不知覺中跳越六識而直接深入第八識寶庫，擷取宇宙智慧。英國科學家克拉克（Arthur C. Clarke）也說：「任何非常先進的技術，簡直就是來自神奇的魔術（註三）。」靈感從第八識深海潛行，突然湧現於六識中，好像天外飛來傳神一念，酷似魔幻神奇，遠非六識理智所能理解掌握。

《賢愚經》：「若欲成佛道，當樂讀誦諸大乘經典。縱然不懂經義，亦薰善種。」禪的力量真的是不可思不可議。佛經所講的內容都是宇宙實相，很多是我們的感官認知還沒有經驗過的內容，根本遠遠超過第六意識的理解能力。我們可以觀察到，有些不認識字的阿公阿嬤們，每天聽佛經CD，一段時間下來，個性修養與價值觀都向上提升。但是仔細檢查，卻發現他們不懂經典裡面的內容，甚至錯解經文的意思。為什麼會這樣呢？因為聽大乘經典的功夫，跳越六識直接薰變第八識，不知覺中再反映到他們的行為舉止。為什麼會有這樣的昇華作用，連他們自己也不清楚。

禪修、持經或是行善的行持都會回饋印記在第八識裡頭，不僅是薰變真我而投射在自我身上，還會蘊發心電，感通周遭環境。「一人成仙，雞犬升天」，多人堅持正念，正念的力量不僅淨化自己，還行有餘力，可以淨化同儕與環境。因為我們的第八識都串連在一起，透過第八識的共振，善行的功德性能提升國人福報與增進社會福祉。

絕對運動與相對運動的關係

愛因斯坦主張所有的運動都是相對運動，海森堡（Werner Heisenberg）的測不準原理說，當你想瞭解一個粒子的運動情形時，它的運動早已經被你所選擇的方法所決定。其實宇宙間任何一個運動都是絕對運動，相對運動是從絕對運動而來。如影隨形，「形」是絕對運動，「影」是相對運動，沒有形怎麼會有影！影畢竟是從形來。

假設你坐在關著窗簾向前推進的火車上，雖然你有在前進，但是你並不知道你在前進，這個就是絕對運動。縱使你不知道「你在前進」這件事情，並不影響「你在前進」的事實。

但是為了想確定你到底有沒有在前進，就必須打開窗簾看向外面，你看見樹向後退，反推回來是你在向前進。假設你的前面是一塊透明大玻璃，向前看時，你看到的是自己在向遠方的大山靠近，也可以反推回來是你在向前進。

所以為了想瞭解你是否前進，你可以選擇向側面看或是向前看。因為你選擇不同的觀察角度而有不同的結果，一個是樹向後退，一個是你向山靠近。但是這兩個不同的觀察結果都反推回來一個結論——你在前進。一個事實——你在前進，這是個絕對運動，但是你不知道你在向前推進，為了想知道你是否在前進，必須向外觀察。一旦有了外界的對照，一反推回來，你知道你在前進了，剎那間自然而然就形成了相對運動。

相對運動是以外界為基準立場，由眼識的觀察所產生的，而這個外界可以有兩個基準：向前看時，以山為準，你在靠近山；向側面看時，以樹為準，樹往後走。因為眼識觀察的方向不一樣，所選擇的基準對象也不一樣，所以一個「絕對運動」產生兩個「相對運動」出來：你在靠近山，或是樹往後走。久而久之，這樣的眼識對外界的反認現象，反而喧賓奪主，習以為常地被接受為「我在向前進」，於是形成第七識的「自我」，而這個「自我」不是「真我」，第八識才是「真我」。

科學只能研究相對運動

假如你現在開車在高速公路上，從台北到高雄要去拜訪朋友，突然接到朋友來電問你到哪裡了，你該怎麼說呢？「我就在……」吱吱啞啞地講不清楚；或向窗外一瞄，喔，我到台中了；或看一下公里程，喔，我到南下二百公里處了。台中或是南下二百公里，兩者都可以作為定位你現在位置的指標，為了溝通讓人瞭解你的位置，我們使用這些指標來達成目的。若沒有接到朋友的詢問電話，一路開下去，台中與二百公里就沒有意義了。

愛因斯坦主張一切運動都是相對運動，因為動心起念，想知道自己的位置在哪裡，產生了質化的台中和量化的二百公里兩種測定方法，因此產生科學。台中或是二百公里是觀察所得到的結果，所以科學是六識認識作用的產物，並且科學也只能研究相對運動。科學若要探索絕對運動，將會如同夸父追日，永遠沒有結果。

芝諾的詭論

希臘哲學伊利亞學派的芝諾（Zenon）設計了一個辯證詭論，我把它做了一些改變：A箭手一箭射中B武士。畫定A到B的距離，由A到B會先經過AB的中點C，由C到B會先經過CB的中點D，由D到B要先經過DB的中點E，由E到B要先經過

EB的中點F……依此類推。莊子：「一尺之棰，日取其半，萬世不竭。」這支箭會無限地靠近B，但是卻永遠射不到B。

如果你不同意，十九世紀有一個哲學家換用前半段來看：由A到C要先經過AC的中點G，由A到G要先過AG的中點H，由A到H要先經過AH的中點I……這支箭根本還沒射出去。

這兩種解釋必然是不對的，可是又錯在哪裡呢？

黑格爾與柏格森的答案

芝諾解釋運動模式的目的，純粹是想否定運動的真實性。他斷言運動是假象，是虛妄不實的，是人們受了感官欺騙的結果（註四）。

如果是這樣的話，輕易地以身試箭，結果一定是一命嗚呼哀哉。這完全是鐵的事實，運動怎麼可能是虛妄的呢？

關於這一點，黑格爾分析：「**運動的意思是說，在這個地點而同時又不在這個地點，這就是空間和時間的連續性……當接受一半一半地分割時，就已經接受時空連續的中斷性。**」。列寧統合黑格爾的論述整理出：「**運動是時間、空間的不間斷性與時**

間、空間的間斷性的統一。運動是矛盾，是矛盾的統一。」

讀過黑格爾《哲學史演講錄》後，列寧寫下他的論斷：「**如果不把不間斷的東西割斷，不使活生生東西簡單化、粗糙化，不加以割碎，不使之僵化，那麼我們就不能想像、表達、測量、描述運動。思維對運動的描述，總是粗糙化、僵化。不僅思維是這樣，而且感覺也是這樣；不僅對運動是這樣，而且對任何概念也都是這樣。這裡也有辯證法的本質。對立面的統一、同一這個公式正是表現著這個本質**（註五）。」

對立矛盾而統一整合，是黑格爾三段辯證法的中心內容，馬列主義延續這樣的思維，難怪會讓半個世界將近一百年陷入思想迷惑，更投影出矛盾錯亂的生活。

針對芝諾的詭論公案，其實柏格森（Henri Bergerson）解得最好，淺顯而易懂：「**運動物體雖然逐一占據一根線條上的各個點，運動自身卻跟線條毫無關係**（註六）。」Ａ用箭射死了Ｂ後，我們大夥兒再來研究分析這個箭的運動，畫定ＡＢ線段，然後一半一半地分割，當然永遠分不完。

我們無法掌握箭的絕對運動，卻想瞭解絕對運動，當然落入用時間、空間來定位絕對運動的相對運動陷阱。我們研究分析背景資料來捉摸「物自體」，但最後還是會落入自編自導自演自己欣賞的相對運動中。

孩子跟媽媽說：「媽媽！我今天放學時，沒有坐公車，跟在公車後面跑回家，省了十五元。」

媽媽說：「孩子啊！你要是跟在計程車後面跑回來，不是省更多嗎？」

經濟不景氣時代，大家都在強化節約措施，所以有這樣的笑話應運而生。莞爾一笑之後，是否領會到這個笑話也可以說明絕對運動與背景分析的關係。

隧道恐懼症與黑暗恐懼症

開車進入長隧道時，由於外景比較單調、變化度少，眼識反認回來強度比較弱，有些人第七識的「自我」存在感覺稀薄，就會產生隧道恐懼症。

由於隧道中眼識反認的效果比較差，因此對於行車速度也會比較不敏感，這時候要特別注意，避免速度失感，造成碰撞車禍。

以前照相機還在使用底片時，必須進入暗室沖洗底片。一進入暗室，沒有明暗的對立，眼識辨認效果差，自然眼識反認效果也差，平常連續不斷的強烈我執識支撐較弱，不習慣這樣的頓挫，便會以為自我不存在了，失去自我的安定感，有些人會害怕驚叫。有這些傾向的人，應該多多運用第八識薰變法，減少對外界的執著抓取。

自卑的產生

布萊德任職一家外商投顧公司當執行副總，幾週前看他演講亞洲經濟概況分析時，容光煥發，很有自信；聽說最近業績不好被解職了，如今一臉頹喪，像一隻鬥敗的公雞。失業滋味不好受，下樓去外面散散心，遇到了門房保全。

保全善意地搭訕問：近況應該還不錯吧？詳實以對，又說來話長；掩飾太平，歹戲拖棚要到什麼時候？簡短地支吾幾句，就快閃離開。

到Starbucks泡了一上午，下午到公園看看鴿子，拖到下班時間到了，才意興闌珊地回家，心裡還算計著如何避開門房善意的搭訕。

失業時最容易體會，人的自尊原來和工作有很大的關係。前面的論述中提到，第七識的「自我」是由六識認取外界景物的反認而得來的。

外界的人大都有工作，這個景象形成的反認——自己也應該工作得好好地，把這個反認出來的「自我」相，重疊在自己目前的實際情況，兩者之間有很大的落差，兩相比較之下，自然形成自卑。

夫妻離異

有一對恩愛的雙薪夫妻，先生擁有國外大學財經博士學位，是某財團的大掌櫃，但因為涉嫌為老闆洗錢，伏罪入獄。短短八個月牢獄之災後出來，放不下身段，以致於覓職困難。

半年賦閒在家，太太受不了，兩人宣告離異。經濟因素絕非是主要原因，因為太太月入二十萬元，是一家半導體公司的業務協理。追根究柢，太太的想法是別人的先生體體面面，自己的先生卻不振作，兩相比較之下讓她很沒有面子。又是六識向外攀緣反認，回馬一槍的例子。

夫妻關係應該是怎麼一回事？假如夫妻關係是「體」，會有什麼樣的「相」？有舉案齊眉的梁鴻與孟光，有《浮生六記》的沈三白與芸娘，也有難熬等待出頭歲月的朱買臣夫妻。上面的例子卻偏向於買臣之妻。

雖然絕對運動與背景沒有關係，而六識必得向外攀緣時，很容易產生期望值與實際值背離的情形。確立男女結合的真諦，建立正念的人生價值觀，可以避免陷入跟隨外境流轉的相對運動，創造陰陽調和的兩性關係。

克服自卑

西楚霸王項羽率領軍隊攻入秦國首都咸陽，殺死秦國降王子嬰，燒毀華麗宮苑，掠奪無數的寶物及後宮佳麗嬪妃。秦國的百性看到這樣的情況，對項羽非常失望。有位叫韓生的謀士便對項羽說：「關中的地勢險要，土壤肥沃，占領此地，建立都城，可以稱霸天下。」項羽看著眼前廢墟餘燼，反倒興起返回楚國故鄉的念頭說：「富貴不歸故鄉，如衣繡夜行，誰知之者！」

哲學家威廉．詹姆斯說：「人性中最強烈的欲望之一，便是要受到他人的敬愛。」烏鴉一旦飛上鳳凰枝，就應該穿戴華冠錦衣，大白天裡大剌剌地榮歸故鄉，享受眾人的喝采歌頌。既然已經飛黃騰達，一身綾羅綢緞，卻選擇夜晚，靜悄悄地回到家鄉，這一身榮耀要讓誰來欣賞羡慕呢？

活在別人的掌聲中，才能肯定自己的存在，通常這樣的人有很重的自卑感。一旦自認為已經失去了外界的掌聲，便會陷入沮喪無望的絕境。後來的項羽被漢軍圍困在垓下，雖然奮勇突圍，流竄到烏江邊。烏江亭長早就聽到消息，划船過來，準備接渡項羽返回楚地，捲土重來，再圖天下。

項羽拒絕亭長的好意說：「我從前帶領八千子弟兵渡江西來，如今只剩得我一人生還。即使江東父老可憐我仍然願意尊我為王，我還有什麼臉去見他們呢？縱使他們不忍苛責我，我豈能不感到慚愧嘛！」項羽於是拔劍自刎。

烏江自刎的悲劇命運，從「錦衣夜行」一事，就可以看出個端倪。有「死要面子」個性的人，是無法承受在天下人面前丟臉的沉重。喜歡眩人耳目的自傲，其實只是自卑的反射。

人或多或少一定會有自卑，因為天外有天，人外有人。一個人平常看起來對自己很有信心，一般而言那只是尚未經過考驗而已。一旦突然置身於冠蓋群集，高人薈萃的場合，會顯現出相形見絀的面向。六識無法避免向外攀緣，攀緣到的對象與自己的成就，如果兩者無法重疊密合，就會產生自卑感或是優越感。

格列佛（Gulliver s Travels）走進大人國，顯得自己很渺小，走進小人國又覺得自己很巨大。格列佛的身高並沒有改變，而是相對應於環境之間的對照，使他產生渺小與巨大的感覺。

一九九六年台北市第一條捷運線通車，一九〇二年德國柏林市第一條地下鐵通車，台灣足足落後九十四年。二十五年前負笈德國，剛剛踏入德國國境，著實大大地吃驚，可以想像《紅樓夢》裡劉姥姥是怎麼進入大觀園的。我把自己悶在宿舍裡三天，一步也不想走出來。三天裡只思考一個問題：「我活得像不像人？」後來我遇見一位上海的中國留學生，他比我更慘，他把自己關了三個月，也是問自己同樣的問題！

六識無可避免地向外攀緣再反認，很自然地會與現況重疊比較。所以到先進國家，無可厚非地自卑感油然而生，很容易迷失在高進化的社會裡，而不願意回國。同樣的道理，到落後國家，也會不自禁地產生優越感。

自卑會導致對自己沒有信心，沒有自信就會自我設限，自我設限則限制自己應有而未有的成就。禪宗六祖惠能禪師說：「心迷法華轉，心悟轉法華。」深入自卑感與優越感的起因緣由，便有機會克服這個課題。

禪的訓練讓我沒有陷入盲目崇拜西方文明，反而更務實地面對這個課題。出國留學前，禪修的親身體驗幫助我確立人生價值觀與建構「緣起性空」的世界觀，念茲在茲，中有定志，心有所繫，所以打一開始就未曾起過滯留德國的念頭。

我們應該謙虛地承認西方文明有先進的現代化國家建設與社會制度，「中學為體，西學為用」，用我們的軟體，學習他們的硬體，由軟體驅動硬體。

然而要確知中華文化保有「直指人心，見性成佛」的宇宙智慧，不容自己妄自菲薄。對待先進富裕國家，我們應當由「貧而無諂」進化到「貧而樂道」。

對治相對於落後地區人民的優越感，則應體念「有情無情，俱有佛性」，尊重一切眾生平等，「克己復禮」消融優越感的「心魔」。對待落後貧窮國家，則由「富而不驕」昇華到「富而好禮」。

勝義六根

六根在禪的認識論中有兩種區分，一個是浮塵根，另一個則是勝義根。浮塵根的內容，基本上可以從西方感官認知心理學來體會，但是勝義根則是六根的進階版，遠遠超過西學所能瞭解掌握的範疇。

《楞嚴經．卷四》佛告阿難：「汝但不循動靜、合離、恬變、通塞、生滅、明暗，如是十二諸有為相。隨拔一根，脫黏內伏，伏歸元真，發本明耀。耀性發明，諸餘五黏，應拔圓脫。不由前塵所起知見。明不循根，寄根明發，由是六根，互相為用。阿難！汝豈不知，今此會中，阿那律陀，無目而見；跋難陀龍，無耳而聽；殑伽神女，非鼻聞香；驕梵鉢提，異舌知味；舜若多神，無身覺觸，如來光中，映令暫現，既為風質，其體元無。諸滅盡定，得寂聲聞。如此會中摩訶迦葉，久滅意根，圓明了知，不因心念。阿難！今汝諸根，若圓拔已，內瑩發光，如是浮塵及器世間諸變化相，如湯銷冰，應念化成無上知覺。」

清人有詩：「自從一見楞嚴後，不讀人間糟粕書。」自古以來，《大佛頂如來密因修證了義諸菩薩萬行首楞嚴經》，簡稱《楞嚴經》，是禪門修行者棲息深山閉關修禪必須攜帶的寶典。

佛陀告訴他的弟子阿難，如果我們的六根與六塵沒有交涉，迴入清淨無染的真如本性，再展現出來，六根可以互相通用。換句話說：沉澱浮塵根，展現勝義根。展現勝義根時，眼根具有其他五根的功能，耳根也有其他五根的功能……依此類推。如何才能根塵不交涉？要透過坐禪修行，身心能量充足，電光石火，因緣具足，剎那間就會體現根塵分離，所以禪門說「一念不生全體現」。如何達到六根互用？可以選擇先由某一根修行入手，譬如由眼根一門深入，當眼根與色塵不交集時，身心會空掉，進而六根互通。選擇耳根或是其餘諸根修行，也是一樣。

世尊並舉例說明：

阿那律陀眼睛瞎了，卻修到有天眼通，可以無遠弗屆，透視看穿一切。阿那律陀是佛陀的堂弟。有一天，佛陀說法時，阿那律陀打瞌睡，被佛陀數落了。阿那律陀深感慚愧，發誓不再貪睡，日夜精進修行，七天七夜以後眼睛竟然瞎了。佛陀憐憫他的決心與毅力，教他修習「樂見照明金剛三昧」。不久阿那律陀修得天眼通，肉眼雖然瞎了，卻有天眼通。

跋難陀龍王沒有耳朵，卻聽得見聲音。

殑伽河的女神沒有鼻子，卻可以聞到魚的味道。

驕梵鉢提的舌頭，雖然不正常，但也修成五根互用，可以替代味覺。驕梵鉢提的中文意思是「牛飼」，因為他吃東西好像牛吃草一樣。驕梵鉢提在前世是一個小沙彌，侍候一位老和尚。老和尚已經修到阿羅漢，但是牙齒掉光了，所以吃東西很慢。小沙彌嘲笑他吃東西像牛一般，因此生生世世都遭受牛飼的報應，舌根不靈光。

舜若多神是虛空神。虛空神沒有身體，體質像風一樣，隨吹隨散，本來沒有觸覺。佛放光協助他具有觸覺能力。

大迦葉尊者，入滅盡禪定，不僅意識破滅，連第七識也破滅。佛陀交代他不可以入涅槃，要等到彌勒菩薩出世時，將衣缽交給彌勒佛。他雖然破滅意識，沒有分別心，卻能從根本智慧而了了清楚，圓明一切諸法。

道家的修證

《莊子．人間世》：

顏回曰：「敢問心齋？」

仲尼曰：「若一志；無聽之以耳，而聽之以心；無聽之以心，而聽之以氣；聽止於耳，心止於符。氣也者，虛而待物者也，唯道集虛，虛者心齋也。」

道家的修證資料也有類似勝義根的佐證。《莊子》與《老子》兩本書談的不僅是道家哲理而已，甚至可以看成是實驗結果報告書。就像《孟子》幫忙詮釋《論語》，《莊子》則是詮釋《老子》。《莊子》書中談到不少六根的勝義相，在此列舉《人間世》裡頭的一段，描述耳根的勝義相可以到什麼程度。在這裡，《莊子》的作者假借顏回與孔子的對話來說明勝義耳根。

顏回問孔子：「什麼是心齋？」

孔子回答：「心無旁鶩地把念頭收攝在專注的一點上，就可以體會心齋。達到這樣的境界後，啟用在聽聞的功夫上：從平平常常地以肉耳聽，進階到虔誠地用心去聽；再從用心聽出弦外之音，昇華到練氣化神，具足他心通的不聽而聽。一般人聽的功夫只停留在耳朵而已，即使多用點心，最多也只到聽出他人的動機。氣機充飽時，身心空掉，耳根變得極端靈敏，很遠距離外的動靜都聽得見。心齋就是制心一處，一念不生，自然會身心空掉；空掉的程度繼續深化，就能達到神通變化，『道』的境界。」

如此的詮釋，沒有禪修經驗的人很不容易體會，接著用一些事例分段做說明。從

「聽之以耳」經「聽之以心」到「聽之以氣」，正好說明耳根的作用從浮塵根過渡進階到勝義根。

聽之以耳

聽之以耳可以分成兩個層次：粗糙一點的，隨便聽聽就可以；精明一點的，就得用心傾聽。用心傾聽是成功的企業領導人要件。

日本企業家稻盛和夫二十七歲時創立京瓷公司。忙碌之餘，利用空檔和部屬站在走廊討論事情。過了不久，公司運作發生問題，而這些問題恰恰都是部屬曾經在走廊上與他討論過的。這表示他當時並沒有把那些討論聽進去，只是為了增進人際關係，應付而已。同樣的情況發生過幾次後，他下定決心改變自己的態度，選個能專心的地方坐下來，用心傾聽和員工討論，結果公司營運改善不少。

聽之以心

《韓非子．難三》記載鄭國大夫子產的聽力功夫。

有一天清晨，子產坐著馬車上班，經過一個巷子口時，聽見巷子裡傳來陣陣女人的哭聲。子產有點好奇，叫車夫停下來，豎起耳朵仔細辨聽那哭聲。不久他吩咐差役趕快去捉捕哭泣的女人。差役把女人抓來審問，果然發掘出了驚天動地的冤案。原來這個女人因婚外情怕被發現，趁丈夫熟睡之時將他勒死。

過了幾天，車夫終於忍不住問子產：「你怎麼知道那女人有問題呢？」

子產說：「因為她的哭聲充滿了恐懼！」

子產進而解釋說：「大凡一個人的親人剛生病時，你會擔憂；而他快死的時候，你會恐懼；若是不幸死掉的話，你只有悲傷的份了。這個女人哭喪丈夫，她的哭聲沒有哀傷只有恐懼，因此我知道這裡頭一定有問題。」

能夠被稱頌為春秋時代的賢明政治家，子產果然有兩把刷子。一件看似尋常的哭喪，卻讓他聽出冤情。他的聽覺能力更勝超一般常人，這就是「聽之以心」。歷史上的英雄豪傑們，通常也都擁有某些特殊能力，像三家分晉的魏國開國君主魏文侯聽力非常好，他可以在一場交響樂演奏中聽出某一個樂手漏掉了一個音符。

視覺障礙的人，六識少了眼識的功能，會有其他彌補效應出現。盲人歌手蕭煌奇可以憑藉聽人的聲音，推斷對象的個性是否誠懇，甚至大概的年齡（註七）。大家有目共睹，他曾經在台積電的尾牙晚宴上，秀過「聽之以心」的感覺能力。

聽之以氣

老子以後的道家在戰國中期分成兩派，一派是南方楚國文化的莊子學派，另一派則是北方齊國文化的稷下道家學派。淳于髡是稷下道家的一個成員。

《史記．孟子荀卿列傳》記述淳于髡見魏惠王的事。

有一個說客向魏惠王推薦淳于髡，魏惠王兩次排開左右的侍者單獨接見他，但是淳于髡兩次都一句話也不說就回去了。魏惠王想不通為什麼，責怪引薦的說客。

魏惠王說：「您說淳于髡的賢能超越管仲與晏嬰，為什麼我和他見面，一點收穫也沒有？難道我不值得他建言嗎？」說客傳話給淳于髡。

淳于髡說：「那一定的啊！我第一次見惠王時，他正準備要去溜馬。第二次嘛，他心裡掛念著待會兒聽歌的事情。他根本無心與我會談，說了也是白說，所以我就不想談了。」說客把整個原委報知魏惠王。

魏惠王嚇了一跳說：「哇啊！他可真是超凡入聖。他第一次來時，剛好有人獻上寶馬，我還沒來得及去試馬，他就來了。第二次嘛，又很湊巧，有人進獻歌手，我正想去試聽，他恰恰這個時候來。雖然兩次我都支開隨從，但是真的心不在焉。的確是有這回事啊！」

後來魏惠王和淳于髡一連談了三天三夜，一點也不厭倦。魏惠王想以卿相的高位留住淳于髡，被他婉拒。魏惠王不得已只好送他華麗馬車、錦帛玉帶、百鎰黃金讓他回去。

淳于髡是道家的修行者，修到已經有他心通了。別人心裡在想什麼，雖然沒有講出來，你卻可以一五一十地感知他所想的事情，這就是「他心通」。道家修行由「煉精化氣」而到「煉氣化神」後，就可以修得他心通，這時候才夠格「聽之以氣」。

洞山良价禪師：「若將耳聽終難會，眼處聞聲方得知（註八）。」洞山禪師說的即是禪修到有禪定的功夫了，眼根可以具備耳根的功能。達摩祖師說：「定中觀蟻鬥，蟻鳴如雷。」平常我們怎麼可能聽到螞蟻的叫聲呢？就算拿再大功率的麥克風來也做不到吧？螞蟻的音頻應該超出我們的錄音頻率吧？「蟻鳴如雷」不只是古代禪師才體驗得到，一九〇七年近代禪門大德來果禪師在金山江天寺一夜用功坐禪時，總是聽到不斷的吵雜聲，他下蒲團四處看看，沒有人啊！大家都在睡覺。傾耳再聽聽，好像來自被褥底下，把被褥掀起來一瞧，原來是兩隻跳蚤在吵架。「聽之以氣」時，浮塵耳根已經轉為勝義耳根。

品味——六識反認內化的更新

朋友很殷勤地推薦我們某一家餐廳的美食，禁不起慫恿去了那家餐廳消費。哇！果然驚艷，真的是一頓美食饗宴。「呷好逗相報」，短時間我們帶家人又去體驗一番。可是第二次再吃到同樣的美食，就沒有第一次那樣驚艷了。我們都有過類似的經驗，為什麼會這樣呢？

第一次坐火車看到窗外的樹向後走，覺得很奇怪；第二次坐火車時，看到樹向後走，再也不會覺得很奇怪了！因為有了第一次的經驗後，我們已經在不知覺中把看到樹向後走的現象，吸收內化成我們在向前走，所以見怪不怪。

同樣的，在前面所提到的美食經驗，第一次的舌識反認已經被內化成了構築「自我」的成分，所以第二次品嚐同樣的東西不會造成新鮮感，必須追逐另外一個超越目前儲存在第七識的舌識經驗，才會又有驚豔的感覺。如此一層一層地向上推升，舌識一直追求更高一級的享受才能滿足驚豔感，而隨著追求驚艷，內化到第七識資料庫的資料也愈來愈多。「曾經滄海難為水」，尤其是嗜好品，像是茶與酒，會愈喝等級愈高，舌識向上攀升，愈難找到更好的茶與更好的酒。這可以解釋為什麼一斤十幾萬元的茶與一瓶幾十萬元的紅酒，仍然有人趨之若鶩。

喜歡玩音響的人也是如此，追求耳識的更新，投資在音響的花費愈來愈高。只要六識向外抓取的攀緣不停止下來，「喜新厭舊」幾乎是人類無可避免的天性，但這也是創造經濟動量的來源。君不見，世界上這麼多智慧手機的粉絲，為蘋果電腦的產品而瘋狂，而蘋果也一代一代推陳出新，滿足粉絲的驚艷。

品味是培養出來的

宋朝的范仲淹年輕時非常貧困，把米多加點水煮成粥，粥糜冷卻下來變成了粥塊，切成四塊，早晚各取兩塊，這樣地勉強餬口度日。家境比較好的同學知道他的情況後，回家拿來美食接濟他。范仲淹一點也沒有動那些美食，就讓它腐壞了。同學們覺得很奇怪，問他為何不吃呢？他說不是他不懂得珍惜這些佳餚美食，而是已經習慣粥塊了，怕吃了美食以後，變得挑嘴，無法安於現狀。

是故范仲淹在未發跡之前，即使朋友招待也不敢吃太好的東西，擔心的是「由奢入儉難」。德國的大學生不會打腫臉充胖子，沒有經濟獨立能力之前，不敢享受奢侈；大學畢業之後進入職場，開始有經濟能力，他們就敢消費。正當的消費促進經濟發展，不僅提升自己的品味，也提升社會的品味。

累積一層一層向上攀高的六識反認，這個六識反認所堆砌起來的自我，也更具優質的美學涵養。對於四年級生來說，小時候台灣的少棒揚名國際，等到長大成年了，再看少棒比賽，感覺好像不夠刺激；轉而看台灣職棒比賽，慢慢又不行了；進而轉看日本職棒，一陣子之後也覺得好像少了什麼；最後只有選擇美國職棒。美國職棒人才濟濟，能夠出場大聯盟比賽的球員，技術的確了得，也只有在那個層次裡頭，可以看到力與美的完美藝術融合。眼識層層上旋，讓我們由少棒而成棒，由國內到國外。

我們說一個人很有品味，其實品味是培養出來的。個人的品味來自六識對外界攀緣層次的累進深化。統合這些累進精緻化的六識反認所建構出來的自我，當然會隨著六識的提升而更上一層樓，「自我」散發的品味也會愈來愈優越。

六識修行

釋迦牟尼佛告訴阿難：「隨汝心中，選擇六根。根結若除，塵相自滅。諸妄銷亡，不真何待。」又說：「此根初解，先得人空。空性圓明，成法解脫。解脫法已，俱空不生，是名菩薩從三摩地，得無生忍。」

《楞嚴經．卷五》釋迦牟尼佛告訴弟子阿難，從眼、耳、鼻、舌、身、意六根中，選擇一根，一門深入修行。化解根結以後，相對應於該根的塵相自然幻滅。現象界消失了，即現出法界真相。釋迦牟尼佛進一步解釋，選擇的一根瓦解時，主體的我會空掉，繼續深化下去，空性放大，客體的對象也空掉，體證人無我與法無我，這叫做菩薩修行禪定三昧，證得無生法忍。佛陀當下並請法場中的大菩薩、大羅漢，講述他們的修行經驗。在這裡擇選六識的代表做說明。

優波尼沙陀說他先觀看世界是一個髒亂相，生起脫離濁世的願心，了悟到從肉體骨骸都歸於微塵與虛空，微塵與虛空兩者也都是虛幻不實，因此證得阿羅漢。他從眼識著手修行。

觀世音菩薩說，過去世有佛教他從耳識修禪定，聲塵與耳根不交涉，不分別動靜兩相，身心空掉。進而入四禪四空定，超出生滅法的三界，現出寂滅，入海印三昧，和光同塵，與十方諸佛同一慈力，與六道眾生同一悲仰。他從耳識著手修行。

孫陀羅難陀說他首先把念頭專注放在鼻端，經過三七二十一天，看見進出鼻子的氣息像是煙霧一般，這時候身心通徹像玻璃般透明，再來煙霧相轉化成光明，遍照十方世界，證得阿羅漢。他從鼻識入手修行。

藥王與藥上兩位法王子菩薩說他們累世以來都是醫生，品嚐十萬八千種草木金石的藥性，掌握這些藥材的苦甘鹹淡辛辣味道，什麼樣的配方產生什麼樣的藥效，瞭解味性，分別味因，因而開悟，修證成一生補處菩薩。他們是從舌識著手修行。

畢陵伽婆蹉說他沿門托缽時被毒刺刺傷腳，全身都痛。他想起來這個痛覺的本質是清淨的，應該沒有痛覺，現在卻感受到痛覺，顯然這裡頭是矛盾的。於是當下收攝痛覺的念頭，很快地身心空掉，經過三七二十一天修得阿羅漢。他是從身識入手修行。

彌勒菩薩說，過去世有佛教他修行「唯心識」的禪定，後來他以此禪定服侍諸佛，消滅了名識心，一直到燃燈佛出世，證得「無上妙圓識心」禪定，了知「萬法唯識」，一切佛土，都是自心流現變化出來的。他是從意識入手修行。

西方的哲學系統一直有這樣的傳統，認為感官所對應的世界是虛幻的，像柏拉圖與笛卡爾都持如是的看法，但是他們無法證實，僅屬於臆想境界。偶而有幾個人曾經有類似禪者的修道經驗，像蘇格拉底與普羅汀諾斯（Plotinos），由於後來的人沒有他們的親身經驗，所以把他們歸類為神祕主義學派。

禪的認識論中，六根與六塵交涉成六識，讓我們認知到這個現象界。如果六根的頻率改變，就會有新的六塵出現和新的六根相對應。這裡我們借用電視頻道來闡釋。天空中有華視、中視、台視和民視的無線電波，但是我們的電視頻率如果設定在民視，就只看到民視的節目，看不到華視、中視和台視的節目，雖然它們的電波都存在時空中。現在我們轉變電視機的頻率到台視，就看到台視的節目而與其他的電視台不相應了。

前述列舉《楞嚴經》的羅漢與菩薩的六識修行，藉由禪修，主體的六根頻率改變，舊的六塵消失，而新的六塵應運而生。「心淨國土淨」，所以禪的修行精煉六根，淨化六塵，昇華人性，回歸我們本來清靜的佛性，再由此展現出光明燦爛的莊嚴世界。六識修行法不同於前面所談的品味培養，沒有從主體入手，而是退而求其次地從客體入手。如果禪的六識修行法是「事半功倍」，品味培養法就是「事倍功半」。

時間的迷思

工業革命以後，「時間就是金錢」的觀念大為暢行。真的是投入越多的工作時間，就可以賺取更多的錢嗎？如果一個產品不受到消費者的青睞，是不會產生收益的，那麼所投入的時間等於沒有效益，時間不會是金錢。

這樣工業化的時間觀念也影響到音樂表現。音樂節奏應該是一種很主觀的經驗感受，尤其是古典音樂，它牽涉到個人對時間的感覺。西方古典音樂的前奏曲，作曲家都會填入慢板的樂章，接著它也可能轉成快節奏，或由慢而中等再至快板等變化，樂章中甚至會出現「彈性節奏（tempo rubato）」的符號，讓你偷點時間。因此演奏者有相當的空間，以自己的主觀意識來詮釋樂曲。

一八一六年節拍器大量上市之後，西方音樂都依照固定的節拍而演奏。本來西方古典音樂的演奏有點像是自主的絕對運動，改成按照固定拍之後，變得像是一定要向窗外看見樹向後走，才能肯定自己向前走，對樂曲的主動詮釋權處處受制於節拍器，反而失去樂曲應有的神韻與靈性。

一九八八年漢唐樂府南管樂團到歐洲七國做四十天巡迴訪問，二十場學術交流排場（註十）。十一月十日晚上在奧地利薩茲堡市莫扎特音樂學院排場結束謝幕時，有一位女老教授站起來鼓掌，感動到哭泣，她說原本以為這樣的音樂已經在世界上絕跡了，沒想到還保留在台灣。因為傳統原汁原味的南管音樂就像古早的西方古典音樂，保留了自由拍而沒有轉成固定拍。全世界的音樂都受到現在西樂的影響，只有南管還堅持自己的格局。

制心一處的入流三昧

把意識收攝專注在某一點或是某一件事情上，換另一個說法，專心地做某一件事情，就是「制心一處」。

經常制心一處的人，常常會經驗到時間消失的感覺。很專心從事一件工作，等到工作結束，心情輕鬆下來，抬頭看看時鐘，哇！有那麼快嗎？已經過了六個鐘頭。倒也是真的，窗外的天色已經暗下來。制心一處時，心裡以為只過了五、六分鐘而已，沒有想到時鐘卻走了六個鐘頭。

Mihaly Csikszentmihalyi的書《創意力》（Creativity）把如此時間意識的變化稱作Flow，中文有人把它翻譯成「入流」，翻得恰到好處，取〈觀世音菩薩耳根圓通章〉的「入流亡所」的意思。事實上，《創意力》一書中的Flow，尚不足以完美表達〈觀世音菩薩耳根圓通章〉入流的意涵，但是這樣的翻譯比起其他用詞更為傳神。我們把制心一處產生的時間意識變化，稱之為「入流三昧」。「三昧」是禪的用語，指的是禪定。

發生入流的前提是一定要忽略時間。把注意力專注在工作上，就不會經常抬頭起來看時鐘，因此來自眼識抓取外界鐘錶時間而反認的自我，失去持續的支撐動量，一切回歸到真我的絕對運動。絕對運動不受限時，自由自在本能地產生創意靈感。**入流的當下並沒有什麼特殊感受，而入流出來之後的感受是愉悅滿足的，有種說不出來的**

快樂。

什麼條件下比較容易產生入流呢？你一定得喜歡這個工作內容。例如，課堂上老師講課講得很精采，你很專心地聽，一下子下課鐘聲響起來了，感覺時間怎麼過得這麼快。若是老師講得很無趣，你就會頻頻看手錶，覺得時間怎麼過得這麼慢。

有一位修持戒律的源律師向大珠慧海禪師請法：「和尚修道，還用功否？」
大珠禪師回答：「當然用功啊！」
源律師接著問：「怎麼個用功法？」
大珠禪師說：「飢來吃飯，睏來即眠。」
源律師說：「大夥兒都這樣啊，那跟禪師的用功有什麼兩樣？」
大珠禪師說：「當然不一樣！」
源律師好奇地問：「哪裡不一樣？」
大珠禪師：「他們吃飯時，不專心吃飯，挑三挑四；睡覺時不好好睡覺，想東想西。所以不一樣。」（註十一）

《大學．釋正心脩身》：「心不在焉，視而不見，聽而不聞，食而不知其味。」中午時心裡急著要處理某一件事情，吃飯時只是囫圇吞棗，等到晚上時突然興起一個念頭，到底中午有沒有吃過飯呢？現代的家庭三餐經常是伴著電視節目下飯，所以食不知味，根本無法體會菜香飯甘。專心生活中的每一件事情，就可以培養定力，不幸的是，現代生活中有太多的誘惑干擾我們。

「飢來吃飯，睏來即眠。」禪門行者強調的是做任何事情都要專心，不僅吃飯睡覺如此，遊樂工作也是如此。禪不是「登泰山，超北海」的壯舉，大珠禪師只是叮嚀我們應該心無二意，專心於眼前的任務。制心一處就是修行。

蘇格拉底

專心思考一個課題，也會產生入流。二千五百年前，希臘哲學家蘇格拉底很喜歡人生哲學的課題，他的創造性思考能力很強，問得每一個雅典人，看到他就很煩惱。

蘇格拉底能量強，身體健碩，經常聽見神對他說話，如果他活在今天的世界，可能被送入精神醫院。或許這樣的特殊經驗，讓他堅信人是有靈魂的，而靈魂被局限在肉體裡面，因此人要堅持正義與道德，使靈魂超越肉體。

蘇格拉底很容易在突然間全神貫注，想得出神，時常想到近乎魂不附體或精神恍惚的地步。通常這情形為時甚短，但一次在坡堤戴亞戰役，他出神達二十四小時之久

（註十二）。

不僅是蘇格拉底，笛卡爾也有一些神祕經驗。他們堅持感官世界是虛幻不實的理論，可以說是其來有自。因此我們可以推論，他們的哲學理論應該是披露自己的神祕經驗，而加以整理文字化的結果。

運動明星

職業運動場上有不少明星級的運動員，他們表現優異，其實都是入流的結果。美國網球明星康諾斯曾經有幾次的入流經驗，當他處在最佳狀態時，對手打過來的球看起來非常巨大，並且以極慢的速度懸在半空中飄過來。

在這種稀薄空氣中，他覺得自己有充分的時間，來決定如何、何時、從何處下手擊球。

足球四分衛名將布勞迪回憶說：「比賽最緊張的時刻，時間似乎是以一種超自然的方式慢了下來，彷彿人人都以慢動作行進。我就好像擁有全世界所有的時間，可以看清楚接球者的移位模式，但同時卻知道對方的防守線，正以最快的速度向我逼近（註十三）。」

運動場上比賽進行到難分難解的激烈時，選手的意識無暇思及其他，反而更專注在比賽。如此的制心一處，促成入流，時間意識流改變，眼根頻率也改變，平常看起來正常大小的網球，變得像個大西瓜一樣。

究竟是入流中的你正常，還是紅塵中的你正常呢？這個課題像「莊周夢蝶」，夢裡是真抑或夢外是真？

藝術與入流

喜好藝術的人投入藝術工作，就是一種制心一處，因此他們也經常體驗入流。藝術的範疇涵蓋廣泛，此處我們僅舉音樂與繪畫兩者來做說明。

音樂的入流，讓人瞭解到一件音樂作品想表達什麼——美麗的風景或宗教情操的昇華，使聽者能與作曲者跨越時空神交（註十四）。

音樂三昧

《史記．孔子世家》記載，孔子向魯國樂師師襄子學習彈琴，一首曲子已經練習了十天，孔子還不想進一步學新的曲子。

師襄說：「可以學新曲子了。」

孔子說：「這個曲子雖然彈熟了，可是我還不熟諳它的樂理。」

過了幾天師襄聽過他的琴聲，說：「你已經熟諳樂理，可以學新的了。」

孔子說：「雖然我摸懂樂理了，但是仍然不知道它想表達什麼？」

又過了幾天，師襄說：「聽你的琴聲，你已經知道它想表達的內涵，換新曲子吧！」

孔子說：「讓我再練習吧！我想知道作曲者是誰？」

過了幾天，彈琴間，孔子時而陷入莊嚴沉思中，時而怡然自得眺望遠方的天空。

他說：「我知道他是誰了！時時以百姓為念，面目曬得黑黑的，身形碩長，目光炯炯有神，好像統領四方的聖王。如果不是周文王，還會是誰呢！」

師襄子聽到這裡，心頭一陣震驚，離開座席，向孔子揖拜說：「根據我老師的說法，這支曲子就是〈文王操〉。」

不僅現代西方音樂愛好者經驗過跨越時空體會作曲家旨意的入流，兩千五百年前太史公司馬遷更記錄了孔夫子的音樂事蹟。難怪在《論語》裡頭，孔子可以批判文王音樂更勝武王的音樂。如果沒有Csikszentmihalyi教授調查現代人的資料佐證，我們難道不會把這些古老的紀錄當成是杜撰的故事嗎？沒有禪修的訓練，要探索儒、道、釋中華文化的精髓，實在很困難。

南管音樂

鴉片戰爭之後，中國人對自己逐漸失去信心，甚至連「宮商角徵羽」的漢樂，全部都改用西方五線譜Do、Re、Mi、Fa、So、La、Si的七音來轉譯，中國的音樂從此變成「西魂漢裁」。如果要追尋漢樂的軌跡，只有從南管和古琴去尋找。南管仍然保留漢樂的「工六士一」的五音。

南管樂器琵琶、洞簫、三絃、二絃與拍板、蘊含道家陰陽五行的哲學內容。南管是一種化石音樂，因為南管人很固執，他們很堅持傳統，不隨便做變更。也正因為如此，所以今天我們仍然可以追溯出漢樂應該是怎麼一回事。

為什麼南管人這麼堅持？「只知其然，不知其所以然。」承繼堅持傳統，時間一久，自然能體會出箇中三昧。南管的五個音都是和音，即使彈錯一個音，也不太會影響五音的共振和諧，因為五音和諧，安神寧情的效果非常好。

儒家的「和為貴」，最容易表現在南管身上，五個樂手默契良好時，五個人同時「入流」的事情，不算是稀有。入流之後，他們會感到通身舒暢，好像春風沐浴筋脈一番。可惜的是，能夠保留這樣傳統古法的館閣已經很少，大多被中國大陸漳、泉兩地的現代版主流南管音樂所影響，而拋棄傳統的精微。

一九八二年十月二十二日晚上十點到隔天早上六點，台南南聲社在法國國家廣播電台的音樂廳，通宵達旦排場南管，現場沒有聽眾中途離席。這麼久的排場時間是主辦單位要求的，他們所張貼出來的海報原本就是這樣寫。現場的排場透過無線廣播，估計歐洲有三百四十多萬人聆聽這場音樂會。法國人的藝術水準如何，大家心裡有譜，什麼樣的音樂可以讓他們乖乖地坐在那邊不離開？可以想像南聲社的魅力吧！

更讓法國人驚訝的是主唱者蔡小月女士唱〈風落梧桐〉，兩次來回錄音，時間都是十五分五秒。沒有節拍器控制，竟然可以如此，他們感嘆這可是連西方優秀的樂團也無法做到。

有禪修基礎的人聽南管，最能體會南管的奧妙。有人感受到能量流在身體筋脈裡頭竄動，更甚者有人體會到「空掉」。音樂的極致莫過於此，幫助人進入禪定，昇華人性。台灣保留了漢樂的精華，可惜的是我們自己卻不懂得珍惜與推廣，任由民間自生自滅。今天市場上流通的六張南管CD，還是法國國家廣播電台錄製發行的。

樂聖貝多芬

貝多芬寫第五號交響曲時，耳朵逐漸失聰，對作曲家來講，這可是致命的打擊。悲愴的命運，表現於樂章一開始的「三短一長」震撼音符。第五號交響曲寫完時，他也完全耳聾了，但是作曲的生命並未因此結束。他喜愛自然，看到原野的小溪、春天的花朵、樂天知命的農民，寫出了第六號《田園交響曲》。最後他還寫出快樂頌合唱的第九號交響曲，歌頌人生，鼓勵我們以感恩和信賴的心情享受人生幸福。

貝多芬為什麼被尊為西方樂聖？因為他能將眼睛所看到的景象轉成音符。耳聾後的他怎麼還能作曲呢？因為他眼根的作用已經涵蓋耳根的功能了。

著名的歌手威廉蜜妮・舒烈德杜里安主演貝多芬的歌劇《費德利俄》時，貝多芬親臨劇院坐在指揮的後面觀賞。戲演完之後，貝多芬大大地稱讚這位歌手的唱工。然而她卻認為貝多芬已經耳聾，這些稱讚不過是一種例行的客套罷了。後來她聽說貝多芬是聚精會神地看她嘴巴的動作，以明瞭她唱的好壞，這才高興起來（註十五）。

印象派的梵谷

梵谷（Vincent Willem van Gogh）是荷蘭後印象派畫家，作品深深影響二十世紀藝術。他的《向日葵》是拍賣場昂貴品。

梵谷二十七歲開始作畫，由於熱愛繪畫，是一位多產的畫家。生涯的最後十年創作了二千多幅畫——九百幅油畫與一千一百幅素描。生命最後的兩年受到精神病嚴重打擊，但是他最為人所樂道的作品也是在這段期間創作出來的。

一八八八年十月，法國的畫家高更曾經和梵谷住在法國南部，後來高更受不了梵谷那種生活與繪畫不分的態度，餐點中番茄醬與紅色油彩都可以混在一起，僅兩個月便離開了。

梵谷生涯最後兩年的作品，畫風丕變，處理光線完全跟一般畫家的繪畫不一樣，他有自己的詮釋。一般而言，我們看景物不會看到像梵谷所畫出來的景象。他的確是看到他畫中表現出來的光線印象世界，所以他的畫才會是那樣。因為熱愛繪畫到廢寢忘食的地步，作畫時間長又集中精神，當然會產生入流的效應。換句話說，他的眼根頻率變化了，所以看見光線流變。

因為眼根轉變，生活中他所看到的景物，都跟他的畫一樣，而不是我們所看到的景物樣貌。其實他很正常，卻被人當成不正常，正因為如此，他經常懷疑他自己是否正常，因而產生精神疾病。西方的藝術家中有不少類似的案例，舒伯特就是一個。

畢卡索的抽象畫

畢卡索（Pablo Ruiz Picasso）影響二十世紀的繪畫藝術極為深遠。專業畫家讚賞他的抽象主義畫風，但是一般民眾果真看得懂或是欣賞他的畫嗎？

畢卡索是一位多產畫家，遺留下兩萬多件的作品。他並非一開始就畫出抽象畫，從一九〇五年才後逐漸顯露抽象風格。評論家們認為，抽象主義畫派是想創造一個新的繪畫空間，從感官視覺過渡到觀念視覺。

一般而言，我們所看到外界的景象，不會是畢卡索所畫出來的扭曲立體相。從坐禪生理學來看，他像梵谷一樣眼根頻率改變了，所以他僅僅是忠於自己的觀察，畫出他所看到的世界。更甚者，他的眼根頻率轉變比梵谷還要深入，因此景物呈現更嚴重的扭曲。

長時間沉浸繪畫，呈現制心一處的入流效應。修行人長時間坐禪，眼根頻率改變，看到的景物就類似畢卡索的畫，只是他們沒有繪畫能力，否則他們也會畫出獨特風格的抽象畫。

六識敏銳，提振經濟

截至二〇一二年的十年以來，從台灣人力銀行相關業者所提供的人力需求來看，十分之九的機會集中在所謂的高科技產業上。很明顯的，台灣產業人力需求偏執一方。這也代表台灣社會就業市場的畸形發展，大家仍然把高科技產業看成獲取生活資糧最適合與容易的領域。殊不知，不管高科技產業或是其他產業，最基本的要求還是要有敏銳的六識能力。

美國的星巴克咖啡連鎖店、麥當勞與可口可樂等跨國大型企業，並非高科技產業，甚至只是民生必需品產業而已。麥當勞滿足快速飲食節省時間的需求；星巴克提供緩解時間與業績壓力的避難所；可口可樂的美式清涼解渴消暑，甚至變成日常的時尚。我們可以把它們的成就，看成是從六識修行的角度出發，進而服務人生。

汽車大王亨利福特一九〇八年創立流線型裝配量產概念，以製造T型車。在此之前僅有高收入者才開得起汽車，大量生產的T型車降低價格，使得一般中產階級的薪資也買得起。隨著福特T型車的大量銷售，美國變成車輛的國度，美國人行動力突然大增，當然也促成經濟蓬勃發展。從一九〇八到一九二七年，福特公司銷售了一千五百多萬輛的T型車。

亨利福特堅決相信T型車符合眾人的實務需要，應該是每一個人所需要與追求的，因此拒絕他人改進的建議。太過輝煌的成就，讓亨利福特忽略「一切在變」的真理，一九二七年當雪佛蘭公司研發出外觀新穎與價格更低廉的汽車時，T型車不得不在一九二七年五月二十六日全面停產。

由這個例子來看，科技產業滿足人類的實務需求之後，還要進化到美學價值感的提升。不僅福特T型車如此，這幾年的賈伯斯旋風更說明了藝術與科技結合的重要性。

眼、耳、鼻、舌、身前五識與第六意識調和，就產生美學價值感，所以藝術涵養與六識敏銳息息相關，而高品味的藝術涵養更能提振經濟。接下來，我們來看看敏銳六識與經濟發展的關係。

眼識

溈山靈祐禪師參學百丈懷海禪師，百丈禪師知道溈山禪師是可造之材，便讓他做侍者，隨侍左右。

一個冬天的晚上，溈山禪師侍立在旁。

百丈問：「是誰？」

溈山答：「是我，靈祐。」

百丈說：「你探探看火爐中還有炭火沒？」

溈山立刻拿起火鉗仔細撥尋一番，然後說：「沒有。」

百丈搶過火鉗，深入爐底探取一顆火星，出示溈山說：「這不是火燼嘛！」

溈山一看，當下開悟，並且恭敬地向百丈禪師一拜。

禪家門風深峻，規矩嚴密，挑水打柴，清廁炊飯，樣樣不得敷衍。當然啊！溈山禪師的訓練一點也不含糊，他真的是一番努力，徹徹底底地搜尋了一遍。百丈禪師卻順手隨便一撈，就挑出炭爐心中一點紅。當師父的可是用心良苦，藉著這一探，昭示徒弟，光是「篤行」還是不夠的，這就是禪。

眾所周知，蘋果電腦的已故執行長賈伯斯是一位極優越的領導，但是很多人卻不曉得他的非凡成就是怎麼來的。賈伯斯深受禪的影響，未建立蘋果電腦之前，已經著手禪修。開創事業之後，他仍然經常坐禪，所以他的眼識非常靈敏銳利，能見人所未見，經常瞧出細節中的魔鬼。

與賈伯斯合作三十年的廣告鬼才李克洛（Lee Clow）說：「有一次，他發現我們的影片多出兩格影像，這種事情一般人的肉眼是分辨不出來的。」「他之所以點出來，是要確定畫面出來的時間與音樂節奏完美貼合。最後事實證明他是對的（註十六）。」

蘋果電腦的產品，表現出藝術與科技的精湛結合，這都歸功於賈伯斯的非凡眼識功力。他成功地把藝術的美感注入生硬的科技產品，使得科技產品擁有生命的靈性。

耳識

昆西・瓊斯（Quincy Jones），美國唱片製作人、電影製作人、作詞作曲家，馳騁音樂界五十多年，先後七十九次獲得葛萊美獎提名，二十七次獲獎的大師。一九八五年為援助非洲飢荒，他號召美國六十名最優秀的音樂天才，進行八小時的錄音，製成大合唱單曲〈四海一家〉（We Are The World）。

昆西天生就有創作力，他作曲的時候會看到圖像，緊接著聽到音樂。他說：「我全神投入創作時，決不放下工作，因為靈感源源湧現。我發現自己在計程車上或飛機上都寫；不論菜單或口香糖包裝紙，只要手頭方便，都拿下來寫靈感。」或許大家覺得很奇怪，他能在腦海裡看到和聽到一首作品的各部分，他說：「沒什麼了不起，因為我只懂這個。我甚至不會開車（註十七）。」

筆者五、六歲時，台灣正值客廳即工廠的經濟階段，家母也做些出口布料的縫縫補補，貼補家計。工作的時候，她喜歡聽收音機的歌仔戲節目，在旁邊玩耍的我也被迫一起聽歌仔戲。劇中人物的唱腔，小生與花旦的聲音還滿悅耳的，老生與老旦的聲音帶點沙啞，我卻感到有點排斥。很有意思的是，每次聽到小生的聲音我就會看到青草色，聽到花旦的聲音就會看到粉紅色，聽到老生的聲音看到綠豆色，聽到老旦的聲音看到豬肝紅色。我天生就喜歡青草色和粉紅色，討厭綠豆色和豬肝紅色。

我當時覺得很奇怪，為什麼聽到聲音會看到顏色。問我媽媽這是怎麼一回事，媽媽說沒有這樣的事情，那只是自己的妄想境界。從此之後，一聽到聲音就看到顏色時，我就告訴自己那是妄想的，根本沒有那回事。一個月之後，這種現象就消失了，到現在一直沒有恢復。

禪的認識論說六根是可以互用的，聽到聲音看到顏色，本來就很正常。不幸的是，若社會大眾沒有如此的認知，就會落入我所經歷的事。再加上台灣環境以ＩＱ掛帥，很多人的天賦必然因此被忽略而銷毀。

鼻識

我們所觀察到西方先進國家的教育體系不會偏頗一端，他們同樣強調特殊技藝能力的重要性。法國的香水產業很有名，巴黎街上有不少的香水，是由駐店的聞香師幫消費者現場組合調配出屬於消費者個性化的產品，所以靈敏的鼻識可以造就經濟發展。

再者，現在的工商社會，很多人可以經由香味解除壓力，香道技師的鼻識能力就舉足輕重了。

有一對年輕夫婦，大學時代就有禪的訓練基礎，學會用佛法優生學來生兒育女，果然生下一個乖巧善慧的女兒。更妙的是，有一天他們突然發現女兒的鼻識非常靈敏。

一個早上，夫妻兩人看見桌子角落邊有一條紙片，上頭寫了一些字，好像還滿重要的，於是開始尋找到底是誰遺留下來的紙片。六歲的女兒知道了，就把紙片拿起一聞，說是阿姨的。兩天後阿姨再到家裡來時，果然證實是她的紙片。有佛法的基礎概念，這對夫妻知道幫孩子繼續強化他的鼻識能力。

舌識

台灣以前有一位茶葉改良場長吳振鐸先生，他的品茶功夫是一流中的一流。茶葉比賽時，有時茶農會投機取巧，將自己的茶葉分成兩份冒名頂替，以增加得獎機會。這些茶經他一嚐，馬上知道兩份是同一個茶農的。

茶的製程從採青開始需要三天二夜，茶農為了提神醒腦，有時候喝點紅露酒，吳場長一品，馬上告訴茶農製茶時不要喝紅露酒；或是有婦女擦口紅胭脂參與製茶，都一一被點出來。

台茶從一九七〇年後，外銷市場萎縮，茶葉走向高山化，開闢出另一條戰線。高緯度的高山茶，品質比以前的平地茶更佳，加上相關單位辦理茶葉競賽，刺激茶農研發製茶與種茶技術，使得台灣高山烏龍茶享譽國際，而負責品茶的裁判先生的舌識就扮演了很重要的角色。

日本東京都有位八十二歲的小野二郎壽司師傅，號稱壽司之神，一生鑽研壽司料理。米其林三次造訪他的餐廳，評審三次都感到驚艷。因為小野先生招式沒有用老，一直在變化他的料理。小野二郎自己認為他的舌識很靈敏，所以讓他可以一直創新他的料理（註十八）。

品酒師占德國啤酒工業很重要的地位。一位啤酒廠的品酒師，幾乎決定這個酒廠的生存。大家必須根據他品味出來的結果，修正材料配方與製作程序。若品鑑稍有閃失，一個個大發酵桶出來的啤酒就變成廢液，公司的損失可大了，甚至會導致產品滯銷。

身識

二十年前，一次我與太太旅遊到日本熱海溫泉區，晚上投宿一間中古型的旅館。這種榻榻米式的房間，晚上是有專人來擺桌設置晚餐，並且幫你把床鋪好。那一晚來的女中（服務歐巴桑）約莫七十來歲，很貼心周到地在絜子外告知我們她要進來擺桌鋪床。一進來之後，我猛然感受到這位女中散發著一種堅毅的氣質，她的動作像一位受過良好訓練的武士，輕巧中帶有自信，舉手投足間充滿禪的美感。

此生第一次感受到，原來服務也可以讓人身心怡樂，這才是服務業的真諦。詢問她明天我們想去的地方，她即席地提供當地氣候與旅行要注意的事項。那一次的感受真是空前絕後。五、六年前去過號稱第一名北陸的加賀屋，其女中也無法與熱海的那位歐巴桑相比。

歐美先進國家一些名牌的服飾皮包，像Channel、Hermes、Louis Vuitton 等，的確是精品。不管是設計或材料的質感，就身識而言，絕對是極品，所以當然人家業績良好。

意識

蘋果電腦的賈伯斯不僅眼識敏銳，腦力激盪能力也很強，經常「見人所未見，發人所未發」，擊破慣性思維。

有時候費德爾（Tony Fadell）帶領的iPod研發團隊一夥人絞盡腦汁，還是無法解決一個使用者介面的問題，這時候，賈伯斯會不經意地問：「你們有沒有想過……？」輕輕一點，石破天驚，每個人大叫：「哇！對呀！」賈伯斯就是有辦法從另外的角度看待事情，然後那個乍看似乎不可能解決的問題，就這樣在他的神來一筆下「柳暗花明又一村」找出解決方案了（註十九）。

不過賈伯斯的這種能力，應該歸功於每日不斷的禪坐功課。

一九六〇年披頭四（Beatles）搖滾樂團崛起於英國倫敦，快速的成就讓他們幾乎迷失在藥物依賴與奢華生活中。

一九六八年他們到Rishikesh學習冥想，靜修三個月。這段期間是披頭四最有創造力的時段。

一九六八年二至四月，他們創作了很多歌曲，其中十七首被收錄在專輯《The Beatles》中，也就是通常所說的The White Album。

學習冥想後的披頭四，他們的音樂很有精神思想。

今天全球都在推銷文化創意事業，不僅是文化創意，任何的企業都需要創新來維持企業的成長。「諸行無常，一切在變」，不變的企業很快就會被別人追趕過去。但是「諸行無常，一切在變」也意味著，我們的腦袋可以一直產生創新的靈感。

一般而言，我們的腦袋經常為某一個念頭所占據著，沒有空檔容得下其他的念頭，這就是六識攀緣外界。如果六識不向外攀緣，真我就不會隨波逐浪，回歸真如大海，隨時隨地都能孕發創意靈感。坐禪、散步或是發呆都能幫助我們渾然忘我，把我們從紅塵束縛中釋放出來，促成創意靈感的產生。敏銳的意識能力，激發創意靈感，靈感的落實，推促企業創新產品與服務。

註一　Leander Kahney, Inside Steve’s Brain（London: Portfolio, 二〇〇八），第一七八頁。

註二　《我這樣改造命運》；第三九至四五頁。稻盛和夫◎著，林慧如◎譯，二〇〇六，先覺出版社。

註三　British writer and scientist Arthur C. Clarke :” Any sufficiently advanced technology is indistinguishable from magic.”

註四　《希臘哲學趣談》；第五七至六〇頁。鄔昆如◎著，民國八十二年十二月四版，東大圖書公司。

註五　《科學的難題——悖論》；第一六二至一六七頁。張建軍◎著，一九九四年十一月出版，淑馨出版社。

註六　《時間與自由意志》；第八九頁。柏格森◎著，吳士棟◎譯，二〇〇四年，北京商務印書館。

註七　《我看見音符的顏色》；第一八五頁。蕭煌奇◎口述，劉永毅◎撰文，二〇〇二年六月，平安文化有限公司。

註八　《指月錄．洞山良价禪師》；第二七六頁。

註九　《來果禪師禪七開示錄》；十月二十五日開示（二七第三日）。

註十　南管樂人把公開場合的演奏叫「排場」，而不叫「演出」或「演奏」。因為傳統上他們認為南管只是娛樂自己，並不是用來表演的。莫扎特音樂學院女教授一事為南管館閣先生葉圭安口述。

註十一　大珠慧海禪師《頓悟入道要門論》。

註十二　《蘇格拉底傳》；第四四、八〇頁。泰勒◎著，許爾樫◎譯，一九九〇年再版，志文出版社。

註十三　《時間地圖》；第四八頁。Robert Levine 著，馮克芸、黃芳田、陳玲瓏◎譯，一九九七年，台灣商務印書館。

註十四　Csikszentmihalyi, M. 一九九五. Creativity: Flow and the psychology of discovery and invention. New York: HarperCollins Publishers. p.114.

註十五　《西洋音樂故事》；第一九九頁。赫菲爾◎著，李哲洋◎譯，一九九五年再版，志文出版社。

註十六 Walter Isaacson, 2011. Steve Jobs. London: Little, Brown. 第三六四頁。

註十七 《讀者文摘》；第一六頁。一九九二年十一月號。

註十八 《壽司之神》ＤＶＤ。二〇一一年，智軒文化，台北。

註十九 Walter Isaacson, 2011. Steve Jobs. London: Little, Brown. 第三八九頁。

第三章

天人生活與科技經濟

沁涼的月圓秋夜，絲瓜棚底下，阿公帶著孫子指指天上的滿月，訴說著嫦娥奔月的故事。雖然美國登月火箭阿波羅號已經數度探測過月球，遍尋不著嫦娥，但是吳剛伐月桂與玉兔搗藥的神話，仍然活絡在文化心靈中。

五、六歲時和阿公在院子乘涼，順手就指著天上的月亮，問說月亮怎麼來的？還沒有得到答案，就先被數落，不可以指月亮，耳朵會被太陰娘娘割掉，從此對太陽公公和月亮娘娘只有敬畏而不敢探究，一直到國中時代念到英國科學家兼哲學家牛頓的萬有引力，擔心月亮、星星掉下來的忐忑不安才告消解。玉皇大帝的天庭世界，逐漸被太陽系與銀河太空取代；呂洞賓退位，愛因斯坦登場；四書五經回到圖書館的架上，佛洛伊德精神分析學與腦神經科學的科普書籍站上垂手可及的書桌。

人類都已經發射火箭前進太空探測火星，卻還沒有辦法精確預測近在眼前的地殼變動。台灣的九二一大地震、中國的汶川大地震和日本三一一海嘯歷歷在目。當年愛因斯坦都已經從他的相對理論否定上帝的存在，但是他卻選擇寧可相信有上帝的存在，否則這個世界不可能建構得這麼完美。高度科技發展的德國人，年輕的時候不會到教堂做禮拜，會被同儕看成迷信落伍；年紀一大，面對死亡了，他們才紛紛到教堂做禮拜，科學的信心在年紀大時就會動搖。還是那句話，諸行無常，一切在變。年紀輕輕的，身強體壯，沒有生死的問題；年紀老大了，身弱體衰，才開始有生死的課題，人總是不見棺材不落淚。只是生死的課題，就像孔夫子所強調的「不知生，焉知死」，也不是科學所擅長的領域。

有一天，青原唯信禪師上了法堂，開口就說：「老僧三十年前未參禪時，見山是山，見水是水；及至後來親見知識，見山不是山，見水不是水；而今得個休歇處，依前見山只是山，見水只是水。大眾，這三般見解，是同是別，有人緇素得出，許汝親見老僧。」

得個歇腳處後的宇宙是怎麼一回事呢？

禪的宇宙觀

台灣的政府組織結構分成中央與地方政府，中央政府由總統領軍下分五院：行政、立法、司法、考試和監察院。各院又有下屬單位，如行政院底下管轄內政部、交通部、經濟部、財政部、國防部等。大略而言，我們的政府結構是這樣組成的。

科學所建構的宇宙，則是我們生活的地球行星，有月球衛星環繞，我們所處的太陽恆星體系，有九大行星。太陽系統又屬於銀河星雲。

禪的宇宙觀，若依照《法華經》的說法，則為六凡與四聖。六凡即是六道眾生：天人、人、阿修羅、畜生、餓鬼和地獄。天界可以再細分為：欲界天、色界天和無色界天。超出無色界天之上則為四聖，依序為真空三昧、海印三昧、金剛喻定和大海印三昧。人若修行到了真空三昧，就跳出三界，不受輪迴苦惱。六道眾生與三界以上的四聖合稱為十法界。

整個十法界不是錯落各處，都在眼前，都在這裡，所以「不移一步到西天，端坐西方紫金蓮。」做個比方，有一個銀幕，同時有十部電影放映機把各自的電影內容投射在這個銀幕上。有的上演著文藝片，有的上演警匪片，有的上演詼諧片等。湯姆克魯斯的警匪槍戰正是激烈時，豆豆先生正在搞笑，木村拓哉剛好與女主角廣末涼子散步在夕陽餘暉中。各自進行各自的進程，縱使子彈飛來飛去，一點都沒有威脅到情侶們的羅曼蒂克氣氛。十法界的每一個層次各有其頻率，不互相干擾，但若是頻率交涉時，則會同步顯影。

色界天有初禪、二禪、三禪及四禪四個天界。釋迦牟尼佛說過，一心持守戒律，人往生時，可以超生到色界天的初禪天，但是二禪天則需要坐禪才能通達。在本書裡頭，初禪天以上不屬於我們談禪與企業經營的範圍，所以這裡不加以詳述。

六道眾生

六道就是有六個歸類的意思——天人、人、阿修羅、畜生、餓鬼和地獄，每一個歸類都有它的頻率條件。六道眾生也稱為六趣眾生，以個別的業力因緣，臨命終時，趣向投生於相對應的頻道。

就以人為範例來說，父母親敦倫的時候，因緣相近的個別第八識就已經在旁等候，屆時與父精母血三緣和合，安住母胎十月。從母胎出生，哇哇落地以後，餓了哭，飽了睡，慢慢地成長，官能系統愈來愈發達，喜歡的東西伸手去拿，厭惡的東西就推開。到了三、四歲第一個可以回憶起來的年齡時，開始有明天，同時相對地有昨天，有快樂同時也有痛苦，這個時候舉手投足，開口說話或意識思維，都帶有業力。身、口、意業如果是善業，招致善果，惡業招致惡果。

不僅禪作如此的解法，中國道家的《易經》也有善惡業的觀念，說：「積善之家，必有餘慶；積惡之家，必有餘殃。」

生命力逐漸衰退老化，到終止時，人會何去何從呢？如果是修行有成的修道人，可以超生三界之外；但是大部分的人都會落入六道中。如此生而死，死而生，無數往返，正如唐朝寒山子的詩：「水結即成冰，冰消反成水；已死必應生，出生還復死。」一個別第八識就像是水體，有時現出固態冰相，有時現出液態水相，冰水水冰，反覆不已。

人死亡時，此生以來所做的一切，鉅細靡遺，一分善業增一分善報，一分惡業增一分惡報，整個加總起來，決定個別第八識的去向。如果總結淨業力為正，則出生善道，若為負，則降生惡道。無始的時間以來，生死眾生輪迴於六道之間。

輪迴轉世的概念並非禪的專利，發明直角三角形定理的畢達哥拉斯也主張三世因果。他認為人生有三度時間：前世、今世、來世。前世的一切是今世的緣由，今世的一切結成來世的果。如果今世有什麼痛苦，那是因為前世做了壞事。希望來世成功幸福，今生就得行善積福（註一）。

只要時間系列存在，就必然有前因後果的因果關係。無量的時間以來，眾生隨著自己所施作的業力，輪迴於六道中。總結一生的結果，善業力則升入三善道——天人、人、阿修羅，惡業力則降生三惡道——畜生、餓鬼、地獄。

天道

一生施作善業，可以往生天界。天人跟人類，樣態差不多，但是身形高大多了，並且因為業力比人間道清淨，身形出現光明，光明程度更勝過人間的日月光照。天界的花朵也比人間的更加光鮮艷麗。天界有十種殊勝超越凡人：

一、天人行走時，可以騰空飛行，瞬間即逝，一個念頭即到達目的地，無遠弗屆，沒有界限。

二、天人行走時，可以穿牆入壁，通行無阻，沒有障礙。

三、天人行走時，動動念頭即到達目的地，沒有快慢遲速的差別。

四、天人行走時，地上沒有遺留痕跡。

五、天人有神力，走再遠，身體也不會疲勞。

六、天身有形，但是沒有影子，身體現光明。

七、天身潔淨，沒有大小便，沒有汗垢污膩。

八、天身潤澤，但是沒有唾液、洟痰，也沒有皮、肉、筋、脈、脂、血、髓、骨。

九、天身清淨俊秀，莊嚴瓔珞珍寶，自然裝飾。

十、天身飽滿，可以隨心所欲變長變短，青黃赤白，大小粗細，不管怎麼變化，都恰到好處，令人愛樂。

天界和人界一樣也有六識的展現，但是都比較精緻，色、聲、香、味、觸五欲的行樂更勝於人間道。

天子一出生就已經像是人間十二歲大小的孩子了，如果是男的，就從天男的坐處膝邊出生，若是女的，則從天女兩股內出生。天子與天女一出生就知道自己是在哪裡死亡，往生到天界來，也知道能上生天界是前世所做的福報功德所致。

天男有很多天女，每個天女只看到天男和自己配對娛樂而已，沒有看到其他天女。天界裏沒有忌妒的字眼。

天人的飲食比起人間極為精緻，人間的滿漢全席，在天界看來就像豬吃的餿水一樣而已。天界眾生想吃飯時，珍妙餐具自然出現，並且盛滿食物，天人的食物叫做「須陀味」，顏色不一。果報較大的天人吃的是顏色最白淨的須陀味，果報中等的天人吃顏色稍帶赤色的須陀味，果報較低的天人吃的是顏色稍黑的須陀味。天人用手取食須陀味，放入嘴哩，須陀味自然消解融化。口渴時，天爵器應念頭出現，盛滿天酒，天酒像須陀味也有顏色差別。新生的天子飲食完畢後，身體立刻長大，粗細高矮，如同祂們的天父母一般。

天人想要沐浴洗澡時，便走入天池中，隨興淋洗，洗完澡後，走出浴池，岸邊有香樹，自然低垂樹枝，流出妙香，供天人塗抹身體。再向前走，有衣樹垂下各式各樣的曼妙衣服，供天人選擇。穿好衣服，又有瓔珞樹，低垂珍珠、瑪瑙、琉璃等種種珍奇瓔珞，天人隨手取下裝飾一身上下。再往前又有鬘樹，垂下美妙花鬘，天人則取下裝飾自己的頭冠。如此，想喝果汁，就有果樹，想彈樂器玩樂，就有樂器樹，隨想隨有。

天人走入花園林苑中，看見美麗天女，生起男女情欲。本來具有的智慧，瞭解自己的來去與宿世因緣，因為欲念一生而迷失正念覺智（註二）。

《莊子．逍遙遊》：「列子御風而行，泠然善也，旬有五日而反。彼於致福者，未數數然也。此雖免乎行，猶有所待者也。若夫乘天地之正，而御六氣之辯，以遊無窮者，彼且惡乎待哉！」

記得以前的國文課本裡，關於御風而行的解釋，充滿了科學的偏見，將之解釋為列子跑得很快，快得像風一樣。如果可以跑得像風那樣快，輕妙暢逸地跑了十五天才轉回來，那真的也夠稱得上是神仙了。

晉朝的郭象把這句話註解成，列子得風仙，乘風而行。換句話說，列子騰雲駕霧，飛翔空中十五天，比起那些迫促追求封侯拜相的功利之徒，一身清雅飄逸。雖然他可以飛上雲端，不用奔走勞累，但還不到最究竟的完美。

要像莊子一般，駕馭渾沌天地，司控陰陽風雨晦明的機變，深入生成器世界的緣起，無窮自在變幻，這樣才是極致的圓滿。簡單地講，列子不用坐飛機，可以飛到美國去玩；莊子不是飛到美國去，而是把美國拿過來玩。

從佛法的宇宙觀來看老莊道家的論述，列子御風而行的事，也不是什麼驚世駭俗之言了。

欲界六天

欲界天有六個層次，從人道往上算起，依序為：四天王天、忉利天、焰摩天、兜率天、樂變化天、他化自在天。為什麼稱為「欲」界天？因為這個天界的眾生和人間世一樣還有食欲、睡欲、男女欲的展現。男女欲望的展現不像人間以出混濁液而結束，而是出氣息，熱惱即告解除。因為修持十善因的福報而上升天界，又因為持戒精誠程度的差別，生報天界而有差別性。十善因即是：不殺生、不偷盜、不邪淫、不妄語、不兩舌、不惡口、不綺語、不貪婪、不瞋恚、不邪見等十種善業。

四天王天分別是東方持國天王、南方增長天王、西方廣目天王、北方多聞天王。四天王天一日夜相當於人間五十年，壽命五百歲相當於人世九百萬年。男女欲的表現有如人間的擁抱交身。

忉利天有三十三天，東西南北四方各有八天，中間為帝釋天，帝釋天主就是忉利天王，也是我們民俗概念中的玉皇大帝。忉利天一日夜相當於人間一百年，壽命一千歲，則是人世三千六百萬年。天男擁抱天女像黏巴達舞一樣，根門沒有接觸，天男氣息出，熱惱就熄滅。

焰摩天之所以稱作焰摩天，因為此天中白天與黑夜一樣光亮。以蓮花的開合來分別晝夜，紅蓮花開代表白天，白蓮花開代表晚上。焰摩天眾對自己所住的宮殿若不滿意，動動念頭，宮殿即行消失，又起另一豪華天宮。天男女的欲情表現為牽牽手，天女就受孕。焰摩天一日夜為人間兩百年，壽命兩千歲，相當於人間一億四千四百萬年。

兜率的意思是知足，天眾很滿足擁有的五識娛樂，知所滿足。兜率天一日夜是人間四百年，壽命四千歲，相當於人間五億七千六百萬歲。男女欲望的表現為相對一笑，天女即告受孕。兜率天有一內院，頻率不同，屬於清淨報土。當來下生的彌勒菩薩在那裏說法，調教輔佐，準備將來下世，救渡凡夫眾生。

樂變化天，自行五欲變化能力強，所以稱為樂變化。於自己所變化出來的對象，自己耽著愛樂。樂變化天一日夜是人間八百年，天壽八千歲，相當於人間二十三億四百萬歲。男女情欲的展現是雙方眼識視線相交集，即告消解熱惱。

他化自在天，五欲娛樂變化，不用自己動手變化，由其下諸天變化供其享樂，所以稱為他化自在。他化自在天一日夜是人間一千六百年，天壽一萬六千歲，相當於人世九十二億一千六百萬歲。男女情欲的表現為，當天男想念起天女，天女也思想起天男，意念相交集即成。

天人五衰

有死必定有生，有生也一定有死。這是生滅法的定律，欲界天人也有生死現象。天人臨近死亡時，會出現五種現象，稱為天人五衰。

一、華麗的天冠花鬘出現萎壞。

二、漂亮的天衣開始有污垢。

三、腋下流汗，身體有臭味。

四、在位子坐不住。

五、天女紛紛躲開。

天人臨終的時候，雖然沒有大苦惱的現象，但是出現這些衰相，他們的感受苦難也如同地獄受苦一般。並且天界的福報用完了，依照前世殘留的業力，自動轉世，好一點的落生人道富貴人家中，差的話，有的墮回地獄或畜生道。

忉利天有一天子，名叫「嗟韈曩法」，只剩下七天，天界的福報將要結束，天身現出五衰相。他坐不住天座，落在地上打滾哀號：「太痛苦了！受不了了！我不能進去曼那吉爾池和洗浴池沐浴嬉戲，沒有寶車進去歡喜園遊耍，無法採摘跛里耶多羅迦花，無法走在柔軟的雜寶地上，那些嬌美婀娜天女都離我遠去了。」

其他的天人看到這個景象，趕快去投訴忉利天王。天王聞訊趕來。

忉利天王問：「嗟韈曩法天子，你為什麼在地上哭嚎？」

嗟韈曩法天子答：「我看見我墮生人間變成一頭豬，長年扒糞吃食穢物，所以悲傷。」

忉利天王憐憫地說：「你誠心皈依三寶，念言：『皈依佛兩足尊，皈依法離欲尊，皈依僧眾中尊。』就會有救。」

嗟韈曩法天子因為怕死後落生豬身，就誠心皈依三寶，到死前一直都是戒慎遵守三寶戒律。他往生之後，忉利天王以天眼卻看不到他往生何處，不在畜牲界，也不在人間，四天王天與忉利天也沒有。天王便去請教佛陀。

佛陀說：「嗟韈曩法天子因為發心皈依三寶，現在上升至兜率天，享受五欲快樂。」天眼的功力只能向下界看，而無法看上界，當然忉利天王看不出嗟韈曩法天子往生兜率天（註三）。

天界太過於快樂適意，一切放逸優游，根本不會想到修行，又沒有人間的衰老病苦，可以說是完全沒有警覺性。

一旦天界福報用盡了，總歸要降生三惡道，因此佛陀說法不鼓勵我們發願生報天界，除了兜率天以外。兜率內院有當來下生的彌勒菩薩在那邊待命，上升兜率內院，能就近親近大善知識，聽法修行，裨益眾生自己（註四）。

人道

中華拳術的內容經常取法畜生界的戰技，像是少林派虎鶴雙形拳、猴拳、螳螂拳、蛇形刁手等。赤手空拳的爭鬥，人類沒有按照自己體格的架式，反而向動物界學習，足以說明就力氣與速度而言，我們遠遠輸給這些動物。老虎、大象的力氣比我們大，猴子、貓、狗動作比我們靈活，毒蛇、毒蠍又比我們凶險，生存競爭中，如果沒有智能腦袋的貢獻，人類殘存的機率是很小的。

二十一世紀的人類，由於科技的發展，生活便利。按照道理來說，我們應該滿足快樂才對，但是每當經濟不景氣時，全球人類都是憂心忡忡。人間世也有如下諸多的苦惱：

一、**俱生飢渴苦**：從哇哇落地，張口就是要喝奶，到日後長大成人，就業工作，就是為了長養這個肉身，餓了想吃，渴了要飲，願望卻不得滿足，都得辛辛苦苦憑藉自己的勞力去換取。不能像天界一樣想吃喝時，須陀味與美酒、果汁自動現出來。

二、**所欲不果苦**：看見一件漂亮的衣服，卻阮囊羞澀買不起，無法順遂欲望。生活中多的是逆心拂意的不如意事，無法安排一切都如己意，也不能像天界眾生想要什麼東西，就變現出來什麼東西。

三、**粗疏飲食苦**：三餐沒有龍肝鳳髓，飲食粗鄙，不像天界的美味。

四、**逼切追求攝受等苦**：做事業，需要調頭寸，經常要跑銀行三點半，卻又常常要不到所迫切需求的經費。

五、**時節變異若寒若熱苦**：天寒地凍時，出去外頭，全身裹得厚厚緊緊，僵硬到幾乎不能動彈。天氣炎熱時，就算穿得再單薄，出汗時覺得身體黏黏，不太好受。春秋兩季則是早上出門還很冷，身上穿著大衣，中午變熱了，脫下大衣用手拎著，時間久了也不輕鬆；若是嫌麻煩，把大衣擱在辦公室就出去辦事，晚上天氣變冷了，卻沒有大衣穿，受寒挨凍。

六、無有舍宅覆障所做淋漏苦：成人長大，成家立業，總要有個房子安頓家室避風遮雨，卻只能望那高不可攀的房價興嘆。租房子！每隔幾年就得搬家，那也夠累人了。

七、黑闇等障所做事業皆悉休廢苦：天身自己現出光明，不受暗夜的影響，現代人類要是沒有電燈，太陽一下山，行動可是處處受到限制。

八、變壞老病死苦：生命的成住壞空，老化時，身體硬朗不起來，到處都是問題。老花眼、重聽，生活充滿不方便。佛陀為淨飯王太子時，出城門看到人類的老病死苦難，決心修行尋找人生的出路。

就環境的生存適應度來看，人類比畜牲界來得差；就生活的自由快意度而言，我們又沒有天界心想事成的能耐。那什麼是人間法界的勝出點呢？

一般而言，生物都會關注與生存密切相關的衣食問題，除了衣食問題以外，人類還會關注精神思想的課題，所以佛法說人間法界「思慮最多」。天界的生活太愜意，無暇思及修道的事情。反而人世間處處不能盡如己意，因此讓人有機會思考生命的意義，究竟應該是怎麼一回事。

人類世界是一個二分法的相對世界，黑白對立，水火二元，對立矛盾之中，又統一和諧。有痛苦也有快樂，苦盡甘來，甘盡苦來。陷於痛苦之中的人，必然想要離苦得樂，所以會努力超脫苦痛，迎取幸福。

當幸福到手之後，一回首來看，若沒有之前痛苦的刺激，怎麼會有現在的快樂。痛苦還是快樂的前因，煩惱引來菩提。前面談過的人間世界八種苦惱，種種都在敦促我們離苦得樂，激起我們追求法界的真理智慧。

人間道有諸多煩惱，再再促成我們精進砥礪自己。人間法界比起其他五界幸運的是還有佛陀住世，佛陀大善知識好像是暗夜的明燈，揭示我們宇宙的實際真相與最真實的真理，指引我們修證真理的道路。

日本作家芥川龍之介探討人生，挖掘人性，不幸地他總是看到現實的醜惡，覺得「人生比地獄還地獄」，深為痛苦，感到極端的矛盾。他卻忽略了，正因為如此，污濁的人世正好是修行淬鍊的無上道場。蓮花出污泥而不染，不僅不染，蓮花還從污泥中攝取養分成長昇華，愉悅周遭的人生。

雖然人類世界有種種的不幸，人間道頻率本來就具有「利他」的基因，唯有利他，我們才會感到滿足安祥。靈魂的飢渴，無法只用「利己」來消解。利他即是自利，要自利一定得利他，這是人間法界的清淨定律。

阿修羅道

阿修羅有兩種，一種處身於鬼道，有神通力量，另一種則歸在畜生界，居住的世界有四個地處。阿修羅住地比照天宮，有種種莊嚴的寶飾，金殿樓閣，蓮花浴池，奇麗苑花。第一地處的阿修羅，壽命五千歲，它們的一天一夜相當於人間世的五百年。第二地的阿修羅，壽命六千歲，它們的一天一夜相當於人間世的六百年。

什麼樣的業力因緣會墮生在阿修羅界？趣生阿修羅界的眾生大都修習外道法，頗有世俗智慧，懂得布施窮苦的人，只不過這些善舉的動機是出於希求回報的「有為法」，而不是正知正見無為法的布施周濟（註五）。

如果與人間世界比較，阿修羅界有三種殊勝：壽命長、身形好、五欲受樂變化多。阿修羅男面貌醜陋，女眾則面貌姣好，多為天男匹配的對象。阿修羅界雖然有神通力，五欲受樂多，但是心性瞋恚，喜好與天人爭鬥。

若人間世界不修行正法，不孝養父母，不奉行正道，不尊重善知識，則天人的力量就減損，與阿修羅戰鬥時，就會落敗。相反的，人間世界多行善事，修行正法，則天人的力量強化，與阿修羅打仗時則會勝利。

阿修羅王想要征戰天界時，一起心動念，阿修羅眾馬上感應到阿修羅王的念頭，聚集成軍。同樣的，天王準備應戰時，動動念頭，天眾同時同步感應到天王的召集令。

天眾的武器是金、銀、琉璃、頗梨、赤朱、硨磲、瑪瑙等七種寶物所製成的，這些兵器砍向阿修羅身體，無礙穿過，卻沒有造成傷害，也看不見傷痕留下來，阿修羅只有因為觸感而感到痛苦。阿修羅的兵器也是七寶所成，同樣的，被阿修羅砍到的天眾，也因為觸感而感到苦痛（註六）。

畜生道

畜生道的生命行為訴諸於原始的生存動力，受叢林法則「弱肉強食」的支配，個體之間以競爭為原則，適者生存。但是畜牲界的前五識比起人類還要敏感。

火雞的耳識感應在嘴喙上的一個孔內，牠的聽覺靈敏度優於人類五倍。《荀子．

勸學》：「昔者瓠巴鼓瑟，而沉魚出聽；伯牙鼓琴，而六馬仰秣。」乍看之下，好像是不可思議，其實這是可以瞭解的。真正音樂高手的音樂，動物是會欣賞的，因為牠們的聽力鑑賞水準比我們高。

南管是一種古老的漢方音樂，樂器為琵琶、洞簫、三絃、二絃、拍板。南管音樂含攝道家陰陽五行哲學基礎，五個基本音符ㄨ工六士一，基本上是宮商角徵羽的簡譜，這五個音都是和音。

南管五音和鳴，樂音悠揚，我們曾經有兩次的經驗，晚上在有機農場，排場演奏南管音樂。

我們觀察到南管音樂一開始演奏，蟲鳴蛙叫都停止下來，農場的狗兒悠哉悠哉漫步到樂師的跟前，兩腳向前一伸，懶散地躺下來，神閒氣定地聆聽音樂。音樂一結束，蟲鳴蛙叫馬上恢復過來，狗兒也滿足地走開。但是使用農藥的農場則沒有觀察到這樣的現象。

貓科動物的夜視能力比我們強，老虎能在夜間捕獵。大冠鷲若在高空盤旋，通常是已經觀察到地面有牠們的獵物——蛇或鼠類。狗的嗅覺比我們靈敏，被利用來機場緝毒，或是捕捉罪犯。地震前，螞蟻或蚯蚓往往比我們先感受到。甚至濕度的變化，雨蟻也能比我們先感知到。

雖然畜生道的眾生，前五識比人類還要靈敏，但是牠們沒有意識思維能力，也沒有仁義道德的規範。獅王雄赳赳地統領牠的獅群，年紀衰老了，來了一隻年輕體壯的雄獅，經過一番打鬥，新壯雄獅取代老獅王，奪走牠的一切，老獅王則被拋棄而老死在原野，或被其他的獵食野獸攻擾噉食。非洲荒野的殺戮戰場上，斑馬、羚羊命中注定就是老虎或獅子捕食的對象。

如果落生在畜養的家畜圈中，難逃被送上屠宰場的宿命。被屠宰時，牛會落淚，卻不會逃走；豬會聒噪亂竄，卻不知死期。台語諺語說「牛知死不知走，豬知走不知死」，真是很貼切的觀察。畜牲界沒有智慧思維，無法判斷什麼事情該做，什麼事情不該做，沒有能力分辨善惡，所以佛法說畜牲界無知愚痴，只能訴諸於原始生命本能，沒有思辨能力以追求正法修行。

五百世野狐身

唐朝百丈懷禪師每次上堂講法，都有位老先生跟著大眾聽法。有一天講完法，大家都退去了，獨獨這位老先生沒有離開。百丈禪師問：「你是什麼人？」

老先生說：「其實我不是人。過去世迦葉佛時代，我在此山修行，有個學人問我：大修行人還落因果也無？我回答：不落因果。便因此五百世淪為野狐身。請和尚慈悲為我開示，讓我解脫野狐身。」

百丈禪師說：「你說吧！」

老先生說：「大修行人還落因果也無？」

百丈禪師答：「不昧因果。」

老先生聽了，立刻頓悟，禮謝百丈禪師說：「承蒙和尚開示，令我超脫狐身。我就住在後山，祈請和尚慈悲，以出家眾的葬禮，送我一程。」

百丈禪師叫維那和尚敲板告訴眾僧，用餐後超渡亡僧。大家都覺得很奇怪，並沒有人往生，到底要超渡誰呢？

餐後，百丈禪師率領眾人到後山石岩下，用禪杖挑出一隻死狐狸，依照僧法規矩火化，並超渡老先生（註七）。

「不落因果」與「不昧因果」僅僅一字之差，便淪落五百世的畜生道。不明真理、不悟本性、愚昧無知之人，臨命終時難免轉世淪為畜牲道眾生，當我們還很幸運地保有人身時，應聽聞正法，及時行道。

餓鬼道

貪聚慳財的人，不做功德救濟貧困，不肯布施疾苦，往生時業果所致，墮生餓鬼道中。餓鬼眾生有兩種，一種住在人世間，夜晚行走時，頻率相交涉的人就會遇見；另一種則在餓鬼世界。有三十六種餓鬼：鑊身餓鬼、針口餓鬼、食吐餓鬼……殺身餓鬼等。

鑊身餓鬼道的眾生，沒有面目，手腳洞穿，體內充滿熱火，焚燒其身，好像鼎鑊燒烤一樣。此餓鬼道一天一夜是人間的十年，鑊身餓鬼道的一生是五百歲。

如果墮生在針口餓鬼道中，嘴口像針孔一樣小，肚子像山一樣大，一直為飢渴所困擾，卻又吃不進東西。熱火焚燒全身，心懷憂惱。

一世五百歲後，業報償盡，轉生於畜生道的遮吒迦鳥，這種鳥常患飢渴，口渴的時候只能仰頭喝雨滴下來的水，無法喝其他的水。

鳥身受報完畢，轉生人間後，還有業報的後座力，影響所及常受飢渴困厄，依靠行乞才得以存活。

地獄道

地獄道的眾生都是行惡多端，轉生地獄受極大苦難，此地獄的業報了結，又投生次一個地獄受業報折磨，幾乎是了無出期。有八大地獄：活大、黑大、合大、叫喚、大叫喚、熱惱、大熱惱、阿毘至。每一個大地獄各有十六小地獄：黑雲沙、糞屎泥、五叉、飢餓、燋渴、膿血、一銅釜、多銅釜、鐵磑、函量、雞、灰河、斫截、劍葉、狐狼、寒冰。

眾生進入活大地獄，手指自然長出纖利的鐵爪，彼此相見，心智不清，互相攫抓，身肉割裂，遍體裂傷，直到他們以為自己要死了，一陣冷風吹來，割裂的身肉癒合復原，再一次彼此相向攫割，如此反覆。人間三千七百五十歲是活大地獄的一天，三十日為一月，十二月為一年。活大地獄的業報壽命為一萬年，是人間一百三十五億年（註九）。

地獄受苦依業報程度大小而有差別。業力比較輕的眾生，活大地獄的業報受盡，轉生畜牲，畜牲業報償盡，轉生人間，因為仍有業報餘力，所以生活困頓。業報重的眾生，活大地獄之後，飄進黑雲沙小地獄繼續受難。

黑雲沙地獄空中起大黑雲，降下熾熱火焰的飛砂，觸及此地獄眾生的身體，從皮肉燒穿到筋骨，全身冒出火焰燃燒，受極大苦惱。離開黑雲沙小地獄，業報輕的轉生畜牲，繼而人世；業報重的眾生，業報尚未了結，再進入次一個小地獄繼續受難。

企業經營的六道輪迴

天道的生活，快樂如意，心想事成，一直等到天界的福報用光了，短短的時間內，五衰相現，死亡墮生下界。幸福與苦難同時存在於人間道，因為厭離苦難，所以苦難成了追求幸福的動力，人世是修行的好場所。阿修羅擁有與天界一樣的神通能耐，但是因為無止盡的瞋恨心，總是不斷地與天界爭鬥。

畜牲界由於生性愚痴，不明真理，縱然五識能力優於人類，缺乏思辯智力，難逃弱肉強食、引頸就戮的宿命。餓鬼道眾生，看得到吃不到，挨餓受苦，永遠沒有飽足食欲的機會。地獄道內一重一重的苦難摧殘接踵而來，日復一日，經年累月，似乎是永遠沒有希望。

企業經營也像是六道輪迴一般，成功的果實永遠不是輕易可以到手的。成功的企業家一定經歷過幾番天堂與地獄的上下輪轉，才走出他自己的路來。

看到別人企業成功的模式，不明所以，也輕易地投入那個產業，結果是沒有自己的特色，就像是愚痴的畜生道一樣。「沒有三兩三，不要上梁山」，沒有弄清楚經營的要領，沒有練就一番十八般武藝的功夫，很快將淪為俎上魚肉，任人宰割。

就在我們的周遭，企業界很容易看到一些公司，僅僅一時的成功，就忘了我是誰，很快地膨脹到趾高氣揚，目空一切。諸行無常，一切在變，滿足於現狀的成就，忽略了別人的進步，於是企業經營業務出現天人五衰，公司業務走下坡到無可挽回的地步。天界生活太如意了，所以天人根本不需要修行，等到福報用盡要墮生惡道時，後悔已經來不及了。

ＬＥＤ與太陽能板本來是提供人類節能減碳，立意良好，而且有很好的利潤，早先洞察商機的企業，已經賺到錢了。看到別人賺錢，眼睛轉赤，多家廠商紛紛投入，結果形成殺戮戰場。就像阿修羅看到天界的享受，瞋恨大起，也要同等待遇，紛起爭鬥。全世界的ＬＥＤ與太陽能板市場需求，一年比一年高，可是參與生產這類產品的廠商更多，供應的增加多於需求的增加，大多數企業都在苦撐，比誰氣長，能活過這場消耗持久戰。只有你看出賺錢的機會，那是商機；大家都看到那是賺錢的機會，那就是危機。

企業經營有三寶：人才、技術與資金。三個要項缺少了任何一個，就無法成事。縱然看得到商機大餅，像是餓鬼道眾生，看得到也吃不下，只能在那邊乾著急。

企業經營不順暢時，業務發生問題，找不到訂單，沒有利潤轉動正常運作。一下子又是財務危機，一下子又是人才流失，一下子又是工安事故，像是地獄道的苦難一件一件，永無盡期。這樣的苦楚，是無法言喻的，只有親身感受過，才能體會。

春天過去了，來的是悶熱的夏天，秋天過去了，來得是寒慄的冬天。為什麼不能四季如春？沒有熱夏寒冬不是更好嗎？我們會珍秋惜春，是因為有夏冬的對照。台灣的夏天帶來充沛的雨水，冬天的酷寒消滅了蚊蟲與蒼蠅，所以若是沒有夏天，我們會缺水，沒有冬天，一年一年的累積，蚊蠅愈生愈多，所造成的危害更嚴重。

如同人間四季的變化循環，企業經營也有景氣與不景氣的循環。景氣時，大家紛紛投入生產，導致生產過剩，每個廠商的獲利都降低，形成了不景氣。

不景氣就是要淘汰不爭氣，像是寒冷的冬天自然淘汰老弱的生物，讓牠們不會爭食食糧。要安然度過冬天，松鼠會儲備糧食；要度過經濟蕭條，經營者就要創新研發，更可以利用不景氣的時段，靜下來思考經營路線。

人都想離苦得樂，沒有苦難，就沒有幸福快樂；苦難即是人生不可或缺的營養，危機即是轉機，煩惱即是菩提。

一九七六年，賈伯斯創立他的蘋果公司，剛開始經營得很成功，過了一段時間，經營碰到瓶頸，他邀請可口可樂的執行長史考利一同來努力。

一九八五年，後來竟然發現大家認為他的跋扈導致公司經營不善，最令人痛心的是他被同事們趕出他自己創立的公司。一九九六年蘋果電腦又請回賈伯斯來領導經營，二〇〇〇年後，iPod、iPhone、iPad等產品屢創佳績，引領世界風騷。二〇〇五年，在史丹佛大學的畢業典禮上，賈伯斯說由後來看，被蘋果開除，反而是人生中最好的經歷。

「欲知世味須嘗膽，不識人情只看花。」人生要是太順利了，就沒有機會反省。失敗時，才會檢討，思考什麼是真正的成功。賈伯斯就是一個很好的的例子。

企業經營一定會體會到類似六道輪迴的經驗，只有用禪的修行觀念把持定力，走過一道一道的淬鍊，才能脫出六道輪迴，讓人性放亮發光，發揮企業的社會功德性。

過去預見今日的科技

八世紀印度那爛陀寺僧人蓮花生大士以神通聞名於世，他後來接受藏王赤松德贊的邀請進入西藏弘揚佛法。西藏人民原本有自己的宗教信仰——苯教，蓮花生入藏之後，常常要與苯教術士鬥法，他以神通調伏了苯教八部鬼神，創立了最早的藏地寺廟——桑耶寺，終於使藏民得以改崇正統佛教。

弟子們曾經請示過大士，什麼時候西藏佛法可以大弘於世？他回答說：「鐵鳥在空中飛行，鐵馬在地上奔馳。」蓮花生大士指的是，天空有飛機飛行，地上有火車與汽車行駛的時候，西藏佛教密法將會興盛並傳揚全世界。西藏佛法一直給人很神祕的感覺，所以外界一直以密宗相稱，經常是未經上師許可，不得修法。一九五〇年十月中國人民解放軍入侵西藏，一九五九年三月十七日深夜，第十四世達賴離開拉薩，飛往印度的達旺地區，在印度達蘭薩拉成立了西藏流亡政府。

西藏密教的喇嘛們被迫離開家鄉，流散世界各地，經過四、五十年，不僅亞洲各國，就連歐美國家也屢屢看得見喇嘛們的弘法活動。原本相當封閉的西藏密教系統，今天已經可以說是大弘於世，廣為流播。

一些現代科技發明，是以前就已經預料到的，由此來看蓮花生大士的預言，一點也不奇異。蘇聯的月球二號於一九五九年九月首先登陸月球，而十年後美國也登上月球。德國天文學家克卜勒（Johannes Kelper）就已經預言人類登陸月球，此事早登錄在一六三四現世的書中。

一九七〇年初塑膠貨幣問世，那時很多人懷疑這玩意兒行得通嗎？現在塑膠貨幣或信用卡已經大行其道。早在一八八八年時，Edward Bellamy在他的書《Loooking Backward》就已經提到信用卡。

Internet或是遠距離視訊通信也不是現今才有的概念，一八九八年馬克吐溫的小說《From the London Times of 1904》說到一種全球性的通訊網路，對話者不僅可以聽到聲音，還可以看到對方影像。

第二次世界大戰現身的武器像是潛水艇、坦克和原子彈，更早就出現於法國作家Jule Verne 與英國作家H.G. Wells 的科幻小說中。

雖然希臘神話曾經提到機器人，但是現代我們所瞭解的機器人概念雛型則是由

Karel Capek在一九二〇年所發明的。

人造衛星的概念首先出現在德國人Hermann Oberth一九二三年出版的書《射向太空的火箭》，利用衛星來做通信的觀念則是由奧匈帝國的火箭工程師Hermann Noordung在他一九二八年出版的書《太空旅行的問題——火箭引擎》所提出來的。

今天全世界很多人都是人手一機，通訊手機成了企業夥伴不可或缺的工具。一九六〇年代美國電視影集《星際爭霸戰》中，太空戰士就是用手機來聯繫信息。

至誠前知

明朝有位吳康齋，十九歲時讀到宋朝理學家程頤與程顥的書後，決心學做聖人。他放棄科舉功名，用心研讀四書五經、反觀內省整整兩年，後來更搬到鄉下，和農夫一樣布衣粗食，一面讀書養性，一面耕作維生。曾經指導過王陽明的婁一齋，年輕時也有志於聖學，卻是找不到門路。他認為大多數的老師只是教人考科舉，不是教人成聖做賢。後來聽說吳康齋的事蹟，便投入吳門求學。

明英宗天順七年，婁一齋上北京參加會試，走到杭州，突然返回。大家問他為什麼不去考京試了，他說：「我不是考不上，而是會有一場災難即將發生。」果然，那年會試的考場失火，死傷不少的舉人考生。《明儒學案》的作者黃宗羲說，這是婁一齋「靜久而明」的功夫，能預知災禍。巧的是婁一齋的學生王陽明也有類似的經驗。

王陽明三十一歲的時候，因為青年時代參研「格物致知」的學問，心力過度消耗，大病一場，向朝廷打了一個報告回家調養身體。返回家鄉餘姚後，他在會稽山的陽明洞蓋了個小茅屋，屏除一切外務，專心靜坐練氣導引。根據他的弟子記錄王陽明自己所說的話，他在靜坐中已經能返觀內照。中醫的醫理上解釋「返觀內照」，就是可以看見自己五臟六腑的運作情形。王陽明天天在精舍裡頭靜坐，久了之後，竟然可以預見尚未發生的事情。有一天，四個朋友突然來訪，王陽明預先派僕童去迎接客人，僕童按照他說的地點與路線去接引客人，結果完全如他所說的一點也不差。大家都感到很驚奇，以為他已經得道登仙（註十）。

王陽明並沒有執著在這個「預知外物」的點上，時間一久，他反而覺得這是一種障礙，阻撓修持進步。但是他仍然很堅持靜坐養心，後來都傳授心學子弟靜坐養心的功夫。

《莊子》：「嗜欲深者其天機淺。」反過來說不就是「嗜欲淺者其天機深」。

大凡一個人清心寡欲，恬淡名利，自然而然可以豁達天機，有時也會有妻一齋與王陽明的特異經驗。《中庸》：「至誠之道，可以前知……禍福將至，善，必先知之；不善，必先知之。故至誠如神。」《莊子》的「嗜欲深者其天機淺」與《中庸》所言的「至誠之道，可以前知」，互相印證。

因此預知未來的發展，實在也不是什麼大不了的事情。

未來的科技

「你愛我嗎？」一位消費者拿著剛買到的iPhone 4S手機，問Siri這個問題。

「我們是夥伴關係，沒有愛不愛的問題。」Siri回答。

當電視消費新聞報導出現這一幕時，著實讓全世界吃了一驚。科技可以進步到這樣子了。它令人想起《白雪公主》卡通電影中，皇后對著魔鏡問誰是世界上最美麗的女人，而魔鏡回答是白雪公主。有Siri功能的智慧手機，就像是有了魔鏡，想知道什麼都沒有困難。智慧手機把人的生活又推向進一步的魔幻世界，讓人有點分不清這是現實還是虛擬的魔幻。

就人類的通訊歷史而言，二十世紀累積的科技，促成指數型的發展。西元前四九〇年，希臘聯軍在馬拉松戰役中打敗波斯軍隊，希臘士兵費迪皮迪從馬拉松靠兩條腿跑回雅典傳遞勝利的消息。

後來引進馬力與驛站，周朝就設有郵驛傳遞軍事情報。

美國人貝爾於一八七六年申請了電話的專利權，一八九五年義大利人馬可尼首次成功收發無線電電報。

大家仍有一點印象，三十年前台灣還在使用BB Call，騎著摩托車聽到BB Call響了，就得找個有公共電話的地方停下，看看是誰call in再回Call過去。不久之後就出現立法院打群架的威力武器——黑金剛大哥大，這時候再也不用麻煩到處去找有線電話。無線手機無遠弗屆，進化到小海豚手機，小巧玲瓏放在口袋裡也可以。現在則又進化到智慧手機，不僅通話，自拍一下，立刻可以上傳通訊網路分享朋友。

就拿電腦而言，一九五〇年代，真空管電腦是個龐大怪物，電線、線圈和支架可以占據幾個房間，它的價格只有軍事單位才買得起。一九六〇年代，電晶體問世取代真空管，大幅縮小電腦空間，大型主機進入商業市場。

一九七〇年代，發明積體電路板，電腦體積可以縮小到與桌子一般。

一九八〇年代，晶片誕生，使得個人電腦可以攜帶，到處行走。

一九九〇年代，網際網路串聯全世界的電腦，形成網路世界。

二〇〇〇年代，晶片走出電腦，散布於整個生活環境中。

今天世界更進入雲端通訊的仙幻奇境。一九六一年英特爾創辦人之一的摩爾（Gordon Moore）提出摩爾定律：「電腦的運算能力，大約每十八個月就會倍增。」現在大多數半導體企業的研發人員都相信，摩爾定律很快就會失效。如今的半導體進化速度超過摩爾定律的預測。電腦的運算能力以指數性增長，我們難以想像手邊智慧型手機的運算能力，居然比一九六九年美國太空人登上月球時的所有電腦還要強，這全都是拜科技進步之賜。

個人電腦不斷地小巧化，從桌上型電腦到筆記型電腦，又到一隻手掌可以支撐的平板電腦。不僅電腦與網路連結，手機也可以做網路溝通。未來網路更可以鑲嵌在眼鏡的鏡片上，戴上眼鏡即可以上網。更甚者，還能植入隱形眼鏡中，由大腦的視覺神經直接上網。

MEMS

ＭＥＭＳ的發明，帶來更多的生活方便。智慧手機鑲入加速器與陀螺儀，使得手機螢幕轉動任一個方向都會擺正，我們不用扭動脖子去適應螢幕，並且一彈指即可關機或開機。

什麼是微機電系統（Micro Electro Mechanical Systems，ＭＥＭＳ）？ＭＥＭＳ的定義為一個智慧型微小化的系統，包含感測、處理或致動的功能，可以有兩個或多個電子、機械、光學、化學、生物、磁學或其他性質整合到一個單一或多晶片上。其應用領域極為廣泛，包括製造業、自動化、資訊與通訊、航太工業、交通運輸、土木營建、環境保護、農林漁牧等。

ＭＥＭＳ實現居家與遠距離醫療照護的可能性，患者在身上相對應的檢測位置配戴感應器，就可以把生理資料透過遠距離網路傳至專業醫療團隊，獲得回傳的診療協助。

眼鏡植入能夠讀取我們腦內意念的晶片，並由它放大指令的功率，感應四周的晶片驅動家電用品或汽車，使生活更加地如意。

無人駕駛的汽車不是夢。上了車，啟動引擎後，設定目標，車身前後左右上下的MEMS配合GPS衛星導航，可安全無虞地把我們帶到目標。不用再擔心酒醉駕車與勞累開車，無人駕駛汽車可以解決這些問題。道路情況與鄰車競跑或擦撞等問題，都可以由精密的MEMS設計來妥善處理。

開發新能源

石器時代，上古人類社會發展出奴隸制度，人力是能源的基礎。當獸力被馴服時，奴隸社會逐漸解體。一七七〇年代的第一期工業革命後，蒸汽機械大量利用煤炭。十九世紀末的第二期工業革命，資本主義社會利用電力和石油作為內燃機動力。

遠古人類石器時代的結束，不是因為缺乏岩石，進入石油時代也不是因為煤炭枯竭。從一九七三年第一次石油危機以來，持續幾次的石油危機，讓人感受到經濟發展嚴重受到石油價格影響。

由於全世界的石油存量已經日漸減少，從市場供需法則來考量，我們幾乎可以預測全世界的燃油價格已經不可能回到三十年前那樣的平價。為了持續發展經濟，新的能源開發變得極為迫切需要。

全世界有一半的石油消耗在交通工具上，高價的石油對貨物流通造成壓力，從而影響經濟發展。一些民生用品像塑膠類產品，也仍然必須依賴原油。未來必須採用另類的能源驅動汽車，才能阻止石油價格繼續攀高。未來動力車輛會放棄日漸高價的石油，改使用燃料電池。燃料電池以氫氣為材料，透過氫氧燃燒成水，轉化化學能成電力，汽車的排氣管不再噴煙，而是流出無毒無色的水。沒有排放廢氣的問題，駕駛氫燃料電池的汽車更加環保。二〇〇八年六月日本本田汽車宣布燃料電池汽車問世，二〇〇九年美國通用汽車宣布，他們的燃料電池汽車已經通過百萬英里測試。

我們現行的生活用電來自火力發電廠或核能電力廠。火力電廠會排放出大量的二氧化碳，激化地球溫室效應，因而誕生核能電廠，以減低二氧化碳的排放量。但是美國三浬島核電廠和蘇俄的車諾比核電廠都發生過嚴重事故，尤其二〇一一年日本福島海嘯引發核電廠污染外洩，讓原本已經對核放射污染印象模糊的地球公民，重新檢視核電廠的潛在危機。風力發電、太陽能轉換電力是替代的選項，只是規模尚不足以滿足龐大的電力需求。

基於以核分裂為主的核能電廠曾經造成核放射污染，未來科學家逐漸開發核融合電廠。氫氣經過高壓高熱，直到核子融合，可釋放出宇宙能量。核融合發電廠的燃料來自海水，一瓶八盎司的水等同五十萬桶石油所含能量。

美國國家點燃設施（National Ignition Facility，ＮＩＦ）將一百九十二束巨大雷射光，投射聚焦在一個針尖大小含有重氫和氚的目標，使這個肉眼幾乎看不到的小目標表面迅速蒸發，釋放出衝擊波，瓦解小標點，並釋放出融合的能量。一百九十二束雷射光相當於五百兆瓦的雷射電力聚焦於一小點，使它的熱度增加到一億度，遠高於太陽中心熱度，產生的脈衝能量約為五十萬座核電廠的瞬間輸出。

在法國，由歐洲國家偕同美國與日本出資支持的國際熱核實驗反應爐（International Thermonuclear Experimental Reactor，ＩＴＥＲ），則採用磁場融合方式進行熱融合反應。反應爐用磁場壓縮氫氣，再通過電流加熱氫氣。點燃時，氫氣可加熱到華氏二億七千萬度，遠超過太陽核心的華氏二千七百萬度，可產出五億瓦能量，十倍於原來送進反應爐的總能量。他們預計二〇一九年達到收支平衡。設計師法羅•納馬巴蒂提出一個先進科技的融合電廠計畫，機器比ＩＴＥＲ的小，發電十億瓦，每度電力五美分價格。希望二十一世紀的中期達到企畫目的，可與石油發電競爭。

磁浮列車

一九一一年科學界發現水銀在絕對溫度四度時會失去電阻，這意味著絕對溫度四度時若用水銀作電導線，將不會損失電力。一九八六年IBM的研究人員發現，陶瓷製品在絕對溫度九十二度就具備超導能力，這是過去理論所認為不可能的現象。現在則發現絕對溫度一百三十八度即可以實現超導現象。我們可以液態氮（絕對溫度七十七度即可以液化氮氣）包覆陶瓷超導體，製造超導現象。

一般的交通工具前進時，動力的一部分耗損在與承載物的摩擦力。超導現象可以降低動力車的摩擦力。德國與日本分別發展出他們的磁浮動力列車，德國的Transrapid公司於二〇〇一年在中國上海浦東國際機場至地鐵龍陽路站興建磁浮列車系統，並於二〇〇二年正式啟用。該線全長三十公里，列車最高時速達四百三十公里，由起點至終點站只需八分鐘。二〇〇三年日本MLX01磁浮列車速度達每小時五百八十一公里，成為世界紀錄。科學界仍然致力於發現提高超導體的溫度，有朝一日，必然也會研發出室溫超導體工程。未來的世界交通會很像科幻電影所演出的星際城市，或像雲霄飛車軌道呈現立體交通網。

微電子樂高

很多人小時候玩過樂高積木的玩具。樂高（LEGO）是一家丹麥玩具公司的名字，樂高也是該公司出品的積木玩具名稱，小朋友可以把五顏六色的塑料積木、齒輪、迷你小人和各種不同零件，組成自己所喜歡的樣貌。未來的世界，大人們會有電子樂高組合成他們想要的東西。

英特爾的科學家們異想天開地想要創造一些像沙粒的電腦晶片，這些小沙粒的表面帶有靜電荷，你可以透過引導排斥或吸引組合出想要的東西，並且拆解後重新安排出另一個模式，就像樂高玩具一樣。他們稱這些小顆粒為電子黏土原子（claytronic atoms），你可以組成手機，用完手機後拆解，按下一個鍵讓它重新組成遙控器或電子手電筒，以後身上就不用戴太多的電子裝備。

事實上，英特爾實驗室已經做出一吋大小的電子黏土排列，每一面都有數十個細小電極均勻分布。你可以改變每一個電極的電荷，使它能以不同的方向彎曲或互相連結。如果矽蝕刻技術進步到能製造出細胞大小的電子黏土，將會真正達成按鍵一次，就改變外型。英特爾的高級研究員賈斯汀•拉特納說：「未來四十年內，這將成為日常使用的科技。」

幹細胞與器官複製

二〇〇三年，聖地牙哥動物園請先進細胞科技公司的科學主管羅勃特・藍札，從一隻二十五年前死亡的屍體複製出一隻爪哇野牛。藍札先從屍體中抽取有用的細胞，處理之後，送到猶他州牧場。授精細胞被植入母牛，十個月後，完美的創作誕生出來。

幹細胞（Stem cell）是原始且未特化的細胞，具有生成各種組織器官的功能。幹細胞分為兩大類：胚胎幹細胞與體幹細胞。用於治療而言，胚胎幹細胞潛力大，但是倫理爭議也大；藍札的團隊已經能把體幹細胞轉成胚胎幹細胞。

二〇〇八年，明尼蘇達大學心血管修護中心主任多麗絲・泰勒的團隊，完成人類史上第一次無中生有，培養出一個會跳動的老鼠心臟。他們把老鼠心臟的細胞溶解，留下心型蛋白質支架，再塗上心臟幹細胞的混合物，結果長出一顆會跳動的老鼠心臟。

蠑螈的肢體斷掉了，可以長回來，主要是刺激幹細胞而成的。匹茲堡大學斯蒂芬．巴迪拉克的團隊，研發了有再生能力的「精靈粉末」，塗抹這種神奇粉末在削掉的指尖上，不但長出指尖也長出指甲。成功的案例是長出三分之一吋的組織。

西方主流醫學一直以為人的牙齒掉落了，就不會長出來。道家的修行者，修到某一個階段，掉落的牙齒可以再長出來，《黃庭內經》提到「腐齒再生」，即是這個意思。從唯物科學角度來看，腐齒再生，必然可以分離出一些生理成分，再給予複製，注入人體而促使牙齒長出來。只是必須要先找到這樣的修行人，假使做得到這一點，以後不需要植牙了。

超人——人與機器的合體

二十二歲的羅賓．艾肯斯坦因為移除腫瘤切除右手，醫生將他的手臂神經連接到人工機械手的晶片。機械手有四個馬達和四十個感應器，機械手指的動作被傳遞回大腦，大腦接受了這種回饋，因而能控制並感覺到機械手的動作。

羅賓．艾肯斯坦的成功案例意義非凡。麻省理工學院人工智能實驗室前主任羅德尼．布魯克斯認為下一個階段，將矽晶片與活細胞結合，不僅能治療身體缺陷，還可以強化人的六識，讓人具有超能力。我們可以透過移植耳蝸或視網膜，聽到狗才聽得到的聲波，看到紅外線、紫外線和X光。我們的六識可以強化到更接近天人的境界。

換心手術

「心臟不好嗎？」沒有關係，換個心臟就好了。一九六七年南非的巴納德醫師，首次成功施行第一例人類同種心臟移植手術，迄今已有三十多年的歷史，造福不少心臟疾病者。但是，信不信由你，中國老早就可以換心了。

《列子．湯問》記錄了一則神醫扁鵲幫兩個人互換移植心臟，結果兩人的意識也跟著互換了。

魯國的公扈和趙國的齊嬰兩個人罹患疾病，請神醫扁鵲治療。扁鵲治好他們的病卻說：「你們的病雖然治好了，但是你們天生就有一種病，這種病隨著身體成長而越來越明顯，順便幫你們治一治，如何？」

二人好奇地問是什麼病。扁鵲說：「公扈志強而氣弱，所以擅長策畫卻不夠果斷；齊嬰剛好相反，志弱而氣強，不善長策畫卻果斷。如果把你們兩人的心互換一下，那麼你們兩個人都會變成很完美。」

二人聽了覺得有道理，接受扁鵲的換心手術。手術很成功，調養幾天，各自回家。手術雖然成功，可是兩個人的記憶分辨意識系統，卻跟著錯位互換了。公扈走進齊嬰的家，與齊嬰的老婆孩子一起生活，而齊嬰的家的人並不認識他；齊嬰走入公扈的家，與公扈的老婆孩子一起生活，而公扈的家人也同樣不認識他。兩家的人，鬧上衙門告官了。官府要求扁鵲上衙門公堂說清楚講明白，大家瞭解了來龍去脈，才解決這場官司紛爭。

這則紀錄乍看之下，讓人匪夷所思。目前主流醫學知識的掌握，記憶認知系統是腦神經的職掌，怎麼會隨著心臟移植而到別的人體裡面去呢？台語俗諺講：「戲棚頂若有，戲棚腳著會有。」

美國亞利桑那州大學心理學教授謝瓦茲研究了二十多年，發現器官移植同時也會移植捐贈者的性格或才華。他相信人體主要器官都擁有某種「細胞記憶」，會隨著器官移植到另一人身上，他記錄了七十件因器官移植而性格轉變的實例。其中之一是：

二〇〇四年，紐約快餐店老闆威廉．謝里登接受心臟移植。手術後，發現原本只有幼稚園水準的繪畫能力，卻突飛猛進。

謝里登先住進紐約西奈山醫院等候合適的心臟，為了打發時間開始學畫。沒有繪畫天分的他，畫出來的作品有如幼稚園兒童的畫作。不料移植心臟後，他拿起畫筆再度畫畫，卻畫出足可亂真的動物和美麗的風景。西奈山醫院的藝術醫療顧問德弗利亞說：「這實在太不可思議了，他好像一夕間變成畫家。」

謝里登後來和捐心者的母親見面，才知道他移植了一位業餘畫家的心臟。他似乎同時也移植了對方優異繪畫能力。

謝瓦茲教授的調查在台灣的器官移植也有同樣的發現。一位歐巴桑移植十九歲年輕男性的心臟，歐巴桑後來變得喜歡吃美式食品，並且喜歡看年輕漂亮的美眉。

第二章〈禪的認知〉心理學裡頭，就已經說過，眼識不僅只有視覺作用，還有其他五識的作用，耳、鼻、舌、身、意識都有其他五識的作用。狹義地說，心臟屬於身識，但它也具有第六意識，所以移植心臟的同時，也會帶進去捐贈者的第六意識。謝瓦茲教授只是用「細胞記憶」來解釋這件事情。《列子．湯問》中的「扁鵲換心」與謝瓦茲教授蒐集的案例，可以互相印證。未來的生物科學絕對可以無所不能，但是屬於心靈科學的部分仍然是一片黑暗大陸。

心靈科學越形重要

在太空中滯留一年的俄國太空人，回到地球時身體虛弱到只能爬行。雖然在太空中也天天做運動，他們的肌肉依然萎縮，骨骼鈣質流失，循環系統也變弱。美國的太空人也一樣承受雷同的生理變化，長期在無重力場中生活，讓他們的身體因為適應無重力的環境而顯著改變。

在無重力場情況下人體生理的變化，對照出我們在地球重力作用下的生理作用。「反者，道之動」，因為地球重力的吸引，人體以強化體格表現出反作用力。在太空中無重力的環境下，人體反作用力道也變弱，所以不會產生強壯的肌肉與骨骼。這個道理等同越是困難的環境，越能淬鍊出人的意志力；越是優渥的環境，人的意志力也越薄弱。

人類的世界仍然是「生滅法」的二分世界，貧富、大小、生死、黑白、長短……等。當未來時間的人類，物質生活越來越進步的時候，心靈生活更顯得急迫需要改善。心理學越來越進步，心理醫生也愈來愈多，人類的心理疾病卻沒有減少，反而變得更多，尤其是已開發國家這個現象更加明顯。所以心理學的越發達，實際上僅是在暗示我們，心理問題更趨嚴重而已。

哥倫布發現新大陸，他所開發的航線促成東方的香料輸往西方國家。在那個沒有冰箱的時代，香料可以用來掩蓋食物的不新鮮度，即使皇公貴族們也得忍受腐敗的食物，他們只有兩個選擇：吃或不吃。在保持食物新鮮的冰箱尚未發明前，香料是民生必需品；現在有了冰箱保鮮食物，不需要香料了，但餐桌上還是常常看得到香料的蹤跡。香料變成提升老饕味覺享受──舌識的美食催化劑。

手工業時代，我們的時間大多花在努力工作賺取足衣足食，進入機械工業時代，人類有更多的時間空出來從事其他的活動。未來的世界，物質科學絕對會越來越進步，心靈科學也一定越來越重要。人類將來會有更多的時間發展藝術心靈，平衡物質飽足。具備創新能力、藝術鑑賞力、領導力和分析判斷力，這些物質科技無法擁有的心靈能力的人員，在未來世界更具有競爭力。

而這些心靈能力必須築基在進化人類思想，才有普世價值。人類已經有過類似的經驗。假設第二次世界大戰時，狂人希特勒把重點放在原子彈的研發而不是火箭，納粹德國會比英美盟軍更早做出原子彈，戰爭的結果將會改觀。

全世界的人都看到廣島與長崎兩顆原子彈的威力。戰時德國原子彈計畫最高主持人，也是「測不準原理」的創立人海森堡教授（Werner Heisenberg）讀到《莊子·天地》的「神生不定」時頗有所感。人類發明原子彈，原子彈也會消滅人類。二次大戰後興起的「存在主義」哲學反芻，即是受到原爆刺激而發生的。我們可以預見未來心靈科學會更加活耀，就像今天東土的禪宗與西藏的密宗，在西方世界廣受歡迎一樣。

經濟發展的終極目的——天人的生活

一九七八年台灣建成第一條高速公路時，那時有不少人看不出它會帶來什麼樣的助益，甚至覺得那只是為有錢人有車階級服務而已。很快的，中山高速公路不敷使用，不到十年，一九八七年動工興建第二條高速公路。

台灣高速鐵路一九九九年動工，二〇〇七年通車。當時也是有很多負面意見，懷疑台灣只是個彈丸之地，鐵路、公路密布，而且有飛機交通，是否有必要浪費再開闢一條高鐵。如今從台北到高雄再返回台北的一日遊，已經是稀鬆平常的事情了。

那麼我們的交通工具發展，將會因為滿足於高鐵和飛機兩樣快速的交通工具而停滯不前嗎？我想絕大部分的人給的答案應該是否定的。雖然我們不知道會有什麼更快速、更便利的交通工具，但可以確定的是，一定還有比飛機和高鐵更快速和方便的交通工具會出現。什麼動力促成人們追求更快速、更方便的交通工具？應該是說不上來，卻又實實在在潛藏於大腦深處那個嚮往天人生活的欲望吧！

打開報紙、電視或是網路消息，經常充斥著聳動的經濟消息，經濟景氣的風吹草動，都足以讓人掛心不已。經濟的課題給人的印象是很重要的，那到底發展經濟的最終目的是什麼呢？

什麼是經濟的定義？一般對經濟的定義是：一定區域內，一切生產、分配、流通和消費活動的統合系統。人類的生活史也就是一部人類的經濟活動史。東晉時代葛洪《抱朴子．內篇》中的「經世濟俗」，意思為治理天下救濟百姓，經國濟世作為經濟的主要內容，也一直為人所信仰。經國濟世的概念聽起來，比較像是從統治者的角度出發，只要老百姓吃得飽穿得暖，天下太平就行了。

但是從古至今，人類的經濟活動卻不像是停滯在經國濟世的階段，它未曾停下腳步，一直向前推進。一百年前的人一定無法想像，今日人類的經濟盛況；而我們也不容易想像一百年後的人類經濟會是什麼樣子。

但我可以確定的是，人類的經濟發展會讓人的生活越來越趨近天人的生活。所以我給「經濟」下的定義是：提升人類生活趨近於天人生活的一切創新活動，不管是科技或人文方面。

初唐四傑之一的王勃，其〈秋日登洪府滕王閣餞別序〉有一名句「落霞與孤鶩齊飛，秋水共長天一色」，為世人傳頌不已。

西元六七五年九月九日，洪州都督閻伯嶼重修滕王閣，想於閣上大宴賓客，餞別新任新州刺史宇文氏一行。閻氏安排於宴會中，讓他的女婿發表預先寫好的〈滕王閣序〉，以彰顯女婿的文采。

那時候王勃在馬當山，準備重陽日來到南昌探望父親，馬當山與南昌水路相隔四、五百里，要在重陽日趕到，實非易事。王勃正在憂心時，有一位相貌仙風道骨的老人知道他的困擾，告訴他不要憂心，只管上船。王勃一上船，吹來一陣大風，吹斷繫繩，帆船像是脫弓之箭，射向南昌。隔天早上，王勃到了南昌，也湊巧地參與滕王閣盛會，寫出名作〈滕王閣序〉，名噪一時。

《昔時賢文》以「時來風送滕王閣」傳頌這段佳話。

王勃古代有神風相送，若是他生在今世，可不需要什麼神風了，坐上飛機就可以一日輕易返往。「朝辭白帝彩雲間，千里江陵一日還」，在今天，已經不是遙不可及的事情了。

從前人類看到飛行空中的鳥類，羨慕牠們自由自在翱翔天空，很希望也能和牠們一樣。一九〇三年美國萊特兄弟研發了飛機，人類實現飛向天空的夢想。飛機的起飛與降落一開始是模仿鳥類翅膀的動作，今天，人類飛機的飛行速度早就超過鳥類，也超過聲音的速度，但是研發更快速飛行器的企圖心並未停止過。

大家還記得愛因斯坦的孿生子理論嗎？一對孿生兄弟，哥哥登上以接近光速飛行的飛行器做長程太空旅行，而弟弟則留在地球上。當太空旅行者回到地球時，發現自己比留在地球的弟弟更年輕。運動速度越快，時間會變得愈慢；運動中光速飛行器的時間變慢，所以哥哥會比較年輕。現在人類的飛行器速度還遠慢於光速，但光速飛行會是我們追求的目標。天人的運動速度非常快，一動念頭即達目的地，所以天界的時間也會比較慢。如果人類發展出光速飛行器，甚至更快於光速，那麼我們的世界會更進一步接近天界，這應該不會是做白日夢。

人間仙樂

佛法傳入中國之後，在各個層面上對中國文化的影響深遠。中土的佛教音樂是怎麼來的？

三國時代曹操的兒子陳思王曹植一天遊賞魚山，忽然聽到空中傳來陣陣清揚哀婉、非常悅耳的音樂聲。他傾聽了一陣子，很有感悟，回到家裡，立刻憑記憶模仿魚山中所聽到的天樂，根據《瑞應本起經》撰寫曲詞並製寫音律。曹植寫作的梵樂，一直為後世所傳頌，中土因此有佛教音樂，後人稱其為《魚山梵唄》。《魚山梵唄》更流傳至韓國與日本。

曹植素來頗有些玄學經驗，他的文章〈飛龍篇〉：「晨游泰山，雲霧窈窕。忽逢二童，顏色鮮好。乘彼白鹿，手翳芝草。我知真人，長跪問道。」明白寫著他登遊泰山，遇到兩位仙童，他很清楚地知道是兩位仙童，所以下跪求問仙道。有這樣際遇的人，聽到天樂飄飄，應該也是不足為奇吧！

我們不用羨慕曹植，二十一世紀的時代，我們也可以聽到來自雲端的仙樂，而且還是自選曲呢！

二十世紀以前，人們想聽音樂，要親自走到歌劇院或歌館。二十世紀初，收音機發明以後，人們躲在家裡就可以透過收音機聆聽音樂，只是此時還必須屈就於收音機的位置才能接收到音樂廣播。

Sony的井深大，誓願要把收音機縮小化到可以放進口袋裡，讓個人可以帶著收音機隨興地各處悠遊，他們果然成功了。

後來音樂娛樂上，又有錄音機的問世。聽收音機，聽眾沒有選擇權，僅能接受電台播放出來的音樂。錄音機則讓人有自己的選擇權，組合錄音自己所選擇的音樂。進一步的，Sony又把錄音機也給縮小化了，Walkman讓人帶著音樂隨身聽，風靡整個世界。誰知道，世界又進步到數位化的MP3，體積比Walkman小，容納的樂曲更多，取代了Walkman。蘋果的iPod出現後，又淘汰了MP3。智慧手機出現後，更可以隨心所欲地下載自己想聽的音樂，可真是「樂從天空來」。

曹植應該屬於特異人士，所以會遇到仙樂，但是能有這樣際遇的人可不多。雖然我們不具備特異功能，科技的進步同樣讓我們可以隨心所欲地聽到雲端的音樂，享受天人的待遇。

人間仙境

天界裡有清新幽美的亭台樓閣，曼妙花園林苑。天人的身體光鮮潤澤，沒有痰涕。

台北市尚未有地下捷運系統時，汽機車排放的廢氣導致台北都會區空氣品質低落。那個時候，台北市的街道屢屢看見行人吐痰。痰沫是人體驅除肺部雜染異物的一種自我保護生理措施，當異物污染隨著呼吸進入我們的肺部，肺部自然而然以黏液攜帶異物並將它排出人體，確保自己的健康。

台北市建構捷運系統以後，不僅交通方便，並且都會區空氣品質大有改善。再加上交通單位嚴格控管汽機車廢氣排放，台北市的空氣淨化很多，現在我們幾乎看不見國人吐痰了。公園綠地是都市生活的綠肺，提供清新的空氣和優雅的居住環境。縱使還是人間，我們已經接近天上了。

哪一天，地球能夠使用更乾淨的能源作為發電用，汽車不再採用汽油引擎，而使用氫燃料電池或是沒有排放廢氣的電動車，人們將可以悠閒地坐在路邊雅座，品嚐茶香，欣賞衣著優雅的來往路人，這是一幕可以實現的天上人間。

人間美味

天人想吃東西，就自然現出「天須陀味」。天須陀味入口即化，好像人間喝上好的醇酒，醇酒入口即化為能量，充實身體。因為入口即化，能量有效地運用，所以天人沒有便祕的問題。

科學推估，石器時代穴居人的平均壽命是十八歲，到了青銅器時代，人的平均壽命將近二十歲，兩千年前的人類平均壽命為二十三歲，十八世紀是三十五歲，十九世紀是四十二歲，二十世紀初葉，人類平均壽命則增加到四十九歲。而現在呢？據美國一九八四年的一項人口調查統計，人類的平均壽命已提高至七十歲以上了。由於生物科學的探討越來越昌明，醫學技術更加有效地對抗疾病，農業科技增加糧食生產，人類的壽命愈來愈長。

地球一年四季，春耕夏耘秋收冬藏，一般而言，秋冬季並不適合作物生長，尤其是溫帶氣候區。秦始皇時，農業專家已經能夠利用驪山的山谷，在冬天裡成功地種植出喜愛溫暖氣候的瓜果類作物。漢元帝時，特殊的農業技術也能供應冬天的菜蔬給宮廷御食；太官園採用廊廡圍繞園圃，晝夜二十四小時燃燒柴火，利用燃燒產生的溫熱克服低溫問題，栽培出春夏季節的「葱韮菜茹」。

今天的農業生產到處可以看到利用塑膠溫室的強化措施，生產非季節性蔬菜，滿足消費需求。科技文明尚未發達以前，人間道只有帝王的宮廷，才能有這樣的待遇。

現代科技利用從石油提煉出的化工產品，可以構築簡易的塑膠溫室，夏菜冬產已經不稀罕了，甚至可以冬菜夏產。一般的普羅大眾也能享受一、兩千年前帝王級的奢華享受。溫帶地區利用溫室保暖對抗寒冷，熱帶地區則利用溫室遮蔽大雨的摧折。陰天時溫室內光照不足，可以利用ＬＥＤ燈光補充太陽照射之不足；夏天時，溫室內溫度過高，利用太陽能板驅動電扇，降低熱浪。

目前的食品科技早已經研發出入口即化的太空人食物，奈米科技的進步更提供人類研發出「天須陀味」的可能性，連帶也能延長人類壽命。加拿大渥太華心臟研究中心主席羅伯茲表示，五十年內人類的平均壽命就可以達到一百五十歲。科學家原本認為延長一倍的人類壽命，可能還需要一百年，但是多項人類基因研究成果已經讓科學家相信，這段時間將大幅縮短。

科技的進步與創新，把人類的舌識享受，從人間道的位階，提升趨近天界的位階。

輕盈的行腳

漾綠的庭園裡，地面上鋪長著柔軟的韓國草，拎著鞋子赤腳走在韓國草床上，好舒服喔！這樣的舒服還是比不上天人的舒服，天界地面很柔軟，天人行走在上面不會留下痕跡。

明治維新後的日本第一任內閣首相伊藤博文，出身下級武士家庭，他的幼年生活相當清苦。十六歲那一年他加入相州警衛隊，隊長來原良藏很賞識他，收在身邊當傳令近侍，教他讀《詩經》與《書經》。來原向他鼓吹武士精神，並且不准他穿鞋子，要他赤腳行進於海岸山野間。伊藤博文有時候受不了而偷偷掉下眼淚，來原看到了，訓斥他：「武士在戰場上，不知道會遭遇到什麼樣的困難，如果在戰地得不到草鞋，那怎麼辦？平日就得養成赤腳走路的習慣。」

伊藤博文早年就養成刻苦耐勞的根基，但是年紀輕輕可以這樣訓練，年紀大了可就不行。人的年紀約過了四十歲就會逐漸出現老化的現象，有人表現在足筋膜炎上。不僅老化，百貨公司的專櫃小姐站久了，也會這樣。很多人有足筋膜炎，卻不知道那種毛病就叫做「足筋膜炎」。罹患足筋膜炎最明顯的症狀，就是以手指由腳根向腳根骨膜壓擠，會感到痠痛。除了尋醫治療外，還可以在鞋子裡面放置軟墊，緩衝行進間地板的反作用力，減緩足筋膜炎的痠楚。

鞋子底板的人體工學設計也很重要，年紀愈大，腳底板承受身體重力作用的能力越差，越需要柔軟的鞋墊。氣墊鞋就是在這樣的概念下產生的。未來還可以以天人行腳作為靈感來源，研發更舒適的鞋子。

美國的洛克希公司發明機械動力裝備，士兵穿戴上這套裝備，可以把身上九十公斤裝備的重量感，減成十五公斤。這種個人機械動力化的士兵，可輕易行走在沙漠或崎嶇岩礫地帶。未來更可以把它改良商業化到協助行動遲緩的老年人，老年人的行動有此代步輔助機，就可以享受跟年輕人一樣的活力喜悅。

實現未來

二〇〇一年九月十一日，兩架被劫持的飛機分別在空中撞向紐約世界貿易中心雙塔，兩座高聳入雲的建築，兩小時內在眾目睽睽之下，徹底倒塌損毀。這場恐怖攻擊深深地震動美國人的心靈。

九個月之後，一群美國的菁英，像ＩＢＭ和ＡＴ＆Ｔ等的大企業執行長，被邀請到白宮一起討論：美國要如何面對未來的挑戰，思考未來？

那一天白宮的會議室，門突然打開來，布希總統走進來，開口就說：「我們不是每個問題都有答案，這點我知道。所以需要各位的協助，讓我們的國家為未來做好準備（註十一）。」

美國終究是一個世界超強的國家，在我們看來，九一一僅是一個小小的攻擊事件，就讓他們驚覺到應該未雨綢繆防範未然。人無遠慮，恆有近憂，謹慎的態度加上超越的創新能力，無疑美國的國勢仍然會執世界之牛耳。他們已經在形塑美國的未來。但是整個人類的未來又會如何呢？

有願景的專業能力才能預知未來

一九四五年美國海軍總司令向杜魯門總統說：「這是我們做過最愚蠢的事……原子彈絕對不可能爆炸。」

那一年的八月，美國在日本投下兩顆原子彈。原子彈的威力，全世界有目共睹。一個海軍總司令絕對算得上是軍事專家了吧？但是他也無法預知到未來將發生的事情。

一九四三年ＩＢＭ公司董事長湯瑪斯．華特生說：「我認為全世界的電腦市場，也許只有五台。」如果全世界的電腦需求真的只有五台的話，怎麼後來會有繁盛的ＩＢＭ，華特生應該很慶幸他的預言沒有成真。

即使如海軍總司令和電腦公司董事長這樣的專業，還無法預知到未來，預測未來的確不是一件容易的事。

唐太宗告訴御史大夫蕭瑀：「我年輕時喜好弓箭，自以為已經盡得其妙。最近蒐羅十幾把良弓，讓造弓的工匠幫我鑑定一下。他卻說這些都不是好弓。」他說：「木心不正，紋理偏斜不暢順，雖然弓體剛勁，但是射出的箭會偏落，所以不是好弓。」

太宗征戰沙場，慣用弓箭，已經是箇中高手，但是還不能觀察入微精細。想要知道未來趨勢變化，還是需要極端的專業知能，才能鑑古知今，知今度來。

美國汽車大王亨利福特問過一百個人，他們需要什麼樣的產品，只有五％的人有自己的主張，九五％的人則不知道而把問題留給製造商幫他們解決。福特認為這個九五％構成了所有產品的市場，福特汽車正是把他們做為產品銷售的對象。

蘋果的賈伯斯則進一步詮釋福特的產品市調觀。他說如果當時福特去做市場調查，瞭解消費者想要什麼樣的交通工具，被調查的人們會說他們想要一輛跑得更快的馬車。大部分的眾生沒有專業的預知能力，他們只能等待別人來引領他們追求向上一著的生活，當然無法想到有汽車的存在。

漢朝有一位箭術高明的李廣將軍。有一天他出外打獵，看見草叢中有一隻老虎。他趕忙下馬，拔箭拉弓，聚精會神地瞄準。「咻」的一聲，他射出一箭，正中老虎。李廣很高興地跑上前去查看，這下子可愣住了。那不是隻老虎，而是一塊石頭。

他跑回原來的位置，再射一箭，雖然命中目標，卻被石頭彈開。連續數箭都沒能射進石頭。

箭怎麼可能射進去石頭裡面呢！李廣的射箭專業能力一定沒有問題，一旦知道真相後，「那是一塊石頭，不是老虎」的念頭在潛意識裡根深蒂固，再怎麼射也射不進去了。在不清楚真相的前提下，由於「那是一隻老虎」這個願景的引領，反倒讓李廣把箭射進石頭裡去了。

所以倒不如一直以為那是隻會傷人的老虎，反而能把箭射進石頭。

《超限未來十大趨勢》的作者詹姆斯．坎頓，提到一九八〇年他到蘋果電腦應徵工作的事情。他的面試只有十分鐘：

「老實說，我對電腦並不是很瞭解。」他向面試官坦承，「不過我覺得它會改變世界。」

「好的，你被錄取了。」面試官說，「附帶一提，沒人很瞭解電腦。你可以幫我們搞清楚。」

一九八〇年的時候，沒有人可以想像到個人電腦會造成今日全世界這麼大的變革，個人電腦變成每一個人不可或缺的生活工具，而且深入地影響我們的生活。當時即使生產者自己也意料不到。坎頓的「它會改變世界」就是「草叢中的老虎」，它是一個願景（vision），這個願景真的驅動他們創造了未來。

科幻大師亞瑟．克拉克說：「任何足以稱為尖端技術的科技簡直就是魔術。」（Arthur C. Clarke: Any sufficiently advanced technology is indistinguishable from magic.）而願景，就是把專業技術變化成改變世界的尖端技術的魔術。

雙贏的啟用者創造未來

單單只有創新發明，並不見得能夠改善眾人的生活，促成經濟發展。最明顯的例子，就是舉世聞名《蒙娜麗莎》的創作者達文西。

他不僅是著名的畫家，還具備雕刻家、建築師、音樂家、數學家、工程師、發明家、解剖學家、地質學家、製圖師、植物學家和作家的身分。

異常的天賦能力讓他五百年前就畫出直升機與坦克的雛型，但是這些超前的創新發明並未能實現，當時的科技發展無法配合他的前衛思維，實際生產出這些機器。

一九六四年的世界博覽會，AT&T公司花了一億元研發「影像電話」，它是一種有電視螢幕可以顯示影像的電話系統，你可以透過螢幕看見交談對象的表情與舉動。

但是這個發明並沒有引起風潮，AT&T吞下失敗的苦果，他們只賣出一百套，每套平均成本高達一百萬美元。

宋國有一戶人家，擁有治療手腳皮膚龜裂的祖傳祕方。他們家族世世代代的職業是在溪流中漂洗紗絮。

有一位謀士知道這件事，要用一百兩黃金買下他們的家傳秘方。洗紗人召集家族會議說：「我們世世代代以漂洗紗絮為職業，所賺到的也不過幾兩黃金而已。今天有人要用一百兩黃金來買這個配方，我建議賣給他吧！」

謀士拿到了配方，便去遊說吳王，進入他的幕下。終於吳國與越國發生戰爭，吳王讓謀士做將軍，帶兵攻打越國。冬天到了，吳、越國水戰交鋒，吳國水軍都塗抹護手藥膏，不怕酷寒，因而大敗越軍。吳王很高興地賞賜他采邑土地。

同樣的護手良藥，可以讓人拜將封侯，也可以讓人一輩子都在漂洗布絮，只因為啟用的地方不一樣啊！

很早以前，在《莊子．逍遙遊》裡，就昭示我們如何發揮一件創新發明達到最大效用。洗紗家族只知道把護手藥膏用在寒冷的溪流中漂洗布絮而手不會凍裂，謀士卻把它的效用擴大到水戰時保護手腳皮膚。後者不僅幫吳王贏得戰爭，也幫自己創造利益。

很多提升人類生活的科技，往往不是發明者本身，而是懂得如何運用這套科技，適時適地把它的效果發揮到極致的生活大師。他們不僅便利人類的生活，也為自己創造輝煌的利益，他們是創造雙贏的啟用者。

一九一三年亨利福特引進流動裝配線大量生產他的T型車。成功的量產不僅滿足市場需求，還允許降低售價，使更多的人開得起一部車子。自有汽車的普遍化提升了美國人民的行動力，無形中也帶動其他商業部門的經濟榮景。但是流動裝配線的生產概念並不是亨利福特的原創。

速食麵在一項調查中，被日本人認為是二十世紀轟動全球的日本十大發明商品的第一名。讓速食麵風靡全世界的功臣是日籍台灣人安藤百福（原名「吳百福」）。速食麵並非他的原始發明，但是他買下專利之後，在這個基礎繼續研發並推廣，終於把速食麵推廣到全世界，二〇〇〇年的全球年消費量高達四百六十三億包。縱然不是原始創造者，卻無損於「方便麵之父」的盛譽。

MEMS（微機電系統）從二〇一〇年的八十億美金到二〇一六年將會有二百億美金的市場。

MEMS在移動裝置內的運用，首見於二〇〇三年，IBM在它的Thinkpad筆記電腦裝置MEMS偵測掉落的動作。二〇〇五年Seagate的HDD和三星的SCH-S310手機，二〇〇六年Wii的Holiday season也跟著配置MEMS。二〇〇七年蘋果的iPhone上市後，隨著iPhone的熱賣，生產者與消費者都感受到了微機電系統的魅力，從此之後各項消費型電子產品紛紛運用MEMS。微機電系統的感應讓全自動汽車成了可能，也引發消費電子產品生產者的靈感，讓更多的事情可以心想事成。這樣的經濟發展，可以說是由賈伯斯的魅力所引發的。

雙贏的啟用者，引領我們的生活更上一層樓，接近天人的愜意生活。

創新科技形塑經濟發展

一八九九年美國專利局局長查爾斯．杜埃爾說：「所有能夠發明的，都已經發明了。」我們不用苛責他，「古人不見今時月，今月曾經照古人。」「諸行無常，一切在變。」人類社會會持續地創新下去，科技也會一直創新未來，科技會進而影響人類社會與經濟結構變化。

試想，如果早個五十年，亨利福特生產出農業用曳引機，美國有必要發生解放黑奴爭端的南北戰爭？有了機器，省掉很多人工，想必那些農場主人會早點釋出黑奴以節省人工開支，這樣的話，歷史一定可以改寫。

經濟發展不會停下腳步，因為科技創新一直推動著經濟發展向前進。我們由台塑王永慶家族的企業經營模式，來看科技創新對台灣經濟變革的影響。

一九一七年，王永慶出生於今天新北市新店區的窮苦茶農之家。像很多台灣人的祖先一樣，他的曾祖父王天來於清朝道光年間自福建省泉州府安溪遷來台灣，以種茶為生。

一九三二年，小學畢業後到茶園工作，記取從前父親的告誡，有一天茶業會沒落。

一九三三年，當時商業重鎮在南部，尤其嘉義是木材與稻米集散地，他轉向南部發展。先到米店當學徒，後來向人家借了二百日圓，自己開設米行。經營越來越好，並開設碾米廠。

一九四三年，二次大戰日本戰況吃緊，米糧改行配給制，因而結束米廠。改做磚瓦廠與木材行生意。

一九四七年，二戰戰後，外銷木材到日本，生意興隆。

一九五四年，在美國援助與政府計畫經濟之下，王永慶獲得貸款設立福懋塑膠公司，生產ＰＶＣ塑膠粉，同年改名為台灣塑膠公司。

一九五八年，成立南亞塑膠公司，培養出大量塑膠製品加工人才，使台灣成為玩具、雨傘及製鞋王國。

一九六五年，成立台灣化學纖維公司，生產嫘縈棉，為紡織王國打下基石。

一九六七年，南亞塑膠投資聚酯纖維廠，帶動化纖業蓬勃發展，台灣躍居全球最大聚酯生產國。

一九九七年，他的女兒王雪紅，創立宏達電ＨＴＣ，生產智慧型手機。

台塑的王家企業是台灣近年來經濟發展的縮影。鑑往知來，未來台灣的經濟發展不會停留在手機通訊產業上，仍然會鼓足勇氣向前邁進。不僅半導體高科技產業，過去風光過一陣子的玩具、雨傘、製鞋及紡織等傳統產業，也因為投入創新的研發設計，脫胎換骨變成高獲利的產業。

一九二七年王永慶十歲時，父親王長庚告訴他，茶產業是夕陽產業。的確，那個時候他是對的。但是「諸行無常，一切在變。」二次大戰之後，化學肥料與機械動力的引進活化了茶產業，延伸北部地區的茶產業至一九七〇年。之後，外銷茶葉受到外國產品低價競爭，加上勞力人口趨向都市與工廠，茶葉漸趨衰微。

危機就是轉機，一九七〇年之後，台茶走向高山茶，卻創造了另一個高峰。如今，有機風氣漸起，有機農業科技的更新，無疑可以把高山台茶再推向更高的山頭。

沒有夕陽產業，只有夕陽人心。過去的傳統產業與茶業經由技術創新脫胎換骨，向上升級，而追求天人快樂愜意的生活內容是不斷提升人類經濟的原動力。

未來世界的藍圖已經成形

亨利・福特知道汽車工業的前景是什麼，他的專業能力加上願景引領汽車產業走向下一個尖端。但是汽車相關產業以外的內容，比如說，藝術文化的未來會是怎麼樣？亨利・福特就不清楚了。史提夫・賈伯斯的功力，引導個人電腦與手機通訊產業創造未來，但是關於未來教育的演變，卻沒有人會肯定他的預測。

每一行業裡頭的願景專業英雄，一定有辦法描繪出該行業的未來前景，「隔行如隔山」，專業以外的別種行業前景，他卻不必然瞭解掌握。但是集合每一個行業的專業規畫，八九也不離十，可以形塑一個未來世界的綜合相。兩把大蒲扇、一根長又粗的水管、四條粗石柱、一個巨大橡木圓酒桶、一條粗麻繩、兩條長蘿蔔，加總起來就是十個瞎子所摸出來的大象。「未來情景」的真相是什麼，沒有人可以很把握地說出來。未來真相就是那隻真象，我們就像那十位瞎子，根據自己心中的腹案，拼湊出人類的未來相。

「欲知過去因，現在受者是；欲知未來果，現在做者是。」形成今天的世界，是累積過去所得到的結果，未來的世界會如何？我們今天已經在規畫了。

網際網路原本是戰爭時期，美國國防部五角大廈讓科學家與官員互相通聯的網路，衛星導航GPS也是為引導ICBM飛彈而設計的，這兩項技術在冷戰後被釋出，鼓動了全球經濟向上活絡提升。我們似乎不用操心人類的經濟是否停滯不前，甚至倒退。未來應該還有更高的科技會釋出，不僅活絡世界經濟，更引領人類生活貼近天人的快意生活（註十二）。

註一 《希臘哲學趣談》，第三一頁，鄔昆如◎著，東大圖書公司，民國八十二年十月。

註二 《大藏經》第一冊，《起世經》卷第七。

註三 《大藏經》第十五冊，《佛說嗟韈曩法天子受三皈依獲免惡道經》。

註四 《大藏經》第十三冊，《大方等大集經》卷十五。

註五 《大藏經》第十七冊，《正法念處經》；第一〇八至一〇九頁。

註六 《大藏經》第一冊，《起世經》；第三四八至三五三頁。

註七 《指月錄．卷之八．六祖下第三世上．洪州百丈山懷海禪師》。

註八 《大藏經》第十七冊，《正法念處經》；第九二頁。

註九 《大藏經》第十七冊，《佛說十八泥犁經》。

註十 《王陽明全集．順生錄之八．年譜一》，自成化王辰始生至正德戊寅征贛。

註十一 《超限未來十大趨勢》；第二四至二五頁，詹姆斯．坎頓◎著，吳家恆等譯，遠流出版，二〇〇七年。

註十二 本章關於未來的科技發展資料引用自：《二一〇〇科技大未來》，加來道雄◎著，張水金◎譯，時報文化出版，二〇一二年十一月二日。

第四章

願景企業的禪觀分析

企業經營強調，不能只顧眼前，要看長遠。時間與空間是人類活動的經緯，眼前就是此時此刻的空間展現，長遠則是一個個現在時刻的空間累積。長遠的企業經營意味著什麼？

世界各國都有民謠傳唱，那最初的當兒，民謠也僅僅是某某人的創作曲而已。歌曲寫出眾人的心聲，和眾生的心絃和鳴共振。不僅是十年、二十年，甚至是一代傳過一代，與眾生的呼應共鳴並未隨著時間的消逝而遞減，反而緊緊扣住時代風潮的脈動，反映眾生的心理趨向。就像是台語民謠《望春風》或貝多芬第九號交響曲的《快樂頌》（Ode an die Freude）。古今中外有多少的歌曲被創作出來，但是夠資格稱為民謠而流傳下來則少之又少。民謠與人類生活，同理心同步行，歷久彌新。

時間可以療傷，也會篩選淘汰。查看有文字紀錄的信史，從古至今，朝代更迭，國家興衰，大都無法與時間競賽，比誰氣長。比起國家，宗教更有資格和時間賽跑。世界上五大門派：天主教、基督教、回教、道教和佛教，都有上千年以上的歷史。

人類歷史中，曾經出現的宗教當然不止上述的五大門派，但是都被時間淘汰，而為人類所遺忘。或許心血來潮時，才會哼上一曲民謠小調，但是飯前謝主，睡前禱告，或二六時中，時時念佛；宗教更甚於民謠，時時和人心相呼應，而被惦記恪守。

在此我們以佛法中禪宗的弘傳來看待企業永續經營，中土的禪宗六祖慧能禪師，目不識丁，卻大弘禪法，深深影響中國士大夫思想界，甚至整個大東亞地區人民生活與文化中，至今仍處處可見其痕跡。中外皆然，便利人類生活的大企業家僅僅是小學畢業，甚至連小學都沒畢業者，不乏其人。沒有顯赫的教育學識，也沒有富裕的家世背景，胼手胝足打出一片天下，他們是企業界中的慧能禪師。

接著，讓我們快速地看看禪的歷史。

禪的簡史

一般學術界喜歡把「禪」看成中國吸收佛學後，發展出自有獨特風格的學問，中國禪師接引徒弟的禪公案遂盛行於世。大藏經登錄的都是釋迦牟尼所說的佛法，要說公案的話，光是「第一義諦」經典：《金剛經》、《圓覺經》、《楞伽經》、《楞嚴經》和《法華經》……裡頭處處都是可供「明心見性」的開悟公案。因此，從印度的最源頭淺談禪的西來史。

拈花微笑

靈鷲山的法會上，大梵天王獻供釋迦牟尼佛一朵金波羅花。佛陀順手捻過來在鼻前一晃轉，當時會中八萬四千人都靜悄悄地沒有反應，僅有大迦葉尊者笑開來。

佛陀說：「吾有正法眼藏，涅槃妙心，實相無相，微妙法門，不立文字，教外別傳，付囑摩訶迦葉。」

從此刻開始有「以心證心」的「禪」。

印度的禪法從西天初祖大迦葉尊者傳至二十七祖般若多羅尊者，再傳給第二十八祖菩提達摩尊者。

有一天，般若多羅尊者告訴菩提達摩：「我入滅以後六十七年，中國有佛法的氣象，你去那邊弘揚禪法。」

祖師西來

菩提達摩來到中國由廣州上岸，地方官吏馬上傳送覲見梁武帝。杜牧詩中的「南朝四百八十寺，多少樓台煙雨中」指的就是這位梁武帝。其實他曾下詔全民奉佛，以至於梁朝的半壁江山內，佛寺達兩千八百四十六座，僧尼有八十二萬餘人。儘管如此建寺齋僧，但是梁武帝卻不識大法，與達摩祖師沒有默契。

菩提達摩就北上嵩山少林寺南五乳峰山的石洞裡終日禪坐，面壁九年。當時有位神光的修行人，已經飽讀儒道諸書，卻總覺得尚有缺憾，不能安心，便登上少林寺向菩提達摩求法。

來到山上的那天夜裡下著大雪，神光不敢打擾祖師坐禪，只好站立雪中，直到隔天早上雪深及膝，菩提達摩這才由禪坐中轉過身來。

達摩問：「汝久立雪中，當求何事？」

神光悲泣地說：「惟願和尚慈悲，開甘露門，廣度群品。」

達摩說：「諸佛無上妙道，曠劫精勤，難行能行，非忍而忍，豈以小德小智，輕心慢心，欲冀真乘，徒勞勤苦。」

神光一聽，取出利刃截斷自己左臂，放在達摩面前，宣示他的求法決心。

達摩一看，知道他帶種，說：「諸佛最初求道，為法忘形，汝今斷臂吾前，求亦可在。」從此幫他改名「慧可」。

慧可仍有疑惑，再問：「諸佛法印，可得聞乎？」

達摩答：「諸佛法印，匪從人得。」

慧可仍未掌握，擠出勇氣又問：「我心未甯，乞師與安？」

達摩輕描淡寫地說：「將心來，與汝安。」

慧可立刻左右上下身內身外，拚命尋覓，一番努力之後，冒出一身冷汗，勉強地說：「覓心了不可得。」

達摩說：「我與汝安心竟。」

慧可一震，刹那間開悟明澈。悟後起修，慧可依持達摩身邊繼續修行，傳承佛陀禪法。

滯留中國期間，達摩僅接引四個徒弟，傳授他們《楞伽經》，並將正法衣缽付給二祖慧可。

楞伽經講述意識流與時間流的惟識宗旨，探討時間空間的緣起。

完成傳法的使命後，達摩祖師口誦法偈給慧可：「吾本來茲土，傳法救迷情；一花開五葉，結果自然成。」

達摩祖師禪杖上掛著一隻草鞋，拄著禪杖走回印度去了。

一花開五葉

達摩祖師是傳佛心印的東土初祖，慧可禪師繼承禪法成為東土二祖。漸次為三祖僧璨禪師，四祖道信禪師，而至五祖弘忍禪師時，禪風已經拓開。弘忍禪師在湖北的黃梅縣東山禪寺開闡禪法，有徒眾一千多人。

有一位不識字的樵夫姓盧名慧能，從新州到東山禪寺謁見弘忍禪師。

弘忍問：「打從哪裡來？」

慧能答：「嶺南。」

弘忍問：「想做什麼？」

慧能答：「只求作佛。」

弘忍說：「嶺南人沒有佛性，怎能成佛！」

慧能答：「人有南北之分，佛性也有南北之分嗎？」

弘忍禪師心裡默知，來了一位大利根器的有心人，便吩咐慧能跟著眾人一起做勞務。

慧能說：「弟子心中經常抱持如是的觀念，我們片刻未曾離開自性過，一直都在福田中，不知道大和尚還要我做什麼勞務種種福田呢？」

弘忍語中稍帶點憤怒地說：「你這獦獠，伶牙俐嘴，去去！速去槽廠碓米。」

八個月後，弘忍禪師突然宣布他該退隱了，希望交接給下一代住持。他吩咐眾人若對佛法有任何心得，可以寫成一偈呈上來，如果心得詩偈契符諸佛心印，便傳承給該人。

一干眾人心想，首座弟子神秀和尚博學超群，這個位子非他莫屬，也就等著看看神秀的法偈。神秀知道眾人的意思，就在長廊的牆壁上寫著：「身是菩提樹，心如明鏡台；時時勤拂拭，勿使惹塵埃。」

弘忍路過看到此偈，知道是神秀的作品，就讚嘆說：「後代依此修行，亦得勝果。」

聽到弘忍禪師的讚可，同僚之間紛紛傳頌神秀的法偈。

一日慧能在廚房聽到同學念誦神秀的偈子，探問得知一切緣由。慧能說：「偈子好是好，但是尚未究竟。」

目不識丁的文盲哪夠格評頭論足，同學們之間紛紛嘲笑慧能的無知與浮誇。

當天晚上，慧能請一位童子和他到廊下，口授法偈，並請童子寫在牆上：「菩提本無樹，明鏡亦非台；本來無一物，何處惹塵埃。」

弘忍禪師路過看到慧能的法偈，說：「這是誰寫的，也一樣沒有見性。」眾人聽到弘忍的評語，就不再眷顧慧能的法偈。

等到晚上，慧能悄悄來到方丈室來，弘忍密授機宜並傳授《金剛經》。弘忍說：「諸佛出世，為一大事故，隨機小大而引導之，遂有十地三乘頓漸等旨，以為教門。然以無上微妙祕密圓明真實正法眼藏，付於上首大迦葉尊者……今以法寶及所傳袈裟用付於汝，善自保護無令斷絕。」

弘忍囑咐慧能，傳法袈裟是用來印證正法的，也是爭端的禍源，現在禪風大開，所以以後不用再傳袈裟。「匹夫無罪，懷璧其罪」擁有傳法袈裟會有生命危險，當晚慧能立刻向南遁走。

慧能禪師隱伏獵人堆裡十五年之後，等到機緣成熟在南方大弘禪法。後來禪宗開演出五個法派：臨濟宗、曹洞宗、溈仰宗、法眼宗和雲門宗，印驗「一花開五葉」。禪不僅在中國南方盛開，也引進到朝鮮半島及扶桑三島。南宋年間，日本僧人道元禪師到中土求法，攜回曹洞禪，深深影響日本的思想與文化。

近世，福建鼓山湧泉寺曹洞禪與日本道元禪師的曹洞禪，在台灣滙流聚合。禪在時間流中容或隱而未顯，卻未曾斷絕，台灣有禪的正宗法脈，遠紹釋迦佛祖。

百年老店——願景企業

爭一世，不爭一時；更甚者不僅爭一世，還爭千秋。企業經營也一樣，不能像曇花一現，在眾人的一陣驚豔聲中，快速地宣告謝幕；而要能與時俱進，日新又新的創新進化。

「飛鳥盡，良弓藏」如果都沒有獵物了，弓箭也就無用武之地；眾生迷茫，需要禪的接引，因此才有禪存在的必要性。一個可以經營百年不敗的企業，必然是在這百年之間，能夠盡善盡美地服務消費者，消費者喜愛它的產品或服務，回報以金錢，讓它得以繼續經營而永續生存。

美國史丹福大學商學研究所詹姆斯·柯林斯與傑利·薄樂斯教授一九九四年出版了《基業長青》（Built to Last）一書。根據六年的調查研究，他們的團隊整理出願景公司的成功元素（註一）。

首先定義什麼是願景公司（Visionary Company）？願景公司要符合下列六個條件：

一、各個行業中的一流機構。

二、廣受企業界人士的肯定讚許。

三、對世界有不可磨滅的影響。

四、經歷幾代的執行長。

五、經歷幾代的產品（或服務）生命週期。

六、一九五〇年以前創立。

從這六個條件，可以看出願景企業是各個行業的佼佼者，不僅是成功的而且是持久不墜的永續老店。他們創造財務報酬，也融入社會結構，經由它們的產品與服務美化改善我們的生活。

但是願景公司在時間流中，不見得都是一帆風順，它們也曾經價值迷失，經歷挫折過，可是它們還是有能力回神過來，重新找回生存的力量。接著我們以「禪」的角度來看看願景企業成功的面向。

企業核心意識

當年靈山會上，佛陀交付宇宙的妙旨真諦給大迦葉尊者，從此之後，不管有無明講，歷代禪門祖師都以「正法眼藏，涅槃妙心，實相無相」相契印。實質上「正法眼藏，涅槃妙心，實相無相」，即是宇宙的核心意識。所以達摩祖師告訴二祖慧可禪師，能行難行，能忍難忍，才夠資格追求法界真理，並且長時間的勤奮奉行法界核心意識，方能成佛作祖，啟迪眾生。

中土禪宗四祖道信禪師承接三祖僧璨禪師法脈之後，在蘄州破頭山弘揚禪法，民間禪修風氣漸盛。貞觀十七年，唐太宗聽到他的名氣，三度派遣使者迎接道信禪師到長安供養，不料道信奉行祖訓拒絕應供。第四次，太宗告訴使者，若還請不到道信，就把人頭帶回來。道信知道使者來意後，欣然地把頭往前一伸，從容就刃。使者不敢貿然動手，只好無奈地空手回去復命。唐太宗知道了，只能讚嘆，再也不勉強，並厚賞道信禪師。不僅禪門修行，堅持奉行核心價值觀，中華文化的歷史洪流也經常看得見，為了核心信念而犧牲奉獻。

春秋時，齊國權臣崔杼納娶新寡的棠姜，棠姜長得很漂亮，齊國君主齊莊公數度私通棠姜。一次齊莊公再度潛往崔杼的府第，被知情的崔杼誘入空房，然後派兵殺害齊莊公。崔杼專政，改立莊公的異母弟為齊景公。齊國史官太史在史簡上明白刻鏤：「夏五月，乙亥日。崔杼弒殺齊君。」崔杼命令太史更改齊莊公的死因為病死，太史不聽從，崔杼便殺了太史。太史的弟弟繼任為太史，仍然寫「崔杼弒殺齊君」，崔杼很氣憤也殺了繼任的太史。太史的另一個弟弟再繼任為太史，依然書寫「崔杼弒殺齊君」，崔杼這回殺到手軟了，由他去了。這時候路上有一位民間的野史官南史，進京準備繼續寫史的任務，半路上聽到第三任的太史終於完成寫史才轉頭回家。

「人能弘道，非道能弘人」齊太史當然可以與惡勢力妥協，安享天年，但他們卻選擇忠於自己的職業道德信念，從容就戮，奉獻犧牲個人的核心價值觀。

美國開國先賢擺脫英國殖民束縛，為獨立自由平等而戰；到了林肯總統奉行《獨立宣言》中「人生而平等」的原則，解放黑奴；二〇〇八年誕生第一位美國黑人總統歐巴馬，並於二〇一二年成功連任。「民有、民治、民享」的信念深植美國人民心坎，開國兩百多年來，自由平等的核心價值觀不曾因為國家困境而搖擺鬆動，更指引和激勵人民建設美利堅合眾國成為世界警察的偉大強權國家。

經營企業也如同宗教修行與國家政治一樣。ＩＢＭ前執行長小湯瑪斯．華森（Thomas J. Watson, Jr.）在一九六三年的《企業及其信念》的小冊子上說：「**我相信一家公司成敗之間的差別，經常可以歸因於公司激發員工多少偉大精力和才能，在幫這些人找到彼此共同的宗旨方面，公司做了什麼？公司在經歷代代相傳期間發生的許多變化時，如何維繫這種共同的宗旨和方向感？（我認為答案在於）我們稱之為信念的力量，及這些信念對員工的吸引力；我堅決相信任何組織想繼續生存和獲致成功，一定要有健全的信念，做為所有政策和行動的前提。其次，我相信企業成功最重要的單一因素，是忠實的遵循這些理念，信念必須始終放在政策、做法和目標之前，如果後面這些東西似乎違反根本信念，總是必須改變。**」

華森這裡所說的「信念」，也就是我們所談的企業核心意識或目的。

制定核心意識

自從《基業長青》問世以後，永續經營的願景公司紛紛成了大家探討的典範對象，眾多的公司學習願景企業建立制定企業核心價值信念。僅僅表面上模仿願景企業制定核心意識，是很容易的事情。**實際上，核心意識要靠真心的內省而發掘出來，由內而外真誠地擁護奉行。學習宏觀的願景企業建構企業經營核心意識，不應該淪為「鸚鵡學人語」，依樣畫葫蘆而已。**

香嚴智閑禪師本來是百丈懷海禪師的弟子。百丈往生後，香嚴禮拜大師兄溈山靈佑禪師為師傅。有一天，溈山對他說：「從前你在百丈先師那兒，問一答十，問十答百，聰明睿智極了。但是像生死這樣大的課題，是無法單憑理智來解決的。我且問你，父母未生你之前，什麼是你的本來面目？」

香嚴不僅當場無法答出，回去翻遍了所有的經典參考書，仍然找不到答案。他只好回到溈山那裡，請他講明點破。

溈山說：「我若跟你說破，你以後會罵我。再說，那是我自己參透的心得，跟你一點都不相干。」

失望透頂的香嚴一把火把平生所看過的書籍都燒掉，頹喪地說：「從此不再參究佛法，只當個挑水打柴煮飯的平凡和尚，免得既勞心且傷神。」

於是他辭別溈山，走到南陽慧忠國師的舊址時，蓋個草房定居下來。

有一天，他在整理菜圃時，撿起一塊瓦片，就往腦後順手一拋。瓦片擊中竹子「嘎！」的一聲，香嚴剎那間大徹頓悟了。他念了一首偈：

「一擊忘所知，更不假修持；動容揚古路，不墜悄然機。處處無蹤跡，聲色外威儀；諸方達道者，咸言上上機！」

開悟後的香嚴立刻回去沐浴淨身，燃香遙向溈山所在地禮拜說：「感謝師父慈悲，恩逾父母。當時若為我說破，怎會有今天的事呢？」

禪門修行，講究的是追求「解脫自在」的開悟。開悟不是模仿或背記經典所能達到的。修行功夫到家了，水到渠成，自然可以開悟。開悟之後「會者說都是」；沒有開悟則是「不會說無禮」。

願景公司的核心意識並非來自抄襲模仿別人的東西，也非來自追隨別人的指令，更非讀了一些企業管理書籍便快速創造出來。願景企業家們並非為核心意識而核心意識，一開始他們只是信仰心中與宇宙妙心默然契合的生命理想價值觀而已。說也說不上來，抓也抓不著，但是卻深刻感覺它的存在。

「眾裡尋他千百度，驀然回首，那人卻在燈火闌珊處。」當他們能理出個頭緒出來，就像開悟的禪師，已經契合形而上的生命默契，這個時候，不畏環境橫逆，不為外境所轉，熱誠地擁護核心信念，終生不渝地勇往直前。他們經常「見人所未見，發人所未發」走在時代風氣的前端。

HP的惠烈與普克並沒有預先規畫「惠普風範」，他們只是深刻地信仰企業應該以某種理想的方式來建構，並且採取實際的步驟，宣示與傳播這些理念，以便作為往後企業經營行為的指導方針。縱使牴觸主流價值觀，他們堅固的信念也不會受外界環境影響而減弱。

普克說：「（一九四九年）**我參加一場企業領袖的會議，在會議上表示經營階層除了替股東賺錢之外，還有另一種責任，我說我們對員工的責任是承認他們的人類尊嚴，及確保他們應該分享由他們努力而獲致的成就，我也指出，我們對顧客、對一般社會，也有責任。會議上沒有一個人同意我的說法，讓我覺得訝異和震驚，他們相當禮貌的表示不同意，情形相當明顯，他們堅決相信我不是他們的一分子，顯然不夠資格管理一家重要的公司。**」

大致上而言，能夠永續生存的公司都有它們的核心意識宣言，但並非每家公司在一開始就立定公司的核心目的。像是ＨＰ和Motorola走過創業維艱的草創期之後，向上起飛的前夕才寫下它們的核心意識宗旨。而嬌生與新力則很早就訂立他們的經營核心意識。

企業體擬訂核心意識宣言時，撰寫人不只是創辦人，若已經營運一段時間後，還可以邀請創業之初的革命夥伴或熱心的員工參與討論，整理出眾人心目的理想公司核心意識。經過眾人代表參與而寫定的企業核心意識涵蓋面會比較周全，並且比較容易整合員工們一起擁護達成願景。

一九五〇年代時，ＨＰ的惠烈和普克率領所有的經理人，到偏遠的加州索諾瑪郡舉行「索諾瑪會議」，把公司的意識型態和鴻圖壯志明文化寫成文件，表明基本理想，於是「惠普風範」名聞於企業界。

現在的科技已經劃破時空的界線，同一個企業體內不同地方、不同國籍的人之間的聯繫會越來越意識形態化。「有朋自遠方來，不亦樂乎！」共同信仰某種足以自傲的團體意識，不僅創造堅固的歸屬感，超越種族與膚色的差異，更貼近四海一家的共同體價值觀。

核心意識要經得起時間的檢驗

「人情似紙張張薄，世事如棋局局新」，諸行無常，一切在變，世間事瞬息萬變，此時此刻的經濟情勢雖然是一帆風順，下一個時刻馬上變成險灘惡水，任誰都無法預料得到。建構企業核心意識不能只考慮目前，要考慮若局勢變化，企業的核心意識是否能繼續堅持下去。要經得起時間的考驗，才能做為企業核心意識。

例如，有一家藥廠想把公司的核心目的寫成：「生產治療人類疾病的藥品」。一百年後，這個目的仍然能有效嗎？有一位經理人說，公司可能在傳統藥品之外，發現新的治療人類疾病的方法。另一位經理人說，公司在未來時間也可能發明動物疾病的新藥品。更有一位要員說，加入公司的目的，不僅僅是製造藥品而已，更想要在治療方法上做出更大的貢獻。經過各層級的核心員工參與討論之後，最後寫定公司的核心目的：「我們存在的目的，是要提供治療方法的重大改善。」當然藥品研發也包含於治療方法的群體。

宗教能夠與時俱進地生存下來的重要因素在於，宗教能「存善去惡」昇華人性，企業核心意識也可以立志促成人生真善美而保固永續不朽的經營。

願景公司的核心意識

願景企業的核心意識，簡潔明瞭，平凡易懂。不用長篇大論，寥寥幾條就能表達清楚。而在平凡中顯現偉大的力量，依靠的是實實在在地實踐核心意識價值觀。

簡短的核心意識宣言，更能讓員工銘記在心，隨時反覆檢核自己行為是否相應於公司核心意識形態。選列幾個願景公司的核心宗旨如下：

3M（二〇〇二年以前稱為明尼蘇達礦業製造公司）

創立於一九〇二，剛開始經營礦業，繼而轉到砂紙和砂輪，演化成多角化公司。思高潔（Scotchguard）紡織用保護塗料及便利貼即是其產品。擁有超過五萬五千種產品，包括黏合劑、研磨劑、電子產品、顯示產品及醫療產品等。

3M公司是一個不停追求創新及突破的企業組織，並鼓勵同仁們的想像力無遠弗界地自由翱翔，突破所有藩籬以滿足顧客的需求。

二〇〇〇年3M投資在研發上的經費為十一億美元，是年營業額的六・八%，如此高比例的研究經費，足以證明3M的創新絕非口號，而是真正落實於行動上。

由於此種自由不拘的想像力，使3M公司擁有超過四十類的產品事業群，一百項的專精科技。

核心信念：

- 創新：你不可扼殺一個新產品的構想。
- 絕對正直。
- 尊重個人主動精神及個人成長。
- 接受因為誠實導致的錯誤。
- 產品品質及可靠性。
- 我們的真正業務是解決問題。

美國運通（American Express）

一八五〇年成立，從事地區性快遞服務，一八九一年發行旅行支票，一九一五成立旅行社，演化成金融服務公司，二〇〇八年底轉型成商業銀行。

核心信念：

- 英雄式的顧客服務。

・世界性的服務可靠性。

・鼓勵個人主動精神。

波音公司（The Boeing Company）

一九一六年創立，初期以生產軍用飛機為主。一九五七年研製成功首架噴射式民航機波音七〇七，獲得上千架訂單。巨無霸波音七四七問世後，長期佔有世界遠程民航機市場。

核心信念：

・甘為先驅領導航太工業。

・應付重大挑戰與風險。

・產品安全與品質。

・正直與符合倫理的業務。

・吃飯、呼吸、睡覺念念不忘航太天地。

福特汽車公司（Ford Motor Company）

一九〇三年創立，一九一三年利用裝配線大規模生產，隨著產能擴張，降低汽車售價，由八五〇美金降至三六〇美金，讓中產階級普遍買得起，提升美國人民行動力。並首先發明了授權經銷商的概念與體系，大量銷售便宜的汽車。

核心信念：

- 員工是我們的力量來源。
- 產品是我們努力的最終結果。
- 利潤是必要的手段與衡量我們成就的指標。
- 以誠實及正直為基礎。

嬌生公司（Johnson & Johnson）

一八八六年創立，創業初始，供應抗菌藥膏和醫療紗布。一次的意外，發展成嬰兒爽身粉，再一次的意外，促成OK繃問世。產品涵蓋護理、個人衛生產品、醫療器材，超過九十個國家設有分公司，其產品銷售遍及一百七十多個國家。

嬌生之所以卓越，就是因為信條價值——「Our Credo」。一九四三年創辦人Mr. Robert Wood Johnson親自定稿，詳述對客戶（醫師、護士、病患、父母親）、員工，社會及股東的責任，是全球員工的行為準則與經營的基石。員工每年評估公司是否確實執行信條價值，不斷鞭策公司整體確盡信條責任。

核心信念：

- 公司存在的目的是要幫助「減輕病痛」。
- 我們的責任層次分明：顧客第一，員工第二，社會第三，股東第四。
- 根據能力給予個人機會與報酬。
- 分權＝創造力＝生產力。

萬豪國際（Marriott International）

一九二七年創立，從麥根啤酒小店，變成連鎖食品店、空中廚房、旅館。現在是一家跨國酒店管理公司，業務在美國境內外包括七十三個地區，管理多達三千七百家酒店，約四十九萬間客房，員工十二萬人。

核心信念：

- 友善的服務與絕高的價值（顧客是貴賓）；務使離家在外的人覺得身處朋友之間，並且覺得真正受到歡迎。

- 人員第一，好好對待他們，寄予高度期望，其餘一切會隨之而來。
- 努力工作，但保持工作有趣。
- 持續自我提升。
- 克服逆境，建立格調。

威名百貨（沃爾瑪公司：Wal-Mart Stores, Inc.）

一九四五年只是一家在美國阿肯色州新港小鎮的雜貨店，二十年後演化成超級連鎖賣場。以營業額計算來看，現在是全球最大的公司，也是世界上最大的私人企業僱主，員工超過兩百萬，是世界上最大的零售商。沃爾瑪仍然是一個家族企業，其控股人為沃爾頓家族擁有沃爾瑪四八%的股權。

核心信念：

- 我們存在的目的是提供顧客有所值的東西：以較低的價格和較多的選擇，改善他的生活，其他一切都屬次要。
- 力爭上游，對抗凡俗之見。
- 和員工成為夥伴。

- 熱情、熱心、認真工作。
- 精簡經營。
- 永遠追求更高的目標。

迪士尼（華特迪士尼公司；The Walt Disney Company）

一九二三年，華特．迪士尼和哥哥洛伊．迪士尼創辦原始資本額三千二百美金的工作室。出品一系列膾炙人口的卡通電影，並經營迪士尼樂園度假區、華特迪士尼世界。旗下的電影發行品牌有：華特迪士尼影片、正金石影片、好萊塢影片、米拉麥克斯影片、皮克斯動畫工作室和次元影業。

核心信念：

- 不容有犬儒主義式的嘲笑態度。
- 狂熱地注意一貫性與細節。
- 以創造力、夢想與想像力不斷追求進步。
- 狂熱地控制與保存迪士尼的「魔力」形象。
- 「帶給千百萬人快樂」，並且歌頌、培育、傳播健全的美國。

劍及履及實踐核心意識

很多公司開創時，都有核心意識宗旨，但是「路遙知馬力」，時間是最好的檢驗工具。「人能弘道，非道能弘人。」企業是否能真誠由衷地落實核心意識宣言，時間一久便知道。核心意識不會自己發生作用，而是要靠人的實踐落實才能產生效果。

一九八九年印行的默克大藥廠的內部管理方針明確揭櫫：「我們做的是保存和改善生命的事業，所有的行動，都必須以能否圓滿達成這個目的為衡量標準。」

默克一百歲生日的時候，出版一本書《價值觀與夢想：默克一世紀》。書中沒有大肆宣揚它的財務成就，反而強調在這一百年中，默克一直是由理想所指引和激勵的公司。

一九九一年第四代的執行長羅伊．魏吉羅（P. Roy Vagelos）說：「最重要的是，我們要記住，我們業務的成功，代表戰勝疾病和協助人類。」

在這樣的理想下，默克決定開發和捐贈美迪善的藥品給第三世界國家對治「河盲症」。第三世界國家有上百萬人感染河盲症，但他們都買不起藥品。

默克知道這個計畫不會賺錢，只希望有政府機構或其他團體購買藥品分送病人。

但是默克沒有那麼幸運，最後決定自行負擔費用，免費分送患者。當被問及為何要做虧本的生意，魏吉羅說：「不推動生產這個藥的話，可能會瓦解默克旗下科學家的士氣。」因為默克自詡為「從事保存和改善生命的事業。」

魏吉羅並且說：「我十五年前第一次到日本時，日本的企業界人士告訴我，是默克在第二次世界大戰之後，把鏈黴素引進日本，消滅了侵蝕日本社會的肺結核。我們的確做了這件事，我們並沒有賺到半毛錢，但是默克今天在日本是最大的美國製藥公司，一點也不意外，這種行為的長期影響並非總是很清楚，但是我認為多少會有報償的。」

HP在「惠普風範」中明白地宣示，尊重與信任個人。為了促進溝通與融合，淡化階級感，他們執行開放辦公室的計畫，任何階層的經理都不能擁有有門的私人辦公室。

有一次惠烈發現有一間儲藏室在週末用鏈子鎖起來了，他以螺絲剪撬開，並且把剪碎的鏈子連同一張便條紙留在經理的桌上，說儲藏室上鎖不符合惠普尊重員工的觀念。

《論語・顏淵篇》子貢請教孔子處理國政的要旨。
孔子回答：「足食，足兵，民信之矣。」
子貢再問：「若不得已，哪一個可以先放棄？」
孔子答：「去兵。」
子貢又問：「若還是不得已，剩下的兩個，可以先放棄哪一個？」
孔子答：「去食。自古皆有死，民無信不立。」

民以食為天，自古以來凡是人都會死。如果無法取得人民的信任，一切都是徒勞罔然。戰國時代，秦孝公用商鞅變法富強秦國，商鞅首先做的是「立信於民」。他在首都的南門放置一根大木頭，公告誰能把大木頭移到北門，賞賜十兩黃金。天底下哪有這麼輕鬆的差事，大家都不相信這檔事。隔了幾天，都沒有人去搬動木頭，商鞅又加碼到五十兩黃金。終於有好奇者姑且試之，搬動木頭到北門。他也真的獲得五十兩黃金賞賜。老百姓們終於相信政府是玩真的，五年後秦國大治，周天子加封賞賜，秦國正式躋身戰國七雄。

雖然只是小小的儲藏室上鎖，惠烈言行一致，落實公司的宣言。當然會讓公司員工們對HP落實「惠普風範」這件事，不會有任何的懷疑。

「以想像力，帶給千萬人快樂」，華特．迪士尼用他的驚人想像力和才華，創造我們快樂的童年。

迪士尼的作品一直陪伴著我們的童年成長。四十五歲的時候，有一天我心血來潮，到電影院再看一次《白雪公主》，散場時心情除了仍然像小時候一樣的興奮快樂之外，多了一分對華特．迪士尼的敬意，他讓我們年紀大了，仍然可以看到自己還擁有天真的童心。

華特．迪士尼在死前最後一天，在醫院裡仍然在構思開發佛羅里達州迪士尼樂園的事情。雖然迪士尼電影公司在他往生之後，曾經停滯將近十五年，但是他們延續他的精神，繼續在迪士尼樂園裡為小朋友散播「迪士尼魔術」。

承繼華特．迪士尼的精神，迪士尼公司經歷了一場壯烈的奮鬥，擊退一次敵意的併購，以獨立實體存活下來，繼續發光放熱。

把公司賣掉，對迪士尼的經理人與家族而言，可以輕易靠手中的股票淨賺千百萬美元的利潤，但是他們還是選擇繼續奉獻快樂給社會大眾。約翰．泰勒在《攻擊魔術王國》這本書裡頭，描述他們的心路歷程：「**接受（收購）是不可思議的事情，迪士尼公司並非是一家隨便的公司，不必為了合理化而出賣資產，好為股東追求最高的利潤。迪士尼也不僅僅是另一個品牌名稱而已，經理人把公司看成是為世界各地兒童塑造想像力生活的力量，公司已經深深融入美國文化中。的確如此，公司的使命——他們相信公司的確有一個重要的使命，這個使命和替股東賺錢一樣重要，就是歌頌美國的價值觀。**」

創業維艱——活在當下

很多國家民族追溯自己的起源，都會訴諸神話故事，以提升自己「奉天承運」的合理性。

朝鮮半島民間傳說中的始祖與山神——檀君，根據《三國遺事》，檀君名王儉，是檀君朝鮮的開國國君。《三國遺事．紀異》記載，王儉是天帝釋桓因之庶子桓雄與熊女棲梧結合而生的孩子。中國神話裡，身形巨大的神人盤古開天闢地，締造中華民族，而後有軒轅黃帝立國；不僅如此，漢民族還是見首不見尾，見尾不見首，神祕莫測的龍傳人。

潛意識中的神話傾向，使商業界，更甚者一般人，宿命地相信偉大的構想和魅力領袖才能建立偉大的公司。事實不盡然如此。

一九三七年八月二十三日，惠烈（Hewlett）和普克（Packard）兩個剛剛畢業、沒有多少商業經驗的小毛頭工程師聚在一起，討論成立公司。隔年他們成立HP公司，一開始他們只是努力生產任何可能讓他們早日脫離「創業維艱」的產品：保齡球越線指示器、馬桶自動沖水器和減肥震動機，但是業務不佳。

一年後做成第一批比較成形的大買賣，賣出八部聲音示波器給迪士尼公司，業務才稍有起色。四〇年代初期，HP因為獲得戰時的國防部合約，業務才宣告正式起飛。

雖然今天HP是一家知名的跨國大公司，但是創立之初，惠烈與普克卻沒有什麼「奉獻人生」的偉大構想。他們是先成立公司，再考慮製造什麼東西來維持基本生存。

惠烈說：「**我偶爾和商學院的人提起這段經驗，我說我們創業時沒有任何計畫，**

我們是道道地地的機會主義者，管理學教授聽了都大驚失色。那時候只要能賺錢，我們什麼都做，我們做過保齡球越線指示器、望遠鏡時鐘驅動器、馬桶自動沖水器，還有一種讓人減輕體重的震動機，當時我們是這樣子的，大約有五百元美元的資本，設法做別人認為我們或許能做的東西。」

一九四五年八月，井深大創立新力公司（Sony）時，也沒有特別的構想。他和七個創業員工長時間腦力激盪，想辦法讓公司能經營下去。產品從味噌湯到小型高爾夫球機和計算尺都有。

新力第一個產品——電鍋，消費者使用起來不滿意，第一個重要產品——錄音機，市場銷售失敗。他們勉強靠著製作粗糙的電熱毯度過草創初期。

蘇東坡的〈三槐堂銘〉：「松柏生於山林，其始也，困於蓬蒿，厄於牛羊；而其終也，貫四時，閱千歲而不改者，其天定也。」我們看到山林中高聳入雲的松樹與柏樹，不禁讚嘆它們的雄姿；堅毅的心志歷經風雪的摧折仍然千年長青、屹立不搖。但當它還是幼苗階段時，矮小的苗體被周遭的雜草覆蓋著，它們必須努力向上掙脫雜草重圍，不僅如此，還要躲過放牧牛羊的踐踏才能生存並長高茁壯。雖然松柏天生就具有長青抗寒、樹形高聳的本質，但是這也不能保證它一定能順利成長。脆弱的幼苗也得經過環境的挑戰與淬鍊，沒有被生存競爭淘汰掉的，才有後來的，「後凋於歲寒」的壯碩成就。

類似山林中的松柏，企業管理學界綜合近年來的觀察分析，流行如此的見解：成功的條件是擁有困苦的童年和沒有上過大學。比起其他的公司而言，「大雞慢啼」的願景企業通常都有延滯的創業艱辛期。

威名百貨創辦人山姆·威頓一九四五年開辦事業時，只是在阿肯色州的小鎮新港（Newport）擁有一家加盟別人的雜貨店。沒有特殊的夢想，只是為自己工作，加上一點點的零售知識和極大的熱情。

從一家商店開始，一步一腳印的累積力量，經過了二十年後才演化出超級連鎖賣場。別人總認為威名百貨是一個偉大的構想，一夜成功的故事，他反而認為那是二十年長期醞釀的結果。

為什麼他能成功？威頓說：「**我對自己要創設的事業規模沒有任何夢想，但是我總是有信心，認為只要做好我們的工作，對我們的顧客很好，我們的前途一定無**

限。」

不能說成功的企業，一開始就不需要有偉大的構想。而應該說，即使創業時沒有偉大的思想，也可以成為願景企業。

一開始時就好高騖遠或者過於輕易的成功，都可能變成阻礙進步成長的絆腳石；相反地，困厄的開始卻能讓人永遠警惕自己，惦記著維艱的創業階段，一步一腳印，踏實地活在每一時刻的當下。

每一秒一分很用心地生活，該輕鬆時用心地放鬆自己，該工作時用心地工作。過去的，後悔沒有用；未來的還沒到，也不用提早擔心。活在當下，用心於現在，生命會自行找出路。

雖然無法預測未來的十年，今年好好做，會知道明年的方向在哪裡；明年好好做，可以知道後年會如何。就像稟賦不凡的松柏，在幼苗階段也必須努力掙脫雜草競爭與牛羊踐踏，攫取自己的一片天地。

有偉大理想計畫與沒有偉大理想計畫的創業都可以成為願景企業，因為一切圓滿，一切如意；最重要的是用心活在當下。

企業傳承

達摩祖師面壁嵩山少林寺接引慧可和尚之後，時間過得很快，倏忽已經九年。東土的法緣已經到了盡頭，應該要回去西天竺了。一天他召集四個徒弟：道副、尼總持、道育和慧可，驗收成果。

達摩說：「我回去的時間到了，你們說說看你們的修行心得！」

道副說：「如我所見，不執文字，不離文字，而為道用。」

達摩答：「汝得吾皮。」

尼總持說：「我今所解，如慶喜見阿閦佛國，一見更不再見。」

達摩說：「汝得吾肉。」

道育說：「四大本空，五陰非有，而我見處無一法可得。」

達摩說：「汝得吾骨。」

最後一個，慧可向前出列，什麼也沒說，頂禮禮拜祖師後，歸位站好。

達摩說：「汝得吾髓。」

達摩轉身向慧可說：「從釋迦如來把正法眼藏交付大迦葉大士，幾經輾轉到我。如今我把大法傳給你，你應當好好護持大法。並且以傳法袈裟以作為印證憑記。法印與袈裟各有意義，你應該知道。」

慧可說：「請祖師說明。」

達摩說：「**內傳法印，用以證明你我默契相承；外傳袈裟，用以證明你是正宗的傳承**。後代的人疑心病多，他們會懷疑，我是西方人，你是本地人，憑什麼你能得到正法傳承，有什麼信物可以證明呢！你接受傳法袈裟之後，便會有很多責難與災厄，只要出示此袈裟和我口傳法偈，表明傳法正當性，就可以消難止謗。

我入滅後兩百年，就不用再傳袈裟了，那時候禪法已經風氣大開，周遍中土。雖然知道禪理的人很多，而實踐禪理的人少；表面上說理的人多，而真正貫通內涵的人少。不要大張旗鼓，潛沉隱密中印證有心有識者，可以接引無數善知識。

你應當闡揚禪法，不要輕忽平凡人家，那瞬間，回心返念，便得如來見地。」

最後達摩口授法偈給慧可：「吾本來茲土，傳法救迷情；一花開五葉，結果自然成。」

乍看之下，好像達摩祖師就僅憑臨走之前的一場期末考，就決定把法脈交接給二祖慧可大師。非也！徹夜立雪，斷臂求法，在在都已經顯現慧可追求真理的無上決心。

九年師徒期間，達摩必然深入觀察慧可的一切言行舉止，心知肚明慧可是法門龍象，必然能弘揚禪法，接引迷情眾生。臨走前的一場「盍各言爾志」秀，僅是正當合法化慧可的正港「禪的傳人」。

五祖弘忍大師傳給六祖慧能時，當然也不是僅憑牆上的一偈「菩提本無樹，明鏡亦非台；本來無一物，何處惹塵埃。」就這麼簡單地將大法交付一個目不識丁的南方獦獠。

根據《六祖壇經》五祖召集門人宣布求法偈之前，已經潛入碓坊看望慧能。弘忍說：「你初來的時候，我就已經知道，你足堪大法，但是擔心你遭殃，所以不跟你明說。刻意派你來此碓米，你知道嗎？」

慧能說：「弟子也知道師父的美意，所以不敢貿然到前頭去，給師父添加麻煩。」並且弘忍看過慧能的法偈後，隔天潛入碓米坊看見慧能心無旁騖地碓米。弘忍說：「求道的人，就應該這樣子。」

弘忍接著問：「米熟了沒？」慧能答：「米早就熟了，只是欠篩而已。」弘忍即刻用手杖敲擊碓臼三下。當天夜晚三更鼓時，慧能潛入弘忍方丈室……

禪從釋迦老祖開始，即是如此的以心證心，以心傳心，選對繼承傳人，源源不斷地傳承正法默契。釋迦文佛交付大迦葉尊者，大迦葉尊者交付阿難尊者……到達摩祖師，達摩祖師到中土傳給慧可大師……弘忍大師傳給慧能禪師。

慧能禪師以後不再點交傳法袈裟，禪法在中土已經蔚成風氣，提升眾生智慧與思想文化。正法眼藏的核心意識一代一代，毫無貽誤地「不立文字，教外別傳」透過「人能弘道」經歷二千五百年流傳至今，歷久彌新而利益當今的世界眾生。

百年的願景企業，固然無法像禪的歷史那麼悠久，但也經歷過幾代的執行長更迭上任。他們就像禪師的傳承，秉承核心意識，致力於實踐核心價值信念，永續經營公司。

就以業界中的口碑——奇異公司，來看企業的核心意識怎麼透過執行長傳承接續。

奇異公司的傳承

一九八一年威爾許（Jack Welsh）成為奇異電氣公司（General Electric Company）的執行長，十年後《資本家》雜誌稱讚他是「公認的當代首屈一指企業變革大師。」一快滿二十五歲時，威爾許研究所畢業，進入奇異公司，他工作了二十年後被選任為執行長。

威爾許的前一任前輩是雷吉納．瓊斯（Reginald Jones），一九七九和八〇年《美國新聞與世界報導》兩次調查，發現他是「當前美國企業界最有影響力的人」。《華爾街日報》與《財星》所做的調查也同樣地把瓊斯列為頂尖領袖之列。

蓋洛普民意調查，更把他列為一九八〇年「年度風雲企業執行長」。一九八〇年瓊斯可以說是頂著「美國最受崇敬的企業領袖」的美名退休。

瓊斯如何篩選他的繼任者傳人呢？才上任執行長一年而已，他就在著手規畫繼任人選。一九七四年瓊斯首先規劃「執行長傳承指引」；他和高階經理人力小組用兩年的時間把初步名單上的九十六個可能人選淘汰到剩下十二人，再刪減為六個人。為了評估和測試他們的表現，瓊斯任命每個人都擔任「部門經理人」，直接報告給執行長辦公室。

緊接的三年，瓊斯逐漸縮小範圍，讓候選人經歷各種嚴苛的挑戰、訪談、論文競賽和評估。這個程序當中的一個關鍵部分包括「飛機訪談」，瓊斯問每一個候選人：「你和我同搭公司的飛機，飛機毀了，你我都喪命了，應該由誰來當奇異公司的董事長？」

瓊斯的這套本領是從他的前任前輩佛烈德．薄喜（Fred Borch）學來的。威爾許是最後從這場嚴酷的耐力競賽中脫穎而出的人選。其他的五個人雖然落選了，其實他們也都很優秀，分別出任吉悌電訊（GTE）、橡膠美用品（Rubbermaid）、阿波羅電腦（Apollo Computer）、美國無線電（RCA）等大公司的總裁或執行長。

奇異的這套制度不僅為自己，也為美國其他公司培育了不少領導人才，出身奇異後來成為美國其他公司執行長的人，遠超過出身美國任何一家公司的人。

奇異對領導人的傳承極端重視。這也是奇異公司一百年來卓越表現的關鍵原因。擁有像威爾許這種才幹的執行長實在令人激賞，奇異一世紀裡都有像威爾許那樣幹練的人才當執行長。

執行長篩選的過程是傳統的奇異公司之最優異的一面，威爾許不但反映公司的傳承，也代表奇異步向未來革新種子。

長期擔任奇異顧問的諾爾・提區（Noel Tichy）和《財星》雜誌總編輯史崔佛・薛曼（Straford Sherman）在合寫的《奇異傳奇》書裡頭說：「**把可貴的奇異交到威爾許手上的管理程序，點明老奇異文化中最好、最重要的一面，前執行長瓊斯花了很多年的時間，從一群能力極為高強、個個後來幾乎都領導大公司的人當中，把威爾許挑出來。瓊斯堅持採用一種漫長、費事、徹底而吃力的程序，仔細的考慮每一個合格的人選，然後完全靠理智選出最適合的人，得到的結果足可列為企業史上繼承人規畫的典範。**」

奇異的優秀領導列車群中，威爾許並不是第一位改革創新者。

一九二二到一九三九年的執行長吉拉德・史渥普（Gerald Swope）領導奇異的巨大轉變，跨入家用電器事業，他引進「啟發式管理」的理念，並採取新穎的作法在員工、股東和顧客之間平衡分攤責任。

一九五〇到一九六三年的執行長瑞夫・柯迪納（Ralph Cordiner）喊出「全力追

求」的口號，率領奇異以強大的力量打進很多種新領域——服務的市場增加二十倍。柯迪納激烈地重整公司組織，推動分權制度，制定目標管理，這些做法領先美國企業，並且創造克羅頓威爾（現在是奇異著名的管理訓練和教育中心），他著有一本書《專業經理人的新邊界》，影響深遠。

一九六四到一九七二年的執行長薄喜當政時代，是創造力沸騰的時代，他樂於大膽的冒險，轉入飛機引擎和電腦等領域。

一九七三到八〇年代的執行長瓊斯也不遑多讓，成為改變企業與政府關係的領袖。

強將手下無弱兵，承先啟後，一棒接著一棒，棒棒都不甘示弱。這家一八七六年由發明家愛迪生起家的公司，果然是薑是老的辣，能夠延續百年不墜，依靠的是優良而未中斷的傳承。

二〇〇〇年時威爾許退休，退居幕後的九年前，他談到公司繼承人的規畫：「從現在起，選擇繼承人是我要做的最重要決定，這件事幾乎每天都要花費我相當多的心思。」奇異的百年傳承和禪師的傳承相互輝映。

後繼無人傳承中斷

俗話說：「人無三代富。」第一代努力從貧窮中掙脫出來，逐漸累積財富。第二代則是小時候親眼看到父母親的辛勤，並且他們也曾經吃過苦頭參與建設經濟，協助雙親打拚過。

到了第三代時，兩代的累積的財富已經足夠讓他們豐衣足食，他們銜著金湯匙，並且是在眾人的呵護之下成長，沒有貧困的淬鍊，「生於憂患，死於安樂」，揮霍家產殆盡，便告家道中落。其實這不僅是俗諺而已，我們的確在周遭看到活生生的例子。

歷史也揭示同樣的現象。家天下的時代，第一代開國君主勵精圖治，兩、三代以後國勢便告走下坡。漢帝國如此，唐、宋、和清帝國也是如此。雖然各個朝代都想用心栽培繼任的太子，禮聘朝中賢臣教傅，卻未曾盡如君意，永享天下。

六祖慧能禪師之後，一花開五葉，衍生出五個宗門：曹洞、臨濟、溈仰、雲門和法眼。能夠延續至今的只有臨濟與曹洞，繼承法脈的人若是修行未到家，則無法恢弘開來，便告衰弱而中斷。

很多企業雖然沒有被列入願景企業，它們也曾經出現過叱吒風雲的領導人，可惜的是無法傳遞薪火，延續企業榮景。

精力充沛的領袖（通常是創辦人）離開後，企業常常面臨如何維持成長動力的困境。像是波義爾（Boyer）之後的勃羅斯（Burroughs）、洛克斐勒之後的大通銀行、柯恩之後的哥倫比亞電影、梅維爾之後的梅維爾公司、哈格帝之後德州儀器、喬治・西屋之後的西屋公司和麥唐納之後的增你智。

五〇和六〇年代執行長哈格帝領導德州儀器成為高度創新的公司，他創育一個環境，讓構想和創意來自公司的最實務的低層。但是他的後繼者卻反其道而行，制定由上而下的專制制度，扼殺哈格帝建立的企業文化。

在部屬的營運報告當中，要是他們不中意，會中斷報告說：「這些都是狗屎！要是你們只能提出這些東西，我們不想聽。」咆嘯、拍桌子、文件橫空飛過來。

一位經理人說：「他們對手下沒有信心，低層的經理人失去許多權力……他們提議的產品在總部裡一再遭到修改，最後交下來的是和市場需求格格不入的東西。」到了八〇年代的初期，德州儀器失去美國最受尊敬的公司的地位，遭到嚴重虧損。

增你智的創辦人小尤金・麥唐納是一個有驚人魅力的領袖，他那強大無比的人格力量推動整個公司前進。

他是個睿智的推動者和實驗家，推廣實施了很多自己的發明和構想。但是麥唐納並沒有傳承計畫。一九五八年猝逝後，公司的領導層出現真空。

他死後的兩年半，《財星》雜誌評論：「增你智靠著已故創辦人的決心和想像力，仍然繼續在成長和賺錢，但是未來如何，現在要看公司的能力和新動力，是否能因應麥唐納從來沒有預期到的狀況。」到目前，增你智沒有恢復麥唐納在世時的精力和創新光芒。

麥唐納死後，由最親近、年過古稀的同事休・羅伯森接任執行長。一九六〇年《財星》雜誌評論：「增你智現在主要是靠著舊強人傳下的動力前進，不是依靠未來領袖帶來的動力。」兩年後，羅伯森傳位給極保守的公司法律顧問約瑟夫・賴特，賴特允許公司悖離追求高品質的核心價值觀。

一九六八年公司內部員工山姆・開普蘭升任執行長，但是一九七〇年突然死去。公司後來雇用福特汽車的約翰・聶文做執行長。聶文表現並不突出，且繼續讓公司悖離原有的價值觀，他於一九七九年辭職。

六十八歲高齡、已經退休的前任董事長賴特重新出馬，他提拔雷文．柯拉曼當執行長。不幸地，柯拉曼兩年後也是突然去世，增你智又面臨領導繼承危機。

麥唐納沒有為公司塑立核心意識，公司只是創辦人的玩具和舞台。他去世後，公司沒有任何指引或激勵方向，陷入停滯不前的狀況，降格到純粹只是追求利潤。

十方傳承

黃檗山希運斷際禪師有一天對大眾說：「你們可知道大唐國裡沒有禪師？」有一人回答說：「現在禪風大開，各地都有禪師在開化禪法，接引諸人，怎麼會說沒有禪師呢！」

黃檗禪師說：「不是說沒有禪，只是沒有師而已。」

大唐國已經是禪風大開，但是在黃檗禪師的眼裡是，說道者多，修道者少。雖然禪依舊是不增不減，不垢不淨，但是知禪行禪的禪師卻寥落稀疏，大都淪為說文解字，或人云已云、趕時髦的「口頭禪」；缺乏能弘道的禪師，禪便會告中斷。

黃檗禪師已經看到禪門法脈的隱憂，有些看起來似乎是門風鼎盛，但是能夠嗣法，續佛慧命的人選則相當有限，禪師不僅自己要能行禪修佛，更重要的是還能把禪傳接下去，讓禪不至於在他手裡即告斷絕，這才是真正的禪師。

在佛法的傳承，如何克服這個問題？

佛寺有所謂的「十方道場」和「子弟道場」兩種，這是依照篩選繼任住持的方式而決定的。

一個佛寺如果徒眾很多，可以作為被選擇為住持的對象當然也比較多，當家住持從本寺既有的徒眾當中挑選出繼任人選，如此的道場稱為子弟道場。

如果本寺的徒眾比較少，或一時找不到足堪大任的人選，便會向外界尋求有德有能者繼任住持該寺，這樣的佛寺其繼任住持不侷限於本寺而從十方來，便稱為十方道場。

大型企業的人才庫比較龐大，提早規畫繼任領導，通常可以解決繼任課題。中小企業的從業員工樣本數比較小，更應提早留意培養內部人選，或者是直接向外尋求理念契合的能者來接棒。

永嘉玄覺禪師精通天台止觀法門，深入參研維摩經而開悟。有一次遇見六祖慧能禪師的徒弟玄策和尚，玄策感到玄覺知見與禪宗祖師非常契合。

玄策問：「你的老師是誰？」

玄覺說：「我向不同的老師學方等經。後來看維摩經時，徹悟諸佛妙義玄旨，只是沒有人幫我做認證。」

玄策說：「若在無量劫以前的威音王佛之前開悟也就罷了，威音王佛後，沒有師承就說自己開悟，絕大都是天然外道。」

玄覺說：「希望你能幫我認證。」

玄策說：「我功力不夠，你到曹溪我的老師那邊去接受認證吧！」

玄覺見到六祖慧能禪師時，並沒有禮拜六祖，只是繞著六祖轉了三圈，把手中錫杖向地上一振，雄糾糾地站住不動。

六祖見了便問：「出家眾應具有三千威儀、八萬細行。你是打哪兒來的，怎麼如此傲慢？」

玄覺回答：「生死事大，無常迅速！」

六祖說：「既然如此，為什麼不體取無生，就沒有迅速不迅速的問題了？」

玄覺說：「宇宙本體本來就無生滅，更沒有快慢的問題。」

一番辯機，六祖印可玄覺，玄覺禮拜六祖，就要告辭離開。
六祖說：「你這不是太趕了嗎？」
玄覺說：「真如自性不動不靜，沒有快慢的問題。」
六祖說：「那麼現在是誰知道不動不靜呢？」
玄覺說：「是禪師你自己取分別心，我一點也不分別。」
六祖說：「你頗通寂靜無生的意趣。」
玄覺說：「既然是無生，便是什麼都沒有，還有什麼意趣可言嗎？」
六祖說：「現在可又是誰在分別沒有任何意趣。」
玄覺說：「分別一下，也無損礙沒有意趣啊！」
六祖說：「好說！好說！在這邊住一晚吧！」
永嘉玄覺聽從六祖的建議，留宿一個晚上，隔天才離開。禪宗歷史上稱他為「一宿覺」。

永嘉玄覺禪師並沒有在六祖門下長期接受調教，但是當面一番對參，機鋒交戰之後，六祖依然印證他的開悟。

玄覺禪師對宇宙妙意的掌握與六祖相契合，換句話說，縱使沒有依持六祖門下，他的核心意識仍然與六祖相契印。大部分的願景企業，接班人由內部培養出來，但是仍然有一些願景企業由外部請來高明。

外來的領導階層抱持的人生信念和企業的核心意識相契合，那就如同六祖慧能禪師印證永嘉玄覺禪師一般。

華特．迪士尼在世時沒有培養任何能幹的繼承人，迪士尼公司在七〇年代走下坡。那個時候經理人漫無頭緒，老是在問「華特．迪士尼會怎麼做？」

為了拯救公司，董事會於一九八四年時聘請麥克．艾斯納和法蘭克．韋爾斯。但是迪士尼在挑選外來的人才時，董事會懂得盡力維持企業核心意識的一貫性。

負責挑人選的雷．華森找上艾斯納，不僅是因為艾斯納在業界成績輝煌，更因為艾斯納瞭解並欣賞迪士尼的價值觀，而且熱誠地擁護。一位迪士尼的人說：「艾斯納變得比華特．迪士尼還要華特．迪士尼。」

企業內部沒有適合的接班人選必須向外尋求時，負責挑選人才的委員會則變得很重要。他們要能夠挑選出與企業核心意識相呼應的人選，即使管理風格不一樣，仍然會真心認同擁抱企業核心信念。

福特汽車核心意識的回神

美國的汽車大王亨利．福特小時候就很喜歡機械，但經常被父親叫去農場從事勞力的工作，自那個時候他就有個心願，將來發明機械取代人力，讓大家不用做得這麼辛苦。

一九一六年福特說：「**我認為我們的汽車不應該賺這麼多的利潤，合理的利潤完全正確，但是不能太高。我主張最好以合理的小額利潤，銷售大量的汽車……我這樣主張，是因為這樣可以讓更多的人買得起，享受使用汽車的樂趣；也因為這樣可以讓更多的人就業，得到相當好的工資，這是我一生的兩個目標。**」

一九〇八到一九一六年間，福特T型車的價格降低了五八％，當時它的訂單超過生產能力，應該可以提高售價。福特卻反向操作，降低售價，讓很多美國人買得起汽車，整個國家行動力因而大幅提升。當時有位股東認為他忽視投資人的權益而控告他，即使如此，同一段期間，他增加工人的工資，行情是同業的兩倍。羅伯．賴西在福特的傳記清楚地描述當時的情形：「**華爾街日報譴責亨利．福特『即使不是犯罪，也是犯了經濟上的重大錯誤』，說這種錯誤很快『會回過頭來，困擾他和他所代表的**

產業和組織化的社會』。**這家報紙宣稱，福特天真的希望改善社會，『把精神原則注入不屬於他們的地方』，說這是一種極為可惡的罪行，而且業界領袖群起譴責『這個事件是工業世界歷來最愚蠢的嘗試』。**」

一般相信，福特所以如此，應該受高度理想主義的哲學家愛默生的影響，尤其是他的一篇《補償》的文章。

一九八○年代初期，日本汽車進軍美國市場，福特公司遍體鱗傷，赤字累累，三年內公司淨虧損三十三億美元，佔公司淨值的四三%。面臨如此大的危機，經營階層做了一件罕有的事情，他們停下來進行基本哲學的論辯，重新整理經營指導方針。研究福特八○年代轉危為安的羅伯．舒克：說「**目的是要創製一分清楚陳述福特公司立場的聲明，討論過程常常比較像大學裡的哲學課程，比較不像業務會議**。」福特前執行長唐．皮特生就這一點評論說：「大家花了很多時間討論人員、產品和利潤的次序，決定人員應該列為第一，產品其次，利潤第三。」八○年代的福特公司的反敗為勝，經營階層並沒有創造更新的核心理想，他們只是重新喚醒創辦人亨利．福特所擁護的核心意識信念，替長久以來沉睡的巨人注入新生活力。

狂飈的攻項戰役

西元前二〇五年五月楚漢相爭，劉邦在彭城被項羽打敗，影響所及，各地諸侯紛紛背叛劉邦而與項羽結盟，劉邦被迫困守滎陽。韓信向劉邦獻策：攻佔北方的燕、趙兩國，向東逼擊齊國，南方則阻絕楚國的糧道，讓他們無法呼應項羽，韓信再回師與劉邦在滎陽會兵合擊項羽。劉邦聽從韓信的建議，韓信率軍北上很快地攻下魏國，並向趙國前進。

趙王歇與成安君陳餘聽說韓信率兵前來，立刻聚集二十萬大軍在趙國的門戶井陘口堅壁清野以逸待勞。井陘口是太行山的狹隘通道關口，關口前有兩條河流綿蔓河與井陘水的交會。劉邦由於滎陽戰事不利，抽調北方精兵，韓信到井陘口時只有三萬新兵。

開戰日的前夜半，韓信挑選兩千輕騎兵繞道隱匿於山谷窺望趙軍，交代他們等趙軍傾動全軍，趁著留守軍隊少時，攻入關內，遍插漢軍旗幟。韓信又傳令諸將：「今日破敵後，大夥兒回來慶功！」各位將領都面露疑神，但也只能假意應諾。韓信再傳令：「趙軍已經佔據優勢，但是沒有看見我們決心一戰的徵象，不肯出關，大概顧慮我們遇到險阻就退回吧！」於是派出一萬人涉水過河到關前，背對著綿蔓河水面向敵軍列陣。趙軍看到這樣犯兵法大忌的陣勢紛紛大笑。

天亮了，韓信主力軍隊舉起帥旗，擊鼓行軍沿著隘道到關口，趙軍開關門出來迎戰。雙方激戰一陣子，韓信部隊假裝不敵逃向背水面敵的漢軍陣地，等趙軍追上來時，再返身回來偕同背水軍與追來的趙軍激戰。遠遠望見趙軍全軍出動了，山谷裡的兩千輕騎兵攻入關裡，拔掉趙旗插上漢旗。趙軍與漢軍在河灘上酣戰，不能取勝，想回師進入關口，發現城池上插的都是漢旗，誤以為趙王已被擒，陣腳大亂，潰不成軍。漢軍兩邊夾擊，斬殺成安君陳餘，擒拿趙王歇。

慶功宴時，眾將好奇地問韓信：「兵法說，兵隊布陣要背山面水，您今天卻反其道而行，叫我們背水面敵，還說打敗趙軍再好好地慶功一番，當時我們不敢相信，然而竟然贏了，到底這是什麼戰術呢？」。韓信笑說：「兵法書上有這樣的戰術，只是你沒有注意到而已。兵法說：『陷之死地而後生，置之亡地而後存』，再者我的部隊僅是一群菜鳥兵，這就好像『把市井小民趕上戰場去』，若不把情勢逼成死境，非得要他們個個向前拚命，才有機會活命不可。當時若有退路的話，士兵都會亡命逃跑，就沒有兵員可以戰鬥了！」

井陘口背水一戰是韓信的成名戰役。以三萬漢軍新兵拿下二十萬趙軍鎮守的天險井陘口，全憑韓信指揮調度，而韓信又如何能那麼有把握，預知自己穩操勝券，準備破敵慶功？他首先利用地形限制趙軍的優勢，兩條河水交會讓趙軍的二十萬優勢軍力無法施展開來，再利用「置之死地而後生」的道理，激勵菜鳥兵要生存只有向前拚命一條路，抵住趙軍的正面攻勢。

潛藏山谷的兩千騎兵攻入城內遍插漢旗，則瓦解趙軍心防，終使趙軍全面潰敗。自古以來，以少勝多的戰役必定仰賴奇計和指揮官的大雄氣魄，韓信果然不愧是蕭何口中所讚譽的無雙國士。

但是勝負未定之前，這是一場豪賭，只有藝高膽大的人才有信心會篤定地贏得最後勝利。願景企業的睿智經營者也常常建構如此背水一戰的狂飆攻頂計畫，成功將引領企業向上一著。

波音公司（Boeing）

第二次世界大戰之後，一向生產軍用飛機的波音公司進行裁員，把員工從五萬一千人瘦身到七千五百人。一九五二年，波音公司的工程師提出要製造一種比較大型的噴射民航機，如果進行這個計畫，預計消耗公司淨值的四分之一。這個時候民航機仍然是螺旋槳飛機的時代，並且波音公司並沒有掌握民用飛機的市場經驗。波音的經營高層決定冒險，一九五七年波音在KC-135空中加油機的基礎上研製成功首架波音七〇七噴射式民用客機，很快地獲得上千架訂單。從此跨入民航界而且舉足輕重。波音七〇七狂飆攻頂之後，其他的航空公司爭先恐後急著汰換舊式的螺旋槳飛機轉向噴射飛機。

六〇年代初期，東方航空公司要求波音再度挑戰不可能的任務，製造一種飛機可以在紐約拉瓜迪亞機場四之二二號跑道降落，這個跑道僅有四八六〇呎，遠比當時既有的噴射客機所需的跑道短很多。並且飛機內部寬度可以放一排六個座位，容載一百三十一人，航程從紐約不落地直飛邁阿密。繼七〇七不可能的任務之後，波音公司的工程人員又完成了一個世界大眾「哇！」的任務，創造了波音七二七噴射機。原本估計七二七的市場規模為三百架，後來賣出一千八百架以上的飛機，波音七二七成為民航界廣泛使用的短程客機。

一九六五年，波音決定再一次大膽進行波音七四七巨無霸計畫。他們製造這種飛機，即使耗盡整個公司的力量也在所不惜。一九六九年起，波音連續幾年累計投入六十九億美元用於超巨型七四七噴氣客機的研製開發，這種飛機時速每小時一千公里，可載客四百九十人，載貨量達一千噸。

波音七四七問世之時，正好遇上七〇年代初期的石油危機，這種大鳥被認為消耗太多油量，當時銷售情況很不好，公司營運受到嚴重打擊；從一九六九到一九七一的三年之間，波音裁員八萬六千人，約佔所有員工的六〇%。大膽冒險的行動並非毫無代價的，但是停留在舒適安全的地方卻不會進步，甚至會被無情的競爭所淘汰。石油危機落幕之後，七四七反而被民航界認為載客量大，營運利潤效果佳而大賣，後來長期佔據世界遠程民航客機的頭把交椅。

波音從七〇七、七二七、七三七、七四七、七五七到七六七等一系列型號，逐步確立了全球主要的商用飛機製造商的地位。

代代相傳的經營高層獻身於波音的核心信仰「甘為先驅領導航太工業，應付重大挑戰與風險，產品安全與品質，吃飯、呼吸、睡覺念念不忘航太天地。」他們「背水一戰」化不可能為可能，累創佳績。

新力公司（Sony）

一九四五年十月，井深大在東京的白木屋百貨倉庫成立「東京通信研究所」，不久他邀請盛田昭夫加入共同經營，於一九四六年正式成立「東京通信工業株式會社」。五〇年代「日本製」三個字代表「廉價、低劣、品質差」，井深大立志改變先進國家消費者對日本產品的印象，希望把公司建立成廣為人知的企業。一九五二年他們追求達成一個不可能的任務，想製造出一個可以放在口袋，普及世界各地的袖珍型收音機。那時候收音機是以真空管做的，體積龐大，世界上還沒有一家公司成功地把電晶體運用在收音機上。

井深大把這個狂飆的構想告訴一個顧問時，這個顧問說：「電晶體收音機，你有沒有搞錯？即使是在美國，電晶體也只是用在不是以金錢為目的的國防用途上，就算你們做得出應用電晶體的消費產品，誰買得起使用設備這麼昂貴的收音機？」儘管如此地被潑冷水，公司的工程師們卻認真地擁抱這個夢想，結果他們果然做出口袋型的袖珍電晶體收音機，並且熱銷世界各地。公司的一位科學家還因為電晶體技術上的突破，後來獲頒諾貝爾獎。

ＳＯＮＹ品牌第一次出現在一九五五年上市的ＴＲ55電晶體收音機上，一九五八年盛田昭夫和井深大決定花相當經費把公司名稱更改為新力公司。與新力公司往來的銀行反對說：「你們的公司成立了十年，才打開公司的知名度，為什麼要做這種無意義的改變呢？」盛田昭夫說出他們的夢想：「**雖然我們的公司仍然很小，而且我們認為日本是一個相當大的、有潛力、有活力的市場……可是對我們來說，事情已經很明顯，如果我們不把眼光放在國外行銷上，我們絕對不會茁壯成為井深大和我夢想的那種公司，我們希望改變日本產品在世界各地品質低劣的印象。**」以當時員工不到一千人，沒有海外知名度的公司而言，新力可以說是公司小卻志不小。新力這個新名稱念出來完全感覺不出是日本的公司，令人以為是自己國家又有親切的感覺，使新力成功打入美國及海外市場。至今天為止，仍然有較少接觸消費性電子的人誤以為新力是美國品牌。

一九五〇年代，新力的黑白電視雖然大賣，但是卻一直無法進入彩色電視的市場。一九六四年，井深大堅持以良率極低的獨自開發的「Chromatron」製造彩色電視，導致一部成本高達四十萬日圓，僅賣出一萬三千部左右，讓公司瀕臨倒閉。

一九六八年十月，井深大率領的研發團隊開發出稱為「Trinitron」的獨自彩色映射管搭載電視，並且在日後一舉引爆全球的搶購熱潮。盛田昭夫的主導下，新力在一九七九年七月開始，推出了隨身聽（Walkman），盛田昭夫將隨身聽定位在青少年市場，並且強調年輕活力與時尚，並創造了耳機文化。隨身聽風靡全世界，直到一九九八年為止，已經在全球銷售突破二億五千萬部。盛田昭夫在一九九二年十月受封英國爵士，英國媒體的標題是：「起身，新力索尼隨身聽爵士。」

表面上看起來，願景企業公司似乎基因裡頭就有一種笑傲江湖的狂妄，幾乎以不理性的傲慢自信訂下不可能的目標。但是他們卻不認為自己的狂飆行為是在嘲弄諸神，只是他們從來沒有想到，他們做不到他們決心要做的事情。七〇年代新力研究部門主管的菊池博士說：「**雖然外界普遍傳言，新力研究經費占總銷售額的比率遠超過其他公司，其實根本不是這樣。我們和其他日本公司努力的差別不在於科技的高下，不在於工程師的素質，甚至不在於研究發展經費金額的高低。主要的差別在於我們建立以任務為導向的研究和適切的目標。我們尋找一個目標，一個非常真實和明確的目**

標，然後建立必要的專案小組，把事情做好，井深大教導過我們：『一旦下定向前進的決心，就永遠不要放棄，這一點普遍深入到新力所有的研究發展工作裡。』

我們看過峭壁懸崖上的攀岩家，沒有使用安全護具大膽地冒險。不小心摔下去，一定是粉身碎骨。從外人來看，這種冒險是愚不可及。但是對攀岩者來說，他已經評估過攻頂的對象，良好的訓練與專注的精神，讓他可以安全地攀岩，掉下去會死的威脅只會更刺激他專注自己的每一個細微動作，更自信於自我能力的控管。藝高才敢膽大，企業家的狂飆攻頂也是一樣，不成功便成仁。一個外人看起來空前不可能的目標，實際上是構築在身經百戰的訓練基礎上，加上「背水一戰」的決心，一切唯心所現，他們最終突破現狀，把不可能變成可能，把不存在的變成存在。

義大利的旅行家馬可波羅在元朝時來到中國朝見元世祖忽必烈，他滯留中國一段時間。他的《馬可波羅遊記》讓歐洲人領略到東方的繁華，也間接促成後來的歐洲人到亞洲的航海探險。中國向西方的探險則更早，七世紀的唐朝僧人玄奘法師赴天竺國求法。玄奘法師幼年貧困，十歲隨著哥哥出家。他聰敏好學，博覽各家宗論典籍時，卻發現各宗所說，紛紜不一。想要解開心中的疑惑，卻沒有人可以給他解答。玄奘遂發願西行天竺求法取經，「唯有將原典精確地譯出，以釋眾疑，佛法才能繼續在東土弘傳，利益世人！」

西元六二八年離開長安，六四五年返回長安，總共去國十七年。走過酷熱的沙漠，翻過冰封的蔥嶺，幾度面臨土匪強盜，漫漫長路行囊裡滿載的不是金銀財寶而是珍貴智慧的法寶——六百五十七部梵文聖典。

一行人馬越過蔥嶺時，一個挨著一個匍匐攀爬在萬丈深淵的峭壁上，默默地前進，就怕些微的響音會觸發致命的雪崩。稜山大雪，禁不住冰寒飢饉的徒侶及牲畜凍死在高山上。玄奘卻堅定地告訴自己：「我為求法，願捨軀命，若不到西天，誓不東回；縱然喪身在此，也絕不後悔！」

在那爛陀寺的期間，戒賢老法師請他出馬與外道學派辯論。那時候在印度公開論法像是打擂台一樣，輸的一方必須自此銷聲匿跡或捐軀授命。戒日王於曲女城設立全國性的無遮辯論法會邀請玄奘與各方論師辯論，玄奘親自寫下生死狀給戒日王。他立下真唯識量論旨，張貼出去，等待了十八天，無人敢出來辯難，他因此不戰而勝，名聲鵲起，威震全天竺，十八個國家的國王於這場辯論會後皈依於玄奘座下。

回到中土的玄奘法師，將他的剩餘人生完全奉獻翻譯佛經的大事業直到生命的最後一刻，也未曾鬆懈過。十九年間，玄奘大師先後於弘福寺、大慈恩寺、玉華寺，領導翻譯經論七十五部，一千三百三十五卷，為後世留下彌足珍貴、開啟大覺智慧之漢譯寶典。

你可以想像嗎？一個人千辛萬苦冒著生命的危險，所為的僅僅是求取抽象的真理，並把這些智慧宣揚於天下，解脫眾生的迷津。不為己私，不為己利，度他自度的宗教熱誠讓他忘記身處的險境，一心一意向前邁進，雖千萬個阻礙也難不倒他們。英雄所見，大略相同，宗教家的熱誠與願景企業家的核心信仰互相輝映，都是讓人傾倒的生命極致。

日新又新是生存之道

企業界經常強調，創新才是企業的生存之道。如此的概念不是現代社會的專利。《詩經．大雅．文王篇》：「文王在上，於昭于天。周雖舊邦，其命維新。」西伯姬昌承繼大位後，遵循祖父古公亶父與父親季歷的行政軌跡，篤守仁義，敬奉老人，慈養年幼，禮遇國內賢才。他連用中餐的時間都沒有，空著肚子接待來投效的各方賢士。天下各地有德有才的國士，像是太顛、閎夭、散宜生、鬻熊、辛甲大夫和姜子牙，紛紛投效西岐周國。

西周國雖然是歷史悠久的邦國，但是它不是遲鈍的大象，相反地，秉受天命的周文王向天下人昭告，他不會故步自封，自滿於現狀，而會時時以百姓為念，銳意進化革新。今天比昨天好，明天又比今天好，西伯姬昌勉勵自己「日新又新」，以創新為使命帶領人民向前邁進。

諸行無常，一切在變；在變，就是變新。離開舊的位置，走入新的位置，就是一種創新。喜新厭舊是人的天性，所以我們的生命要浸潤在創新的喜悅中。今天早上吃稀飯，明天早上還是吃稀飯，後天早上更是吃稀飯，這樣下去吃都吃膩了，沒有變化就如同一灘發臭的死水。今天早上吃稀飯，明天早上喝豆漿，這就是一種創新。改變舊有的模式讓人有新鮮的感受，做出一道新的料理，寫出一首新的歌曲，畫出一幅新的油畫，從「無」中創造出「有」即是創新，所以創新並不困難。

一般人的創新比較容易，而企業界的創新難度比較高。小乘佛法行阿羅漢道自度自了，大乘佛法行菩薩道自度度他；個人的創新像是小乘的佛法，可能只娛樂自己，企業的創新要像大乘佛法不僅娛樂自己還要能貢獻別人。願景企業一路走來，不斷地創新產品或服務便利大眾的生活。

永遠的3M

《基業長青》的製作群曾經訪談HP的惠烈先生，問他有沒有極為崇拜而且認為是模範的公司，他毫不猶疑地說：「**3M公司，這點毫無疑問，你永遠不知道他們下一步會推出什麼，妙的是，他們很可能也不知道自己下一步會推出什麼東西出來。但是，即使你永遠不能預測3M會做什麼，你卻知道這家公司會繼續成功下去。**」

3M剛開始時是一家失敗的剛玉礦場，稍後改作砂紙。草創期間，3M艱困到第二任總裁在任期的前十一年，根本沒有領過薪水。

一九一四年，年僅二十多歲的麥克奈（William McKnight）被擢升為總經理，他投資五百美元購置水槽和膠水槽，創立3M的第一個實驗室。幾個月後推出一種極成功的新砂布（Three-M-Ite）。這個產品讓公司發出第一次股利，而且七十五年後仍然屹立在產品型錄上。麥克奈害羞、謙虛，卻有強烈的好奇心和追求進步的動力。一九二〇年一月，麥克奈收到一封信：「請把貴公司用來製造砂紙的每一種規格的礦砂樣品，寄給費城的印刷油墨、銅粉、金色印油製造商法蘭西斯・歐奇。」３Ｍ並不賣原料，所以沒有生意可以談，但是麥克奈很好奇「法蘭西斯為什麼要這些產品？」３Ｍ因為這個好奇心而創造公司歷史中重要的產品。歐奇發明一種革命性的防水砂紙，他曾經向很多礦業和砂紙公司索取樣品，但是沒有人問他為什麼。後來，麥克奈不僅取得專利，還說服歐奇加入３Ｍ開發新產品。

麥克奈瞭解到公司的進步不能只靠自己，希望創造一個由內部自我突變的有機體，鼓勵員工發揮個人主動精神。有一次年輕的迪克・朱魯去拜訪客戶，聽見汽車噴漆工抱怨分離漆色膠水和膠帶品質太差，他主動地把問題帶回公司，並且自己發明了３Ｍ隔離膠帶。五年後因應客戶防水包裝膠帶的要求，在這個基礎上做出了舉世聞名的思高牌透明膠帶。

思高牌膠帶不是計畫中的產品，它是麥克奈創造的組織氣氛下自然的結果，３Ｍ

像草履蟲一樣，在嘗試錯誤中向前進化。3M創造了一個公司組織，這個組織像是一部讓人發揮創造力的機器，一直產出新產品。他們設立了幾項刺激進步的機制：

- **一五％規則**：這項歷史悠久的傳統規定，鼓勵技術人員把自己時間的一五％花在自己的選擇和自發性興趣的計畫上（用以促成不在公司規畫項目內而可能變成有用的創新發明）。
- **三〇％規則**：每個部門營業額的三〇％必須來自近四年來的產品或服務（用以促成持續創新的動量）。
- **金步獎**：頒給公司內部3M原創成功新事業的負責人（鼓勵公司內部創業與冒險精神）。
- **創世紀獎**：最高達五萬美金的內部創業投資基金；付給開發原型和市場試銷的研究人員（支持內部創業精神與新構想測試）。
- **科技共享獎**：頒給開發出新科技，並且成功分享其他部門的員工（鼓勵創新與分享，一起進步）。
- **卡爾頓學會**：3M名人堂，代表傑出與創意的科技貢獻（刺激有實質貢獻的創新）。

・**「經營企業」機會**：3M人推出成功的產品之後，依產品的營業額而定，可以作為自己的計畫、部門或是事業處來經營（鼓勵內部創業精神）。

・**診治疑難小組**：派出特遣小組到顧客端，解決各種疑難雜症（疑難即是創新的機會，希望複製二〇年代隔離膠帶的創新事件）。

到一九九〇年，這些機制推動衍生六萬多種產品，四十多個產品事業處。如意貼的共同發明人阿特・傅萊描述他的發明過程：「一九四七年的某一天，我在教堂的唱詩班裡唱聖歌時，遇到一個創造性時刻。為了更方便找到禮拜要唱的聖歌頁數，我一向用小紙條標明地方（巧不巧，紙條總在最需要的時候飛掉了。）我想，要是有人能在標籤上塗上黏膠就好了。所以我決定問問……史賓塞・席爾佛的黏膠。」

席爾佛利用一五％規則而發明了如意貼黏膠，他說：「發明如意黏膠的關鍵在於做實驗，要是我在事前徹底衡量的話，我一定不會做這種實驗。因為查查書籍和文獻資料，到處都是你根本做不到的例子。」席爾佛灌籃得分，卻是得自傅萊的妙傳。固然如意貼的問世是有點意外，也唯有在3M這樣的公司才會出現不意外的意外。如果公司不鼓勵創意分享，發現問題的傅萊為何要告訴能解決問題的席爾佛？如果沒有一五％規則，席爾佛為什麼要投入時間做這件事情？如果市場調查說這種產品沒有出路，而禁止小人物的狂想曲，會有如意貼嗎？

3M或許不是一個高獲利的企業，但是它孕育一個鼓勵創新的環境，讓員工擁抱創意，浸潤在創新的激情喜悅中。

宗教般的奉獻文化

二祖慧可禪師為了追求真理面見達摩祖師，整夜站立雪中。當達摩激將慧可，諸佛的無上妙法不是隨隨便便的等閒人可以聽聞探索的，他抽刀斷臂顯示他的求法決心，才獲得達摩的接納。

慧可後來傳法給三祖僧燦禪師，並交代他潛藏深山裡頭修行，避開國難之後才出來弘揚禪法，自己則要去了結宿世的業債。他到東魏京城鄴都大弘達摩禪法，接引眾生三十四年，收斂起莊嚴出家相，改變衣裝更平易與三教九流交往。不僅進入酒店，也不避諱屠夫，市井中侃侃而談，更融入販夫走卒階層。

有人問他：「法師是得道高僧，為何自甘墮落？」

慧可答說：「我在調心，關你什麼事？」

慧可禪師受邀到筦城縣匡救寺說法。正好有一位辨和法師也在該寺開講《涅槃經》，他的信徒大都去聽慧可講法，所以座下聽經的寥寥數人而已。辨和法師因而忌妒向縣官翟仲侃毀謗慧可禪師，禪師不加辯解，逆來順受，引頸就義。瞭解的人都說，他是來償還過去世的業債，禪師享年一百零七歲。

人生是提升心智的過程，「酒肉穿腸過，佛在心頭坐。」酒肆屠戶俱是淬練心志的直心道場，堅定著心中信仰的價值概念，才能處泥濘之中，不染一絲污穢，更甚者變化污穢成清淨。價值信念是很抽象的，沒有實質的形象，捉摸不著，又沒有保證與養身延命有對價關係。但是堅持正法信念，會形塑自己的行為，蘊發力量影響淨化周遭。

慧可禪師可以輕易地選擇趨吉避凶，他卻選擇在苦難與逆境中修行成就能行難行，能忍難忍的諸佛妙道。六祖壇經：「佛法在世間，不離世間覺；離世覓菩提，恰如求兔角。」

願景公司也會篩選呼應公司核心價值的員工，形成擁護企業價值觀的同儕團體。能夠在這樣的環境氛圍適存下來與企業共生共榮，必然能熱誠擁抱公司的價值信念，如同堅守宗教戒律教條一般。

諾斯壯的企業教團

諾斯壯公司（Nordstrom）是流行用品的連鎖零售業者，主要銷售的商品為服裝、飾品與鞋子。諾斯壯總部在美國華盛頓州西雅圖市，過去二十年來，公司銷貨增加了十倍，成為激烈競爭下的零售業鉅子，成功關鍵在於真心實踐多年來公司所揭櫫的「客戶服務」。

諾斯壯創辦人約翰·諾斯壯（John W. Nordstrom）一九〇一年在西雅圖市中心開了一家小鞋店，就抱持「以客為尊」的信念。第二代布列克·諾斯壯十歲開始就在店裡幫客人量鞋。他認為，如果成功地開一家鞋店，就可以應用到別的領域，從招呼客人、聆聽需求、仔細測量消費者的腳，到貨架上尋找符合他們的尺寸的鞋子。店員要化被動為主動，打從心底及靈魂深處就積極地服務上門的顧客。諾斯壯的「顧客至上的服務」並沒有什麼高深學問，他們只是「說到做到，言行一致。」

羅伯剛從華盛頓大學畢業，聽朋友興高采烈地談起諾斯壯的一切：優渥的報酬、與優秀人才同事氛圍、自主的工作環境、良好的晉升管道。他八年前從庫房做起，現在才二十九歲已經是店經理。羅伯心動地前往應徵面試。

面試官說：「我們的銷售員的報酬通常是美國零售業員工平均薪資的兩倍，但不是每一個人具備諾斯壯企業家族的素質。我們會精挑細選，你必須在每一階層證明你夠格。不喜歡有壓力，不喜歡勤奮工作，不相信我們的制度和價值觀的人都會離開。如果你有驅策力、主動精神，最重要的是生產能力，服務顧客能力，就會做得很好。如果無法適應，你將會痛恨這裡的一切，輸得很慘而離開。」

羅伯問：「我開始可以做什麼工作？」

面試官：「和其他新進人員一樣，從最基層做起，在庫房和賣場工作。」

羅伯說：「我是華盛頓大學的畢業生，優秀學生會會員，別的公司會讓我從見習經理做起。」

面試官：「在這裡，每個人都必須從基層做起。布魯斯、詹姆斯、約翰三位做到董事長的諾氏三兄弟，全都從賣場幹起。布魯斯喜歡提醒我們，他們都是在鞋子部門從坐在顧客前的小凳子往上爬的。在這裡你有很多自由，沒有人會指導你每一個動作，唯一的限制是你自己的表現能力。但是，如果你不願意盡一切方法讓顧客滿意，例如，親自送一套西裝到他的旅館客房、跪著試鞋子合不合顧客的腳、顧客故意搗蛋時強迫自己微笑，你就不適合這裡。沒有人告訴你要成為顧客服務英雄，這只是一種期望而已。」

羅伯加入諾斯壯的前幾個月，全心投入，成為「諾家幫」的忠貞成員。他花很多時間在工作上，參加諾家幫聚會和交往，也聽到幾十個服務顧客的英雄事蹟，諸如：有個諾家幫親自幫一位老人手織一條圍巾，因為這位顧客需要一條特定長度，不會捲進輪椅輪軸的圍巾。

諾斯壯的員工如果收到顧客的道謝函，可以成為「顧客服務之星」，接受諾斯壯三兄弟的親自道賀，相片掛在牆上。如果再贏得生產力競賽，可以升格為「百勝冠軍」，公司發給特製名片，給三三%的商品折扣。要怎樣才能成為百勝冠軍？訂下很高的銷售目標，然後超越目標就可以了。如果業績超過自訂的每小時銷售額目標，可以得到淨銷售額一〇%的佣金，若比別的同事高，就能在比較好的時段上班，有比較好的升遷機會；若沒有達成目標，只能得到每小時的基本薪資。

發薪水的時候，一塊布告板上列出員工以小時計算的銷售額排名，紅線以下的就屬於警戒名單了。第一次發薪期後不久，羅伯注意到同區的一個同事很早下班了，他好奇地問。比爾說：「公司懲罰他對一位顧客生氣。」比爾才二十六歲，已經在諾斯壯工作五年，並且榮獲顧客之星和百勝冠軍。

他說：「顧客在諾斯壯購物，應該得到我們最好的服務，我對每一個人都是掛著微笑。諾斯壯讓我覺得自己真正屬於與眾不同的公司。我的確工作得很辛苦，但是我喜歡。沒有人告訴我該做什麼，只要有心奉獻，我可以盡我所能地做，我覺得自己像是一個創業家。」

有一個晚上打烊了，他們一起收拾，比爾突然問他：「今天有一位祕密買主來過，你知道嗎？」

羅伯問：「一位什麼？」

比爾說：「祕密買主，就是公司員工假扮成顧客，來測試你的服務行為。他今天走過你的身邊，你做得很好。但是要注意你皺眉頭的習慣，你賣力工作時，好像都會皺眉頭，記得一定要微笑，一次皺眉可能變成檔案裡頭的污點。」

再來的六個月，羅伯愈來愈不快樂，早上七點和諾家幫開會，喊著「我們是第一流的」、「我們要替諾斯壯把事情做好」時，腦海就浮起《美國最適宜就業的百大公司》書裡對諾斯壯的評論：「如果不喜歡在狂熱的氣氛裡工作，不喜愛和總是奮發、發憤的人共事，那麼這個地方就不適合你。」

羅伯知道自己表現不錯，但是跟其他人比起來，還是不夠傑出。他不曾拿過顧客服務之星或百勝冠軍的頭銜，並且擔心自己不經意的皺眉和接到顧客不滿來函。

但是永遠有人比他做得更好，更符合諾斯壯的標準。他們的素質裡頭，含的根本就是諾斯壯的基因。待了十一個月，羅伯決定離開諾斯壯。

宗教熱誠

羅伯與比爾之間的差異在哪裡？加州州立大學心理學教授勞勃・勒范恩（Robert Levine）撰寫的《時間地圖》可以幫我們瞭解（註二）。

一九五〇年代中期，心臟病專家福瑞德曼和羅森曼注意到他們候診室的心臟病人似乎比其他病人緊張，在這之前，冠狀動脈心臟病問題被認為僅僅是技術課題。一項追蹤三千五百名男性於八年半期間的健康與疾病型態發現：冠狀動脈心臟病患者具有時間壓迫感、懷有敵意及強烈競爭心為特徵的行為傾向，即「A型性格」。A型性格的人產生心臟病症狀可能性是「B型性格」（正常人）的七倍，心臟病突發的可能性則是兩倍。

匆忙的生活步調是A型性格的特質；走路和用餐速度快，以準時為傲，同時從事數種活動。他們對別人的慢吞吞行為缺乏耐心，習慣半途切入別人的談話，當然他們的工作時數比B型人長。

勒范恩調查美國三十六個城市生活步調指數與冠狀動脈心臟病死亡率的關係，發現兩者緊密相關，這些城市也具有A型性格。A型城市充滿生活壓力，時間緊迫的壓力導致傷害健康行為，例如，抽菸、酗酒、吸毒、不健康的飲食、缺乏運動。美國抽菸比例的地域型態，和冠狀動脈心臟病及生活步調的研究結果類似。最高地區在東北部，依次遞減為中西部、南部及西部。但是有一個A型城市是例外，那就是鹽湖城。

鹽湖城的生活步調是三十六個城市中第四快的，但是冠狀動脈心臟病卻是第三十一名，第六低的。鹽湖城的大多數人口是摩門教徒，可能是他們雖然是苦幹精神，但教義卻禁止吸菸。

摩門教的犯罪學教授艾利克．希其解釋：「摩門教義是一天二十四小時、一星期七天的奉獻承諾。當你把教義和家庭生活及工作相融合時，鹽湖城具有快速的生活步調就不意外了。摩門教徒同時也是很注重心靈的人。我們相信中庸之道，不涉入有害的活動像是飲用酒精、咖啡因、抽菸和吸毒。」比較低的冠狀動脈心臟病罹患率證明摩門教價值觀，可以幫助鹽湖城人抗衡緩衝生活步調的壓力。

這個例子說明了，諾斯壯的比爾雖然工作得很辛苦卻樂在其中，因為他所熱衷的工作價值觀契合公司的核心意識。

反觀地看，羅伯骨子裡的基因卻與公司核心意識不相符，所以會倍感壓力而無法持久。就好像媽媽一樣，再怎麼辛苦都承受下來，只為了撫養孩子長大。偉大的母愛讓她們任勞任怨，卻不曾叫過一聲苦。

宗教的熱誠也讓他們的信徒，豪不吝惜地犧牲奉獻。羅馬帝國時代的宗教迫害，並無法阻止基督教的散播，反而是基督教徒的堅持最後逼得西羅馬帝國不得不接受基督教為國教。

願景公司並不是所有求職者的快樂天堂，如果八字不合，留在願景公司反而可能是一種夢魘，遑論想要有所表現。

不僅是諾斯壯特別強調顧客至上的服務熱誠，迪士尼的員工要讀的教科書也有這樣的警語：「我們在迪士尼樂園裡會疲倦，但是，永遠不能厭煩，即使這一天很辛苦，我們也要表現快樂的樣子，你必須展現真誠的笑容，必須發自內心……如果什麼東西都幫不上忙，請你記住你是領薪水來微笑的。」

這幾乎是已經到強顏歡笑的程度了，無論如何都必須犧牲表現自己情緒的自由。但是這對於以服務為主的願景公司是稀鬆平常的事，再者他們還不是照樣擁有跟隨多年的老臣員工。

願景公司篩選與公司核心意識形態相契合的員工，也唯有能認同公司核心信念，並且轉化成近乎宗教般熱誠的員工，才能熱衷地付出，昇華工作壓力成激情動力，平衡職場身心疲倦。

員工是企業的貴重財富

企業的核心是人，企業活動即是整體員工活動的總表現。員工與企業之間的關係是互相依存，互相成就。

一個人離開了學校，進入企業之後終其一生都在職場中，所以職場變成延續學校教育的全人養成場所。理想的企業體也是終生學習的場所，可以幫助員工去惡存善，發揮人性價值。

《楞嚴經卷五》釋迦牟尼佛問周遭的菩薩阿羅漢們，他們在佛陀身邊學法修行，是怎樣成就的？周利磐特迦起身向佛頂禮說：「我生性魯鈍，記憶力差。佛陀教我誦持伽陀二字，練習了一百天，念了伽字，卻忘了陀字，念了陀字，又忘了伽字。佛陀可憐我實在是太笨了，教我坐禪，把注意力繫念在呼吸上。後來我感受到出入息的細微，無窮盡的生滅，一切都是在剎那間生，剎那間滅，心地豁然開悟，修成大阿羅漢。」

佛陀有十種稱號，其中一個稱呼是「天人師」，周利磐特迦資質有夠差，經過一百天的練習，連「伽陀」兩個字都兜不起來。但是佛陀並沒有放棄他，改用另外一種方法教育他，終於讓他修證成大阿羅漢了。凡是找上門來，都有因緣性，不管眾生資質的優劣，佛門修行珍視這個因緣，普渡眾生。「作之師，作之父」企業主就像師父一樣調教自己的因緣員工。

福特的適才適用

美國汽車大王亨利．福特出身農家子弟，親身感受農事的勞苦，從小就立志，要發明機械減輕農場上的人力負擔。他是世界上第一位成功地將生產裝配線概念應用在汽車生產，進而促使美國汽車普及化，提升美國人行動力。

有一天，一個面相凶惡的陌生人來找福特應徵工作。

福特問：「你過去做過什麼？」

陌生人：「我搶劫過，坐過五、六次牢，現在想走正道。請你給我一份工作吧！你也不歡迎有前科的人嗎？」

福特說：「你真想工作？」

陌生人：「是的，但是一談起我的過去，大家都會猶豫起來。」

福特說：「如果我也拒絕呢？」

「那樣子我也沒有辦法，只好回去幹老本行，畢竟我也要想辦法養家啊！」他一面從懷裡抽出一把折刀把玩，一面說。

福特說：「你不要急，明早過來吧！」

第二天那個前科犯來了，馬上被分派工作。後來他成了一位優良的技工。

福特用人的標準：只要有勤奮工作的決心和認真努力的態度就好了，不計較一個人過去的經歷。他曾經說：「如果讓我來做，我要把監獄裡釋放出來的人全部接過來，使他們都能夠成為有用的人。」學歷高低更不是福特公司的重要選項，他們也不排斥老年和身體殘障的員工。一九二三年福特工廠的身障人士有九千五百六十三人。

事實證明，這些殘障者經過能力審查，分發到適當的工作單位，每個人都能克盡職守，與健康人一樣的工作效率，甚至還要出色。有一位雙目失明的員工，擔任計算螺絲釘的職務，效率是一般員工的兩倍。因為眼睛看得見的人做這種工作，很容易分心；失明的人反而能更專心（註三）。

提升員工待遇

一九一四年新年的早晨，亨利福特召集董事會商討增加員工薪水。董事們都懷疑他們是否聽錯了，因為福特的平均薪資已高出其他工廠兩、三成。拗不過福特，董事們只好湊和湊和，從兩角五分到五角，再到一元，最後福特定調為二元五角。這個調整使得薪資增加一倍，福特認為從公司利潤提撥一千萬美金給員工作報酬是合理的。

總經理碰巧沒有出席這次調薪會議，第二天聽到每日最低工資調到四．八元美元的消息時，氣得臉色發白衝向董事長辦公室。

總經理怒問：「董事長，您究竟是怎麼回事，如果要這樣做的話，還不如將最低薪資提高到五元，這樣早點將公司拖垮算了！」

沒想到福特一聽，拍著桌子：「好，就一天最低由五美金開始起吧！」

一月五日福特汽車宣布：「本公司實現五元美金工作日，任何員工不論年紀，不分工種都能領到。」

一月六日凌晨二點起，上萬名求職者聚集在工廠門外。連續幾天雖然冰天雪地，求職者來自全國各地，蜂擁而來的人群與警衛經常發生衝突。

福特的五元美金薪資運動帶給其他企業家很大的困擾，他們紛紛舉辦各種活動，通過各種管道攻擊福特。「走著瞧吧！五元美金工作日很快地會讓福特公司破產！」

然而，大亨們的預言破滅了。全國優秀勞工紛紛走進福特工廠，進場的人只有兩條路可以選擇：不是無條件服從，拚命跟上傳送帶的轉速以賺取那五元美金的高額薪資，就是被淘汰，由等在大門口的求職者取代。高額薪資反而降低生產成本，提升工作效率。

惠普公司長年以來，就透過一些實質作法，展現對員工的尊重。四〇年代它仍然是一個小公司時，建立「生產獎金」的分紅計畫，給警衛與執行長的成數一樣，並且實施員工急難醫療保險計畫。五〇年代股票上市後，任職六個月以上的員工都獲得配股，員工還可以認購股權，由公司負責補貼二五%。為了降低裁員的機率，即使政府合約可能有利潤，如果會導致忽而僱人、忽而解雇的情況，惠普還是會放棄。

遇到不景氣時，惠普要求員工隔週星期五休假，減薪一〇%而不是實施一〇%裁員。惠普是美國企業中最早讓所有員工選擇彈性工作時間、最先推動大規模員工調查、評估和追蹤員工問題的公司之一，讓員工不滿可以直達天聽而不受到報復。

為了促進溝通和融洽，淡化階級差異，惠普開放辦公室，任何階層的經理都不能擁有有門的私人辦公室，在五〇年代，這是走在時代的尖端。有位員工說：「很多次組織工會的嘗試都失敗了，在一家員工覺得自己和經營階層密不可分，在經營階層邀請寒風中的罷工糾察員進來享受咖啡時間、饗以熱咖啡和甜圈圈的公司裡，工會能有什麼作為？」

安得廣廈千萬間

秦瓊字叔寶，名列唐朝開國凌煙閣二十四功勳。他勇猛過人，曾經是隋朝一個不得意的小軍官。投靠唐太宗李世民之前，因病落難潞州，窮到連飯錢也付不出來，不但典押了隨身兵器黃金雙鐧，連自己的坐騎黃驃馬也得出售以籌盤纏。一位武將沒有兵器和坐馬，那簡直是英雄無用武之地了。

杜甫號稱詩聖，但是人生際遇一直不太順遂。年老的杜甫在親友的協助下，好不容易在成都浣花溪邊蓋了一座茅屋，終於有了個安身立命之處。哪裡知道八月的一陣怪異秋風吹垮了他的茅屋，冰涼的雨水冷麻了雙腳，徹夜難眠，心境淒涼，感慨萬千之餘，寫下一首千古名篇〈茅屋為秋風所破歌〉，其中名句「安得廣廈千萬間，大庇天下寒士俱歡顏」，頗耐人傳頌。只是尖酸刻薄者，譏其乞丐發大願。

有能力能夠蓋得起廣廈，收納流離失所的賢士者，必有其回報。

二次大戰結束時，一向做美國國防部生意的公司都開始緊張。一九四六年的ＨＰ

銷售額從前一年的一百五十萬美元降到大約只剩一半。首先他們無可奈何地裁減近二十%員工，並發誓不再過度依賴起伏過大的政府合約業務。痛定思痛之後，他們反向操作，採取堪稱眼光遠大的行動。當時所有靠國防合約的機構都面臨艱困的日子。他們利用這個機會到戰時政府資助的研究機構中，禮聘傑出的科學家和工程師並挽留手下最優秀的人才，以免造成後續長期人才荒的傷害。普克解釋：「因為我們相信這是爭取一些優秀技術人才的好時機。」

惠烈和普克無法預知戰後的商業環境，對於引進這些人才是否能為公司帶來利益，這是一場豪賭。事實是HP在戰後痛苦的調整中奮力掙扎，一直到一九五〇年才重新開始迅速成長。但是一九四六年的決定，使得HP在往後的二十年間豐收，公司的工程人員推出許多創新和獲利良好的新產品。

二〇〇一年網路經濟泡沫後的美國，有不少的網路公司陸續倒閉或大舉裁員，技術人員與工程師灌飽了就業市場。微軟公司Microsoft卻在此時擴大徵才逾千名研發工程師，微軟藉此動作讓員工安心工作，並以便宜的代價收羅市場上的優秀人才，此舉讓後來的微軟開發優良產品出來，並提升公司獲利。

君親師的典範

師徒間的感情交流如是，弘忍為傳法的心子帶路下山，並親自搖槳舟渡徒弟慧能。集君師、父師和業師等三師於一身的弘忍，欣慰「教外別傳」的正法有了薪火傳承，就很自然地拿起船槳，此時可真是「言語道斷，心行路絕」純情流露。徒敬師，師愛徒，師徒關係不是建立在威權的上下從屬，而是在共享宇宙光明真理的基礎上。

企業人事制度上當然有上下尊卑的區分，這樣生硬的制度區分是組織分化中無可避免的。但是要迴避上下對立的敵對狀態，只有以柔性的交感作用來消融僵硬的制度對立，促成上下一心的堅固企業兵團。

老子：「江海所以能為百谷之王者。以其善下之，故能為百谷王。」大海能夠匯集百川河流，因為它的地勢比每條河流都還要低。願景企業之所以成為業界的標竿，因為他們的領導思維往往以服務代替指導。

民吾同胞

有一天，福特公司的人事主管收到工廠一份報告說，有一名七十多歲視力很差的黑人員工，因為家庭經濟條件困難，所以堅持要繼續工作。這個情況很危險，公司可否發給他退休金，讓他回家休息。

人事主管派人實地瞭解。調查結果，老人家的視力已經嚴重退化。

主管問：「他的家庭狀況怎麼樣？」

屬下答：「他的太太還可以工作，且說若有機會，她很想工作。他們的住家還有幾間空房。另外她有一個孩子在別地方工作，週薪二十五元美金。」

主管說：「那可好，我有辦法解決。」

福特決定，叫那孩子到福特工廠上班，日薪六元美金，條件是必須奉養年老的雙親。福特並吩咐代為尋找適合的房客，租老黑人的空房間。

他太太可以幫忙洗衣服的工作，老黑人則在他家附近充當管理員，工作比較輕鬆。如此一來，老黑人一家人都有工作了，而且家庭收入增加兩倍以上（註四）。

難以想像老福特的汽車公司究竟是營利公司還是慈善團體，這簡直是現代版的聖誕老公公。

亨利．福特不是只有口惠要關心員工，他並且落實「希望企業裡每個員工的家庭都是幸福」的宣言。

戰國時期，吳起善於用兵。魏文侯啟用他守住魏國西邊的門戶要塞西河，以抵抗秦國的入侵。吳起是如何地善於用兵呢？

吳起做將軍卻沒有什麼架子，他的衣著飲食和一般士兵沒有兩樣，經常和最低層的士卒們融混在一起。軍旅中睡覺時，不特別設置臥席，毛毯一裹就能睡了。行軍時用走路也不騎馬，和士兵一起扛著糧草堆放。一生戎馬，和部屬同甘共苦。

有一個士兵受傷了，傷口流膿化血。吳起看到了，眉頭也沒皺一下，彎下腰來，就幫這個士兵把膿血吸出來吐掉。士兵的母親聽到這樣的消息，卻放聲大哭。旁邊的人聽了，嘟著嘴巴說：「你兒子只是一個兵而已，有將軍替他吸膿治傷，你還有什麼好哭的呢？」

這位媽媽哭著說：「不是這樣子啦！以前吳將軍也是替兒子的爹吸膿治傷，不久發生戰爭，他爹爹死在敵人陣前；今天將軍又替兒子吸膿血，我不知道兒子哪一天，也會拚命效死，我快要無夫無子孤寡一生，所以悲從心來而哭了。」

老惠普的風範

從普克、惠烈到約翰・楊執行長的這一段惠普風範時光，一直為惠普員工們所津津樂道。

長期擔任惠普實驗室總經理的巴尼・奧利佛說：**「我一九五二年初加入惠普時，立刻就明白，四百位公司員工熱誠和忠心地擁護公司，幾乎已經到了罕見的地步。正如一位員工所說的，我有個感覺，就是惠烈和普克替我工作，而不是我替他工作。讓人驚奇的是，惠普成長後，這種精神依然存在。在一家超過一萬七千人的公司裡，要找到這種精神很不尋常。**

但是在惠普不會讓人驚訝，因為更深一層來看，早年那種情形是管理方面的一種教育過程。早年的員工大多數成為惠烈和普克的人格和哲學的延伸，他們接掌直線領導、督察和事業處首腦後，都善用這些哲學和技術。我們都相信這些哲學並且付諸實施行，這些東西是我們生活方式的一部分。」

一九七三年時，惠普公司的核子放射測定儀的全球業務營收，有三分之二來自台灣。惠烈發現這項產品的利潤已經不符合本益比了，希望結束這項產品，把研發與維修人力轉往其他項目。惠烈請台灣負責這項業務的（劉力學Pierre Loisel）（見第五章職業是一種修行：應無所住而生其心）前往美國商討這件事情。惠烈徵詢劉力學的意見，劉力學當然不反對結束這項產品。

劉力學問：「但是這樣一來，台灣客戶的後續服務怎麼解決？」

惠烈說：「這個我早已經想過了。我們介紹Nuclear Chicago公司給台灣，讓它接續我們的服務。」

劉力學問：「這家公司的技術水準如何？再者他們願意做這個小市場嗎？」

惠烈說：「Nuclear Chicago的技術絕對是一流的，沒問題。我會親自打電話給他們，協調促成這件事情。」

後來惠普公司成功地把這項業務轉給Nuclear Chicago，沒有讓後續服務開天窗。惠普先生是老董，他大可不必問劉力學意見如何，就直接做決定。但他還是以尊重部屬的態度來處理這件事情。並以負責任的態度，居中協調新的公司來延續他們所中斷的服務。惠普成功地抽身而退，Nuclear Chicago獲得新的訂單，台灣也繼續享有高品質的服務。三方都贏，這就是HP Way，「惠普風範」。

鞠躬盡瘁

唐朝百丈懷海禪師年紀老大了，仍然每天出坡做勞務。而且勞務工作時，經常是一馬當先，率前眾人。主掌勞務分配的庫頭和尚不捨老禪師一大把年紀還這麼辛苦，便偷偷把他的工具收藏起來，不讓他操勞了。

百丈禪師說：「我無德無能，怎好讓人來服務呢！」四處找不到打掃工具，當天就沒有吃飯。直到入滅之前，百丈禪師都堅持這個原則，「一日不做，一日不食。」的佳話不脛而走，流傳四方。

華特．迪士尼一直到死前，在醫院裡心思仍然都圍繞在開發佛羅里達州迪士尼樂園的事情。不僅他如此，威名百貨的威頓在生命的最後幾天，還是和來醫院探望他的當地商店經理討論當週的銷售數字。Marriott先生也是一樣，他的座右銘是「不斷地保持建設性，做有建設性的事情，一直到死為止。讓每天都過得有價值，直到盡頭。」

願景企業家們絕非是天生勞碌命或工作狂熱者。深層生命中的動量，驅動著他們說不上來的行健自強。

生命的緣起——真如自性，持續不斷地自主自由地運動，她們與真如自性同步運動，樂在其中，喜在其中。

永續經營——健康的利潤思維

當年達摩祖師密付法衣給二祖慧可禪師時說：「至吾滅後二百年，衣止不傳，法周沙界。明道者多，行道者少；說理者多，通理者少。潛符密證，千萬有餘，汝當闡揚，勿輕未悟，一念回機，便同本德。」

達摩祖師已經預見未來世界，說禪的人多，但是卻未通達禪心。五代初期的禪月貫休禪師有詩：「禪客相逢祇彈指，此心能有幾人知？」禪到了唐末五代初期，雖然禪風鼎盛，卻已經淪為「口頭禪」時代。禪客一見面，便是道一偈來，否則便是話不投機半句多。

再者，話說五祖弘忍禪師送走慧能南下，回到黃梅山。大眾了知正法衣鉢已經交付給六祖慧能，就有一群人立刻起身南下，想要搶回衣鉢。究竟是為了真理而修禪，還是為了信物衣鉢而修禪。

「無關因果方為善，不計科名始讀書」行善的目的是等著那回來的善報，讀聖賢書為的是鯉躍龍門一生榮華富貴嗎？

同樣的，經營企業的目的又是什麼呢？賺大錢！好像願景企業家們並不完全如此。《基業長青》一書所調查的願景企業公司核心意識中，通常「擴大利潤」並不是第一名的選項。利潤是生存的必要條件，也是達成更重要目的的手段，但是它不是企業的目的，它像是人體存活所需要的食物、空氣和水一樣，卻不是生命的目的。威名百貨創辦人山姆・威頓說：「從頭到尾，我注重的是盡我們的心力，建立最完美的零售公司；創造龐大的個人財富從來都不是我的特定目標。」

老福特的堅持

汽車大王亨利・福特說：「我的人生信條是，只有以服務至上為原則的企業才是成功的企業。」

一九一六年福特汽車因為T型車大賣獲利極高，公司盈餘高達一・一二億美元。福特決定花錢在擴大產量上，卻引起持股一〇%的第二大股東道奇兄弟不滿，道奇兄弟認為企業盈餘應先分配給股東，當時持股達八〇%的亨利福特卻把它們分配給公司員工和購買福特汽車的消費者。道奇兄弟因此告上法院，福特接了傳票，審判案揭幕了。

道奇的律師問：「你的公司現在年產五十萬輛以上的汽車，你是否已經感到滿足？」

福特回答：「不！消費者的需要還沒有滿足，社會上有更多人需要汽車。」

「你的汽車十分便宜，你認為汽車的價格，如果超過生產成本的一倍，有什麼問題嗎？」

「沒有問題，但那是不正當的經營方法。」

「為什麼？企業家從事生產來賺錢，難道是不正當的經營方法。」

「是的，企業家是應該透過生產來賺錢，但是不能夠賺太多的錢。」

「你的意思是說低成本生產，高價賣出，這樣做對不起良心嗎？」

「這不只是良心的問題，給員工較高的薪資，使顧客能夠買到物美價廉的汽車，使它能夠滿足社會的需要，這是企業家的責任。」

「可是創辦公司的目的難道不是為了賺錢嗎？」

「成立公司的目的當然是賺錢，不然這樣的公司根本不能維持下去。但是專門以賺錢為主的事業，是無法永續經營的，事業要服務社會，只有紮根於社會的需要，企業才能長久興盛。」

「這麼說，你是為了服務社會而開始事業的嗎？但是公司的股東可不是為了服務社會而投資的，他們的目的是要從公司的收入中分得利潤。」

「股東當然要分得利潤，我也分給他們了。」

「是的，但是你分得太少了，你把大多數應該分給股東的利潤都分給公司員工和消費者了。」

福特生氣地說：「難道我在剝奪股東的利益？可是我就是公司最大的股東，我認為為公眾與員工服務，才是能夠促進事業繁榮的方式。」

律師把話題轉移到煉鋼廠上了。

最後的結果是一九一九年密西根州最高法院判決道奇兄弟勝訴，判決指出企業設立的目的在為股東謀利，企業董事也不可改變這項基本目的。福特擁有最大的股權，他還是最大受益者（註五）。

惠普的前三代

一九六〇年電子革命把惠普公司的業務推向爆炸性的成長，但是領導者清楚地釐清公司營運方向。三月八日一場經理人訓練營，普克的開場演講：「**我首先想探討一家公司存在的原因，我們為什麼會在一起？我想很多人誤以為公司存在的目的是為了賺錢，這一點其實是一家公司存在的重要結果，我們必須進一步深入去探討我們存在的真正原因。**

結論：一群人結合在一起，以我們稱之為公司的機構存在，以便能夠合力完成一己之力無法做到的事情——貢獻社會。這個名詞聽來平凡，卻是根本因素……你隨處都可以看到有人只對金錢有興趣，對其他一切事情都沒有興趣。

但是，根本動力大部分來自能在其他方面做出成就的意願，例如製造一種產品，提供一種服務，就是做一些有價值的事情。所以，我們把這一點記在心裡，來探討惠普公司存在的原因。我們存在的真正原因，是我們要提供一些獨一無二能做出貢獻的東西。」

七〇年代企業管理界非常流行「學習曲線／市場佔有率」的策略理論。這個理論主張，市場占有率提高會降低成本，最後帶來更高的利潤。

著名的顧問公司、一流商學院都在宣揚這樣的論調，成千上萬的企業人奉行不渝。很多經理人根據這個理論運作，實施產品降價以爭奪市場占有率。惠普卻堅持自己的立場：「如果一種產品沒有好到足以在第一年就賺到優異的毛利，就不是具有重大技術貢獻的產品，因此惠普就不應該製造。」

一九七四年時普克跟他的經理人說：「如果我聽到任何人談到他們的占有率有多大，或是他們正在為提高市場占有率做哪方面的努力，我要在他們的人事檔案裡記上一個黑點。」

普克與惠烈把這樣的觀點制度化，並傳承給約翰·楊（一九七六到九二年的執行長）。他接受《基業長青》的製作群訪問時說：「**盡量增加股東的財富一直是我們放在很下層的目標。沒錯，利潤是我們所作所為的基礎——是衡量我們貢獻有多大的指標，也是自立支援公司成長的手段——但它本身一向都不是重點。事實上，重點是求取勝利，勝利與否要由顧客的眼睛來判斷，由你是否做了一些能夠自傲的事情來判斷。這當中有邏輯上的對稱性，如果對真正的顧客提供真正的滿意，我們就會獲利。**」

一九九二年以前的惠普一直為人津津樂道，惠普人傳頌著普克、惠烈和楊的故事，很可惜的是，後來的人偏離了核心價值信念。

願景企業的體與相

第一章宇宙的三個基本原理裡頭，我們談過體相用，這裡回眸再探一回「體相用」。

有位塾師出了個題目「春」，要童生們寫寫作文。要是您，會怎麼寫呢？

「梅花開時，黃鶯兒在樹上啼叫，春天的腳步到了。」

「披上棉襖往外走，驀然瞥見母鴨帶著小鴨們出來戲水，喔！春江水暖鴨先知，是春天時節了。」

「陽台上的盆栽抽出幾隻孤庭花，縱然是鐵窗，也鎖不住春天。」

「十幾年前負氣離家時曾經誇口：『事若不成誓不還。』除夕的團圓夜，他捱不住長久以來的思親，雖然事業沒有成就，只要能偷偷在窗口上看上一眼也好。

臨近家門了，遠遠望見昏黃燈光中一個佝僂銀髮老嫗的身影，拄著拐杖望向遠方的路端。他終於按耐不住，衝向前去，抱住母親，痛快地大哭一場。溫馨的親情——

春。」

「春」這個題目本身即是「體」；學生們描述春的文句都適合做為春的註腳，也就是春的相。春的體由很多不同春的相來呈現。王安石有詩：「春風又綠江南岸。」怎麼知道春天來了？因為看到樹梢兒吐出新綠，岸邊柳樹披上一層綠色薄紗，所以意識到春天到了，是春風才會吹綠了岸邊景色。

「春風不度玉門關」，玉門關外一片黃沙，沒有樹木，沒有綠意；即使中原內地已經十分春天，關外還是沒有春天，因為沒有春的相——綠意；既然沒有春的相，必然沒有春的體，所以玉門關外沒有春天。民國以後，廈門詩社有句，十分寫意：「踏上鼓浪嶼上望，山山無樹不知春。」鼓浪嶼海面，有不少突出的岩礁，上頭沒有辦法長出樹來。踏在嶼頭上，四下瞭望，就好像一群沒有春天的光禿禿的荒山，縱使廈門市區已經是春花綻放，但是鼓浪嶼還是沒有春天。由體顯相，每一個相寓含著有它的體；相須明體，沒有綠樹的相就無法指喻春體。

願景企業經營也含攝體相用。企業的核心意識即是企業的體，它所實施的作為即是呈現體的相，這些作為必須真正能展現它的核心意識。

譬如，惠普揭櫫「尊重和關心個別員工」，尊重員工是惠普的「體」，他們怎麼實踐這個體呢？每天上午十點送水果和甜甜圈給所有員工、暢通申述管道而且保證不受迫害、經理人不可以有門的辦公室、員工配股分紅等等的作法，幾多的作法都是落實「尊重和關心個別員工」的相。一個體表現出很多的相，核心意識的體不會隨著時間改變，而實踐核心意識的做法——相，可能隨著變化萬千的環境需要而做相對應的改變措施。

波音公司矢志「領導航太工業，永為先驅」，一系列的七〇七、七一七、七二七、七三七、七四七到現在的七八七，都是在實踐核心意識的相，隨著時代需求的更迭變化，他們一直展現不一樣的相，向前邁進。

迪士尼公司堅持「以我們的想像力，帶給千百萬人快樂」，從卡通短片到長篇完整的白雪公主電影。七十五年前的白雪公主是空前的一大創舉，在此之前卡通影片僅是十分鐘左右的笑鬧短片，它是英語世界的第一步劇情卡通長片，效果一直影響至今。迪士尼更進步到卡通與真人合作的電影，近來則進化到運用電腦動畫製作《玩具總動員》、《綠巨人浩克》、《神鬼奇航》等電影，可以想像未來還會有創新娛樂出現。不僅電影，他們還有迪士尼樂園讓人快樂忘憂。一個個進化的電影的相，都在呈現它們的願景「帶給千百萬人快樂的體」。

吉姆．諾斯壯有一次應邀到史丹福大學商學院演講，有人問他，如果一位顧客拿著顯然穿過的衣服來退，諾斯壯的店員應該會怎麼處理。他回答：「**我不知道，這是真話。但是我有高度的信心，知道事情會以顧客覺得受到禮遇和良好服務的方式處理，衣服是否收回要看特定的狀況而定。我們希望給每一個店員充分的自由，自己考慮該怎麼做。我們把員工當作銷售專家，他們不需要規定，他們需要基本的指導方針，但是不需要規定。在諾斯壯裡，只要你遵守我們的基本價值觀和標準，為了把工作做好，你可以做你要做的任何事情。**」

諾斯壯的指導方針，就是他們的核心意識「以客為尊」的服務，也是企業的體，如何呈現這個體的相，那就是自由心證，由每個員工臨場發揮：一位諾家幫替一位當天下午要開會的顧客燙熨新買的襯衫；有一位員工幫忙一個顧客把他在別的百貨公司買的東西做好禮品包裝；有個諾家幫在冬天，在顧客快買好東西時，幫顧客先去熱車；一位諾家幫在最後一刻，把宴會服送到心急如焚的女主人手裡；甚至一位諾家幫退還一組輪胎防滑鍊的錢給顧客，事實上諾斯壯並不賣輪胎防滑鍊。

諾斯壯公司只要員工時時刻刻惦記著公司的基本價值信念，至於如何呈現「顧客第一」的體，就屬於員工自由創作的範疇。諾家幫們個個使出渾身解數，展現溫馨優質的多樣化的服務相。

《呂氏春秋．長見》：周武王伐紂之後，封姜太公於齊，周公於魯。太公與周公兩人關係要好，有一天，碰面互相詢問治國方針。

太公說：「尊重賢智，崇尚功業。」

周公說：「講求倫理，尊崇禮制。」

太公說：「魯國將會越來越衰落。」

周公說：「魯國雖然會越見衰落；未來擁有齊國的，必然不姓姜。」

此後的發展，齊國日益壯大，到第二十四世，權臣田成子篡位改姜齊成田齊；而魯國代代衰弱被鄰國欺凌，延續三十四世而亡國。

周武王平定天下，姜太公以奇計謀略貢獻良多，自然他的中心意識都建立在崇尚功績。周公制禮作樂，講求倫理制度，當然相信人己親疏的封建制度。不同的核心意識，長時間下來，一定發展成不一樣的結果。齊國果然被朝中重臣篡奪，而魯國國勢日漸衰頹。什麼樣的治國思想，顯現什麼樣的國力狀態。什麼體就現出什麼相，體與相的關係如此。

願景企業發願怎麼樣的意識「體」，很自然地發展出相對應的企業「相」，而成就貢獻眾生，永續生存的功「用」。

禪從印度釋迦牟尼佛「拈花微笑」傳給大迦葉尊者，輾轉傳至菩提達摩祖師，渡海來中土，以心證心，歷經二祖至六祖，一花開五葉，禪風大開，延續至今天二十一世紀。歷代祖師能行難行，能忍難忍，為法忘軀，延續諸佛慧命，福國淑世，造化世人。為什麼他們能享受犧牲，犧牲享受？身心感受宇宙真理，浸潤在法喜禪悅之中，渡他自渡，煩惱菩提。

百年願景企業，縱使曾經起起落落，甚至迷思過，總能回歸本性價值信念，經歷時間的淬鍊而永續經營。就像我們養育子女，你希望下一代錦衣玉食還是能服務社會，你就會設計如何教育你的子女。願景企業家希望如何永續經營企業，就會如同禪師一樣，任運總持，續佛慧命。禪的傳承與企業永續經營是一致的。

歸結地來說，如何建立一家永續經營的願景企業？或許用負面表列的方式，更能傳神地表達。以下的心態，是不可能建立一個永續經營的願景公司。

創立一家公司快速壯大，賺很多錢，再賣掉公司，獲利退休。

沒有進步的動力，沒有無休止的改善計畫，安於既有的光榮。

沒有價值觀導向，以賺錢為第一要務。

你的任內，公司強大，離開之後的十年內，公司衰退了。

註一　本章描述願景企業的資料，大量引用自：《基業長青》；James Collins & Jerry Porras◎著，真如◎譯，智庫文化出版，三版，二〇〇二年。

註二　時間地圖；第一八二頁。Robert Levine 著，馮克芸、黃芳田、陳玲瓏◎譯，一九九七年，台灣商務印書館。

註三　福特：馳騁百年的夢想；第一一三至一一八頁，新加坡華新世紀企業管理研究院◎編著，二〇〇五年，亞鉞出版。

註四　同上書；第一二七頁。

註五　同上書；第一七五頁。

第五章

職業是一種修行

夏天到了，即使有紗窗隔離，家裡面難免會有一、兩隻蒼蠅跑進來。進來容易，出去可就不是那麼簡單了。你我可能都觀察過，蒼蠅一直在玻璃窗或紗窗前鑽營打轉，就是出不去。好一會兒，突然碰巧撞上一個缺口，飛快地噴飛脫出。

北宋時代的白雲守端禪師也看過這一幕，他說了一偈：

「蠅愛尋光紙上鑽，不能透處幾多難；忽然撞著來時路，始覺平生被眼瞞。」

白雲禪師的禪偈當然不是說給蒼蠅聽的，他是為啟發眾生有感而發的。什麼是人生的來時路呢？如果知道人是怎麼來的，就可以知道怎麼回去，所以「一來一復，謂之佛法。」

王陽明的致良知哲學說：「無善無惡心之體，有善有惡意之動；知善知惡是良知，存善去惡是格物。」心的本體即是人的本體，也就是眾生與佛陀都共同具有的佛性。無形無相的佛性一具形顯現有形相的人體後，動心起念即有善惡分別。如果世界只有一個人而已，無論這個人怎麼做都不會影響周遭。但是這個世界不會只有一個人而已，因此每個人的行為一定會影響到別人。聖人立教，即在於教導眾人學習分別善惡。雖然智慧瞭解善惡分別是後天學習得來的，但那仍然是根源於清淨本體的良知良能。日用平常的擔水砍柴，處世交際的灑掃應對也都能奉行善法，遠離惡法，自然而然人生會光明磊落，回歸自然清淨。

白居易駐任杭州太守時聽聞鳥窠道林禪師的盛名，便去參訪他。

白：「禪師，您住得那麼高，太危險啊！」

師：「太守，您的處境比我更危險。」

白：「我是堂堂太守，出入護衛，有什麼危險？」

師：「政壇險惡，多少人覬覦你的官位，這還不危險嗎？」

白：「什麼是佛法大意？」

師：「諸惡莫作，眾善奉行。」

白：「這個嘛！連三歲孩童也說得出來。」

師：「三歲孩童雖道得，八十老人行不得。」

道林禪師在樹上搭建草廬安禪修行，消息傳開之後，市井間紛紛稱他為鳥窠禪師。居易先生參訪禪師，本來還寄望聽到高深的佛理，沒有想到禪師僅是輕描淡寫地要他「諸惡莫做，眾善奉行。」這句簡單的人生修練口訣，乍聽起來好像再簡單不過了，其實執行起來可是困難重重。單就「不可以說謊話」這麼簡單的一件事情，幼稚園的老師都教過，但是人的一生下來，違反過多少次呢！如果仙子跟小木偶皮諾袰說的會成真的話，大概這世界上每一個人的鼻子都變得很長了。

我們從哇哇落地之後，一直為父母所細心呵護著，長大成人之後，就必須進入職場工作，賺取生活資糧延續自己的生存。所以職場工作是延續自我生存的必要手段。小至細菌，大至老虎、獅子，都會畫定自己的生存領域，為了確保自己的生存，牠們不允許外物侵入牠們的狩獵範圍。要在職場上勝出，確保自己的生存，人類也不例外，常常把職場當成生存競技場。但我們的職業工作難道一定要定調在殺戮競爭中嗎？如果把生命的「一來一復」列入考慮，獲得生存資糧的職業工作也可以是一種既利他又利己的「諸惡莫做，眾善奉行」的修行。

創業惟艱

二〇一二年十月，yes123求職網針對二十歲以上的民眾，進行一項「上班族創業調查」。調查方式以網路進行，結果顯示：

高達九〇．八％的民眾曾經想過要創業，之中以未正式進入職場的學生族比例最高，占二五．九%；其次是畢業後約工作一至二年左右的職場「菜鳥」，為一三．一%；而累積一定人脈與社會經驗，工作經驗超過十年以上的資深「老鳥」僅一一．七%；創業意願有年輕化的傾向。

創業的行業選擇上，餐飲業獲得最多人的青睞（二五．二%），資本額較小的咖啡茶飲居次（一一．七%），資訊3C（八．六%）及服裝配件（八%）以不到的差距一%，分居第三、第四。

在這九成曾有意願創業的族群中，僅有一八%實際付諸行動，而其中的二四．一%目前仍在經營，已經收掉的比例則達七五．九%。探討創業失敗的原因：財務能力不足是最大的主因佔五六．二%；其次是發現創業後，無法賺大錢佔四四．五%；當了老闆依舊難以致富，獲利不如預期，自覺瞎忙一場下決定收攤，開店以後缺乏客源占四二．五%；辦公室或店面租金太高則有四〇．七%。

不僅僅是這項調查而已，近十年來相關單位所做的調查都顯示出雷同的結果：八、九成的上班族曾經想要創業。基本上創業的業種也如同上項的調查，它們都有一個共通的特點，那就是技術與資金要求比較低門檻的業種。

這幾項調查同樣地揭示創業失敗的原因不外上述的幾條歸納。如果失敗的因素僅僅是如同上面所說的，為什麼大家沒有記取這些前人的教訓，而迂迴前進獲取成功呢？

二〇〇八年底，台灣高科技業受到國際金融風暴的影響，紛紛放起無薪假。不久之後，我們就感受到，住家附近的街頭巷尾多出幾家新開張的小吃店。短的話，一年內不是易主就是關門收攤，長的話撐過兩、三年就已經算是很好了。

創業應該是怎麼樣呢？

馬祖道一禪師師事南嶽懷讓禪師，同修六人，只有他得到懷讓禪師心傳。道一禪師後來到江西弘法開化一方。

有一天，懷讓禪師上堂，問大家：「道一公開說法了沒？」

眾人回答：「已經說法了。」

懷讓說：「說得怎麼樣，怎麼沒遇見一個人捎個消息回來呢？」

大眾裡沒有人答腔。

禪師遂派一人去江西打探打探，並告訴使者：「等他上堂說法時，出列問他做什麼活計，詳細把他的回答記回來。」

侍者去了一趟江西，一五一十地如懷讓的意思作了，回來報告：「道一師父說——自從胡亂以來，三十年沒有少過柴米油鹽。」懷讓禪師聽了，點頭默許。

南宋朝的大慧宗杲禪師有一天上法堂問起眾僧人：「馬祖禪師的『自從胡亂後，三十年不曾少鹽醬』的公案，講的是什麼？」

有一位和尚回答：「每一家口收入不一樣，反正量入為出，總能過日子吧！」

大慧禪師說：「你說得很好，可惜還是不通。」

和尚還想辯駁，大慧禪師吆喝一聲，把他攆出去了。

馬祖道一禪師在南嶽懷讓禪師處參學，發明心地後離開師門，到江西去開化眾生。時間正當是安祿山與史思明作亂的時代，安史之亂逼得唐玄宗皇帝避難離開京城，舉國動盪，民生凋敝。

佛陀立下的規矩，出家人不可以耕種營生，必須專心修道，弘法利生，至於生存衣食則完全依靠眾生的布施供養。兵荒馬亂的時局，一般平民百姓的生存已經都很困難了，怎麼還會有餘糧供養布施給出家人呢？但是馬祖禪師在這三十年來的亂世中，並沒有缺過柴米油鹽，可見一直有人供養他。若非馬祖禪師的道行成就足堪破人迷津，引導慈航眾生，怎麼有人會親近供養他！

南宋時期的臨濟宗巨擘大慧宗杲禪師知道住持一家佛寺，要承擔起養活常住僧眾，他深諳個中三昧，看得透這段公案。創業成功與失敗的關鍵即在於此。

兩千多年前，孟子原本計畫說服魏惠王施行仁義經營國家，沒有想到一見面，魏惠王開門見山就問孟先生，有什麼方法可以速成地利益他的國家。每個人都想自利，這是古往今來共同的現象，但是光想自利，就真的可以自利嗎？這應該是七成五創業人失敗的真正原因吧！

工作的目的

我認識一位D先生，他年紀已經過了六十歲，一個人獨自生活。在一次團體活動中，我領教過他的生活習性。他每天晚上七、八點上床睡覺，凌晨一、兩點醒過來。團體作息中，我們都是晚上十點睡覺，清早四點起床，他的作息習慣跟人家不一樣；我們清醒的時候，他呼呼打鼾，我們還在睡覺，他起床時吱吱嘎嘎，準備早餐動作也不小。更甚者，D先生很不容易溝通，人家跟他反映，他卻很堅持這是他多年的習慣，不可能改變，並且總認為別人是在找碴。

我後來弄清楚整個來龍去脈。D先生出生在一個富裕世家，從小到大不愁吃不愁穿，所以他完全不用出外求職謀生。他也成家過，十幾年前，家人告訴他，這個家沒有他，也不會怎樣。他真的離家出走，自己一個人生活。

從他的身上，我終於看出來，工作的真義是什麼。**我們往往把「獲取報酬」當成職業工作的最主要目的，其實工作是一個追求個人成長與幸福人生的重要過程。**D先生家庭富裕，不用工作，家庭經濟毫無顧慮，家人的生活資糧根本不需要依賴他，所以整個家庭有他沒他，一點關係也沒有。如果家庭經濟沒有那麼好，一家之主當然必須工作來養家活口，家人對他有所依賴，必然也會容忍他的自以為是的習氣。再者進入職場工作，同事之間難免會有摩擦，最後大家會尋求妥協以解決紛爭；工作環境中培養出這樣的職場素養之後，回到家裡一定可以改變自己行為模式和家人融洽相處。

我觀察到，團體活動中整理環境的任務，D先生總是挑簡單輕鬆的做。完成他自個的任務後，即使還有很多剩餘時間，他從來不會幫助別人。來自一個頗有教養的富裕家族，D先生不會粗言粗語，但總是與別人格格不入。現代的職場上，經常強調團隊合作，D先生一點都不在乎別人，這應該和他未曾工作過有很大的關係。

二〇一〇年一月二十七日韓國《朝鮮日報》報導，三星電子一位李姓副總經理跳樓自殺身亡。二十一世紀以來，韓國三星電子在世界電子產品消費市場上叱咤風雲，這位李副總經理屬於高層管理人員，是三星電子晶片部門的開發專家。

李先生是美國史丹福大學工學博士，韓國晶片製造工程的權威專家，被選入三星集團內部十三人菁英小組。二〇〇九年初之後兩度被調整職位，李夫人向警方供述先生自從調整職位後，經常在外面喝完酒才回家，而他平常卻很少喝酒。

三星集團內部員工競爭異常激烈，但即使是調動職位被釋放到一個閒缺，薪資待遇也不會減少。副總經理的待遇是很高檔的，讓李先生可以家住首爾市的精華——江南區，縱使被調整職位，他仍然享有高薪待遇。但是，他無法解脫，選擇自殺。

從以上兩件事情，我瞭解到，工作一定是要有報酬，但是報酬不應該是工作的唯一目的。報酬是工作過程所產生的結果，工作過程不必然一定產生很好的報酬結果，優良的工作過程才可能產生豐碩的報酬，不好的工作過程也一定無法結出好的報酬成果。報酬可以用來評估我們工作的成果，它屬於幾個評量工作成果因子中的一個，除此之外，專注工作產生的滿足與喜悅，工作成果的幸福與成就感，也應該列入個人評量職業工作的選項。

公共媒體上經常刊載散播的經濟新聞，類似：世界首富排行版、某某公司的股票創新高、某某人的人生第一桶金……等等。語不驚人誓不休，這些消息的推波助瀾，徹底影響我們把人生的價值簡化成財富的多寡，進而影響我們的職業工作觀。其實，不管創業或是選擇就業，我們都應該有一番健康、建設性的職業工作觀。

十有五而志於學

《論語．為政》：「吾十有五而志於學；三十而立；四十而不惑；五十而知天命；六十而耳順；七十而從心所欲不踰矩。」孔夫子臨近人生的終點時，回顧他的一生，以年齡為記數，說出自己的心路歷程上幾個里程碑。

小學的時候，上作文課，老師出個題目「我的志願」或「我長大以後要做什麼」。這應該是大家共同的經驗，經常是瞎掰一場，沒有幾個人能夠講得出一番道理出來，規畫出自己的未來。但是孔夫子可不是這麼一回事。

十五歲時，孔子確立自己生命的終極理想：紹學聖賢道理，推廣仁義道德於世間，進化天下眾生超凡入聖。「吾十有五而志於學」，換句話說，十五歲的年齡他已經確定自己的生命價值觀，矢志朝這個方向前進；套句企業界的用語，這樣的年紀，他已經很明顯的建立個人的核心意識。

由《論語．述而》：「德之不修，學之不講，聞義不能徙，不善不能改，是吾憂也。」可以佐證，他一生擔心的是，自己不能進德修業，進而福國淑世。所以約莫國中的階段，他已經立定志向，找到自己一生奉行的理想「志業」。

建立自己的人生價值觀

藉由孔子的例子來看，孔夫子先由確立自己的人生價值觀，從此之後人生的歷練與自我切磋都朝這個方向努力。人生的方向肯定後，他也很容易找到自己想要的夢幻工作，進而利他利己。目標確定，學習動機就很清楚。很不幸的，尤其是現代的社會，大部分的人無法像他那樣，年紀輕輕的，就知道自己將來要做什麼。

北宋朝晏殊的《蝶戀花》：「昨夜西風凋碧樹，獨上高樓，望盡天涯路。」尋找終生的志業是一件很不容易的事情，活像是在濃霧中登上高樓張望四下，卻只見一片茫茫然。大多數人的人生好像是一個漫無目標的旅程，走到哪裡算哪裡。

踏上一個旅程之前，應該先選定旅程的目的地，知道自己要達到什麼樣的效果，然後選擇到達目標的交通工具。人生就像旅遊一樣，應該先確立自己的人生價值觀，才有辦法找到自己最愛的工作，然後才知道要強化自己的專業知識，藉由自己挑選的職業工作實現人生價值理想。只是我們的教育體系通常沒有辦法做到這一點，其實也不用苛責台灣的教育單位，所謂的先進國家同樣有這樣的困擾，他們只是稍微比我們好一些些而已。

選擇一個最愛的職業工作，才能實踐自己的人生價值觀。努力從事最愛的工作的過程中，就會產生滿足與幸福感覺。

選定自己的最愛

找尋自己最愛的工作，實在是一個很不容易的事情，尤其是在功利思維濃厚的社會環境下。不僅是家庭阻力，社會主流價值思維也常常會阻礙我們遂行自己的意志。

今年二十八歲的Alex Honnold從十歲大的時候就愛上攀岩運動。他的成名作是獨自爬上美國加利福尼亞州優勝美地國家公園（Yosemit）二千英尺Half Dome西北面的峭壁。太危險了！雖然有人讚賞，也有人批評他的冒險活動。Honnold自己卻說：「我不認為我會永遠攀爬在峭壁上，但是我更不認為只因為太過冒險就會讓我停止攀岩。當我不再喜歡它時，我就會停止攀岩。」到目前他仍然在攀岩，找尋其他的高點。

對大多數人而言，攀岩是頗為危險的運動，但是Alex Honnold卻非常熱衷這樣的冒險。對他而言，攀岩是一種快樂的享受。假如我們可以尋找到一個讓我們愛到發狂的職業工作，如此的熱愛會讓我們突破所有的困難阻礙，創造出豐碩的成果。

投入自己喜愛的職業，可以輕易地心無旁騖專心眼前的工作，只要一專心，經常會有「入流」情況發生，接著也會很有創意。再由這個喜愛的工作產生的功德性影響周遭環境。

這樣的職業工作讓人浸潤在創新的喜悅與利他的幸福感中，自然而然也會有成就感。既然利他，一定可以利己，為自己帶來生活資糧。

世界聞名的台灣舞蹈家林懷民先生現在當然是功成名就，成名前那段煎熬的日子可不好受，但是熱愛舞蹈的情執讓他堅持下來，化解家庭的誤解阻礙，並且修正社會對舞蹈藝術的偏差觀念。

不管熱門或冷門的職業，我們都應該選擇自己真正喜愛的職業工作。人都是追求成功的，沒有人會喜歡失敗或平庸一生，但是一塊生鐵變成一把鋒利的寶劍，一定得經過水深火熱的鍛鍊過程。

「衣帶漸寬終不悔，為伊消得人憔悴。」從事自己最愛的職業工作，就好像追求心目中的情人一樣，會讓人無怨無悔地付出心血，體會戀愛過程的酸甜苦辣，最後結出走上結婚禮堂的正果。

仲尼先生十五歲時，就已經找到自己的最愛職業工作，話說回來，這件事情對我們來講，還是頗不容易的。

求職的過程中，絕大部分的人不清楚自己的最愛是甚麼。有的人受到社會主流價值觀影響追求熱門，有的是聽從家庭父母的規畫，有的是大學聯考的分發科系使然。

怎樣才能找到自己的夢幻職業工作，以下幾個面向提供大家參考，人一生中真的能找到自己的最愛，縱使到白首皓髮的年紀，猶不嫌晚。

或生而知之

《中庸》：「或生而知之，或學而知之，或困而知之；及其知之，一也。」有的人一生下來就知道，有的人經過學習之後才知道，有的人要經過苦難的折磨之後才知道。

釋迦牟尼佛降生在皇宮中，他的一生絕對不愁吃穿，實際上他沒有必要為了生存資糧去修行。但是太子遊四門後，對生命的困惑讓他毅然決然脫離舒適圈，走向堅苦卓絕的修行生涯。悟道成就之後，佛陀更開展修證的心得，開啟眾生的智慧，脫離昏聵迷濛。

古今中外不少的大思想家也像釋迦牟尼佛一樣，曾經有過生命的疑惑，在解惑的過程中，建立起自己的智慧思想，進而啟迪眾生。應該不止這些偉人而已，我們之中很多人都有過這樣的迷惑經驗，或許是追求真理的動力不夠，或許是沒有人引導，我們並沒有堅決地去追求解答。

如果有生命的疑惑，那會是一個很好的動力來源，引導我們走向最愛的職業工作。

或學而知之

孟子先生繼孔子之後，推廣仁義道德於戰國亂世。孟先生的養成多虧他的母親。他三歲喪父，母親含辛茹苦把他長養成人。

孟家原本鄰近墓園，殯葬的隊伍經常從家門口經過。小小的孟子有樣學樣，學起送葬隊伍哭啼的樣子。他的母親發現不對勁，就搬家了。

第二次住家鄰近菜市場，天天耳濡目染市場商販的叫賣聲，和鄰家小朋友嬉戲扮起家家酒，也就吆喝販賣起來。

母親看見了，又感到不對勁，又搬家了。

第三次搬到學校的旁邊，讀書人進進出出，彬彬有禮，揖讓往來。孟子看見了，也模仿起讀書人的樣子。

這回媽媽可安心了。

住在文教區，生活費可不小喔！但是孟母卻努力撐下來。孟子先生嚮往聖賢道理，選擇步上孔夫子的後塵，這可是孟母三遷，後天環境孕育出來的。孟子可以說是「或學而知之」。

或困而知之

現實的世界裡頭，追求真理智慧的過程中，「或生而知之」與「或學而知之」兩者總合起來的比例還是太少了，絕大多數的人還是屬於「或困而知之」的一群。

一八七六年三月三日美國專利局批准貝爾（Alexander Graham Bell）申請的電話專利，全世界的人進入一個新的通訊時代。大家不需要跑到鄰家串門子，拿起電話一搖，就可以問候遠方的朋友。

其實還是家庭因素促成貝爾發明電話。他的祖父與父親都是語音學家，貝爾沒上過大學，由於家學淵源，從小就學習「讓東西講話」。他曾經訓練家裡的狗叫「媽媽」，還有說「祖母，你好嗎？」，因而名噪一時。他的母親十歲時就失聰，必須使用聽筒才聽到一點聲音，他的太太小時候感染過猩紅熱而有聽覺障礙。生命中兩個重要的女人都有聽覺障礙，可以想像他為什麼能創造出來電話。

為了發明工作，貝爾自修電學知識，他原本是在改良電報機，一個意外的過程中，竟然發現電流可以傳送聲音，因而發明了電話。

如果不是母親與太太都有聽障的困擾，大概貝爾也不會投向電話的工作吧！

己所不欲勿施於人

有一天，一位大眾傳播系的女學生因為一個實習作業，跑來訪問我一些有關有機農業的事情。她開宗明義就問什麼動機促使我推廣有機農業。天啊！這麼多年了，我倒從來沒有想過這個問題。她的問題逼得我努力回想一下，對啊！為什麼我會走向有機農業。一陣思索後，我終於想起來了。

約莫三十一年前，我栽培玉米做碩士論文實驗的時候，看到玉米葉片下表皮布滿了蚜蟲，黑鴉鴉的一片，根本看不到綠色的葉片。若是我的玉米給蚜蟲咬壞了，我可畢不了業了。眼看著實驗快要報銷了，只好噴灑農藥解決蚜蟲。噴過農藥之後，我呆在實驗園旁，因為我的腦袋是一片昏亂。用了這麼多的農藥，這玉米能吃嗎？如果我都不敢吃，我怎麼可以跟消費者說這玉米是健康的，推薦他們吃呢？這個時候我已經有佛法的信仰，五戒的戒律裡頭有一條：不妄語戒，簡單地說，就是不可以說謊；現代的農業哪有可能不使用農藥，從此這件事情一直是心頭上一個印記。

從德國念完書回來之後，很幸運地拿到教職的位子。剛開始的一年，我正困擾著應該選擇什麼領域做我的志業，碩士論文實驗的經驗一直留在腦海，我不想欺騙自己，也不願意欺騙別人。正苦惱的時候，日本MOA的有機農業團體要在台灣推廣有機農業，而他們沒有科學農業專業知識，所以找上我。剛好一拍即合，解決了心頭問題，從此之後，就與有機農業結了不解之緣。

孔夫子十五歲時，就已經確立自己的志業，我一直到三十一歲才找到自己最愛的志業，雖然比他晚了十六年，我覺得一點都不嫌晚。人生找到自己的最愛，並不是一件稀鬆平常的事情，永遠不嫌晚。亡羊補牢，猶未晚矣。

痛苦過的人才能體會別人的痛苦

以斯帖是一位印尼女孩子，她和母親及兩個兄弟住在垃圾場旁的紙板破爛小屋，每天在垃圾場覓食，並挑出塑膠賣給回收工廠。以斯帖對上帝有堅定的信仰，但是當父親拋棄他們時，她絕望到想自殺。

某次的聚會，以斯帖禱告，跟上帝說以後無法再到教會來了。就是那一天，牧師播放力克．胡哲（Nick Vujicic）的盜版DVD給他們看。力克的事蹟激勵她脫離絕望，找到生命的目的，她禁食禱告了六個月，找到一個中國餐廳的工作。一天工作十四個小時，住在餐廳，睡在水泥地板上。

就在這個餐廳她遇見應邀到印尼演講的力克．胡哲。知道她的遭遇後，力克詢問她未來的計畫。以斯帖說，想去念神學院，以後成為一個以兒童為對象的傳道人，但是以她現在的情況，不知道如何實現這個願望。

當地神學院的學費很貴，並且光只參加入學考試就要排隊等上十二個月，只有少數人被錄取。以斯帖離開力克後，力克在謝飯禱告時，為以斯帖祈禱。很快地得到了回應。同桌陪伴的人士中有位商人願意提供住宿租金讓以斯帖先搬離餐廳安頓下來。恰好神學院的董事長也在現場，他願意安排這個禮拜讓以斯帖參加入學考試，如果通過了，會讓她拿到獎學金。

以斯帖以極優異的成績通過入學考試，並於二〇〇八年十一月畢業，服務於印尼最大的教會之一，負責青年部，並且計畫在她的社區設立一家孤兒院。

除非是冷血，否則大多數的人都具有同理心。「欲知世味須嚐苦，不識人情只看花。」雖然具備同理心的心理基礎，若是沒有經驗過悲慘的環境，是不容易體會別人的悲慘遭遇。「人飢己飢，人溺己溺。」只有飢餓過，才能感受別人挨餓受凍的困窘，只有經歷過瀕臨溺水滅頂，才能體會別人溺水的驚慌失措。

經驗生命中的苦難，讓以斯帖找到生命的目的，發心一有機會成功，也願意散播福音造福其他苦難的同胞。無法找到自己的人生核心意識，選擇最愛的職業工作，其實苦難倒是一個很好的助力（註一）。

三十而立

《論語．為政》：「吾十有五而志於學，三十而立。」東漢末年的何晏解釋說：「立，有所成也。」意思是孔夫子到了三十歲，已經是學有所成，可以建立一方學說，自成山頭。

由孔子年譜來看看三十歲這年，孔夫子做了什麼事情？他創立學館，招生授徒，開啟私人講學的風氣。《論語．述而》孔子說過：「自行束脩以上，吾未嘗無誨焉。」只要學生備辦學費，不論資質優劣，他沒有理由不收納。最早期的學生有顏回的父親顏路、曾參的父親曾點和子路。

另外這一年，齊景公與晏嬰訪問魯國，孔子也是國宴上的陪客。齊景公問孔子秦穆公何以能稱霸的事情，孔子回答說秦穆公善於用人，所以稱霸一方。三十歲的年紀可以列身廟堂之上，接應齊國元首與高官。想當時，孔夫子的見識涵養必然稱得上國士，所以受得起學生的束脩供養。

他十九歲結婚，二十歲生下兒子孔鯉，不久即擔任管理倉儲的小官。二十一歲當任畜養牛馬的乘田官。不僅成家，而且出任國家官員，支領薪資，養家活口應該不是問題，但這樣的成家立業還尚未達到他自認為「而立」的門檻。

第二章禪的認知心理學裡提到音樂三昧，孔夫子向魯國樂師師襄子學習彈琴的事情。那一件事情發生在孔子二十九歲的那一年。由深入琴藝到看見作曲者的形象，這樣的功力讓我們約莫有一點概念，孔夫子認為「而立」的標準可能是怎麼一回事。

從十五歲立志向學，到三十歲學有所成，這段十五年間的日子孔子做些什麼？他說過：「吾少也賤，故多能鄙事。」

小時候家裡貧困，什麼事都做過，所以具備很實務的生活技能。二十七歲那年，郯國君爵郯子朝謁魯君，孔子聽說了這件事情，便去請教他郯國的官制。郯子的祖先是黃帝的兒子少昊，封邑在東夷邊疆區域。

孔子出來之後說：「我聽說當今中原已經喪失法制，如果要找的話，或許是四邊的番夷還保留著，看來還頗有道理。」

從選定人生志業後，經過十五年間的進德修業，孔子脫離模仿學習階段，而擁有領導統御與創新發明的能力，建立一家之言。

心志成熟，術道兼備，自然可以開館授徒，服務社會大眾。三十歲那年是他的創業元年，由於創業前的學養基礎奠定得很好，後來的志業發展讓他如願以償成為「萬世師表」。

孔夫子三十歲以前力求「務本」，他的「本」是什麼？矢志修持聖賢道理，但也沒有忽略技職訓練，所以他沒有眼高手低的毛病。三十歲以後「本立而道生」，開創出人生的康莊大道。

現代的生活型態之下，我們要怎樣修練自己，淬鍊心志，利己利人呢？雖然科技進步，教育普及，但是「安身立命」的學問一點都不落伍，反而在功利社會中更幫助我們把定人生的方向。

最適的職業工作

尚未達到「立本而生道」的獨創一格的階段時，雖然離開學校，仍然需要進入職場繼續涵養自己。基本上，學校教育無法賦予我們完整的職場技能，職業可以說是學校教育的延伸，並且更實務的貼近社會現實。

走出學校之後，要進入什麼樣的公司服務？選擇職場，第一要考慮的是，是否可以實踐心目中的人生核心意識。關於「個人的人生核心意識」，若是自己也沒有概念時，那麼就考慮兩個因子：勞資雙方都能滿意、與自己的個性沒有偏離太遠。《中庸》：「或安而行之；或利而行之；或勉強而行之；及其成功，一也。」每個人都想選擇「或安而行之」與「或利而行之」的工作，但經常是事與願違。「世間事不如意者，十之八九。」

英文諺語說：「Everything has its reason.」每一件事情的發生，都有它的原因。學非所用是很正常的事情，生命中沒有一件事情是浪費無用的。人的成就往往在八成九成的不如意事中，由「困知勉行」所鍛鍊一番出來。

投入就業時，也應該多方瞭解擬就職對象企業的企業文化。西漢的揚雄《法言》說：「師者，人之模範。」

東漢許慎的《說文解字》解釋：「以木為器曰模，以竹為器曰範。」模範原本指的是做紅龜粿的模具。如果這個模範是完美無缺的，製造出來的所有產品也一定是完美無缺的；若是模具有一點瑕疵，所有以這個模具做出來的成品在同一個地方都有同樣的瑕疵。投入一個優良企業文化的公司，耳濡目染之下會塑造出那一個公司品味的企業人。

不管大型或小型企業，都有它可取之處，重要的是新鮮人應該清楚自己要的是什麼，進入該企業補強自己缺乏的部分。

職場上的善知識

傳統的儒家文化中，經常會談到「天地君親師」，這五個字是什麼意思？天為師、地為師、上司為師、親長為師，和學校業師為師，五師是人格養成教育中的五項重要典範。

天師與地師合起來，可以說是今天的自然環境教育；君師可以說是工作關係上的長官上司，狹義的說是職業教育，廣義的講則是社會教育的範疇；親師則是自己的長輩與親族，相當於家庭教育；業師則是從小到大的學校老師，屬於學校教育。

人的一生從離開學校後，可能有二、三十年的職場生涯，從終身學習的立場來看，職業教育是個人成長一個很重要的階段。追隨一個好的上司，可以從他的身上學到很多東西。孔子說：「就有道而正焉，可謂好學也已。」親近善知識，而調整自己的心性更上一層樓。

劉向的《說苑．建本》：「人之幼稚童蒙之時，非求師正本，無以立身全性。夫幼者必愚，愚者妄行；愚者妄行，不能保身。」

他說孩童時代就要接近明師學習做人的道理，孩童本來就是無知，因為無知所以更要接近善知識修習做人的道理，才不會惹禍上身。縱使成人了，未達「而立」的成熟階段，我們就像無知的孩童，還有很多要學習的地方，這時候職場工作的上司就很重要。

職場上的上司扮演像是球隊教練的角色，他們訓練你如何發揮潛力，表現出自己絕佳的一面，實踐自己的生命核心意識。

如果不幸地，遇上一個不好的上司，看看一九九一年指揮科威特戰爭的美國四星上將史瓦茲寇夫（Norman Schwarzkopf）怎麼說：「你可以從負面領導學到比正面領導更多的東西，因為你學到如何不重蹈他們的覆轍。」

耕耘與收穫

鎮守長梧的邊疆官員長梧子告訴孔子的學生子牢他的行政經驗。

長梧子：「你處理政事，切勿輕率馬虎；治理人民，切莫隨便敷衍。以前我耕種水稻，施肥的時候，隨便灑灑應付一下，除草的時候，也是這邊抓抓，那邊抓抓，一下子就呼嚨過去；沒有想到稻子結穗時，它也是隨便呼嚨應付我一下而已，收成實在少得可憐。第二年，我學到教訓了，改變作法，施肥的時候，面面俱到，均勻地讓每株水稻都吃到肥料，除草的時候，彎下身子來，用心地拔除雜草；水稻成熟的時候，不僅產量豐碩，每顆稻穀撐得飽飽，一整年都吃不完。」

怎麼耕耘，就會怎麼收穫，這個簡單的道理，不是二十一世紀的新發現。二千年前的《莊子‧則陽》就點出這個真理。長梧子從壞收成中反省到應該改變種植方式以創造最好的收成，他果然印證自己的想法。

可別看傳統農業技術是低科技，到處都是學問。「日用平常俱是道，灑掃應對盡通玄。」禪門修行，掃地即是一門學問。一隻手拎著掃把，漫不經心地揮來揮去；兩隻手握著掃把，彎下腰來，眼睛專注釘著地板，汗珠隱現在額頭上，當老師的很容易觀察到學生的掃地方式，哪一種可以達到窗明几淨的效果呢？不言而喻吧！心態很重要。

延平郡王鄭成功十一歲唸私塾的時候，塾師出一個作文題目〈灑掃應對〉要學生們寫作文。鄭成功的作文結尾時寫：「湯武之征誅，一灑掃也；堯舜之揖讓，一進退應對也。」商湯討伐夏桀，周武王攻伐商紂王的偉大功績和用心打掃環境整潔是一樣的；唐堯讓位虞舜，虞舜再讓位給夏禹，禪讓的偉大事業和我們日常竭誠待人處事的道理是一樣的。討伐暴君是清除人間渣滓，打掃整潔是清除環境的髒亂，兩者都是掃除髒亂；堯舜的禪讓賢能是外王的功夫，格致誠正的待人接物則是內聖的修為，外王必有內聖，內聖才能外王。

如果某種事情讓你打從心裡就生起厭惡感，你一定不會充滿熱誠去做這一件事情，通常是應付敷衍一下就過去了；相反地，如果心裡生出的是喜悅感，你就會投入心力，全神貫注地做這一件事情，兩者的結果當然不會一樣。

專注用心清除髒亂，打掃環境整潔可以變成除暴安良的偉大事業；竭誠待人處世，平常的招呼賓客可以變成內聖外王的禪讓盛世」。

幸福、財富、成就是一個精心策畫、努力實踐的過程所結出的果實，但不必然是任何一個過程都能達到的成果。好的收穫所代表的意義，肯定我們付出正確的耕耘，壞的收穫顯示我們應該要修正耕耘方式，行有不得反求諸己。

三十歲的你會變成怎樣？四十歲的你會變成怎樣？五十歲的你會變成怎樣？六十歲的你會變成怎樣？想要變成自己所摹畫中的未來自己，就得一步一腳印，踏踏實實地經營與耕耘，才能有豐碩的收成。**一個人最偉大的成就不在於征服別人，而在於征服自己，一步一步地超越自己的極限。世界上征服別人比比皆是，只有征服自己的人才是真正的英雄。**

專注才能創新

第二章禪的認知心理學裡，我們談到「制心一處的入流三昧」，專注地做一件事情，常常會讓人體驗到「入流」的經驗。可以讓人專注一件事情的前提是你必須喜愛這件事情。

就拿清掃環境來說吧，一拿起掃把心中就產生厭惡感，你怎麼可能會專注地掃地。如果心裡不排斥，或換個角度思考，培養出清掃環境的樂趣，就可以讓你把精神專注在掃地這件事情上。如此一來，入流的機會就大大地增加。制心一處即是一種坐禪的作用，從事生活中每一件事情都是心無旁騖，以百分之百的心去做，工作告一段落時，會產生滿足與喜悅感。這種感覺只有產生在專心工作之後，通常會感覺到在不知不覺中，時間很快地過去。

尤其是面對工作難題時，制心一處後，腦神經的運作，常常就蹦出一些靈感來，這些靈感幫助我們解決目前的難題，由此突破眼前的困境。

不能解決困境的關鍵在於我們受到「慣性思維」的影響，思考停留在過去的窠臼模式。新的問題出現，過去的方法無法解決，就要設想出新的方法來解決新問題。或許現階段沒有靈感，待會兒舉起茶杯時，或窗外一瞥看到楓葉，都有可能剎那間生出靈感來，所以禪門修行說「行住坐臥俱是禪」。若是不曾「制心一處」，就不可能有「神來一筆」。

專注於自己的職業工作，可以生出類似坐禪效果的「入流」喜悅滿足感。「苟日新，日日新，又日新。」熱愛自己工作的人，每天都浸潤在幸福的創新喜悅中，幸福喜悅又引領向上一著，如此形成善性循環，當然會有好成績。充滿成就感的職業工作，再怎麼努力都不會讓人產生疲倦；越是努力工作，越是充滿喜悅幸福。「諸行無常，一切在變。」展現真如自性圓滿運動的日新又新的職業工作即是一種修行。

失敗為成功之母

老師問：「鄭成功的母親叫什麼名字？」

學生答：「失敗啊！」

老師問：「啊！怎麼是！」

學生答：「失敗為成功之母！」

這是我們小學時代的笑話，好像是腦筋急轉彎，但是一把年紀之後，再回味起這則笑話，笑話所提供的不全然只是笑話而已，還有其他的意涵。

一九九九年我和住在三芝的加拿大人劉力學（Pierre Loisel）一起研發廚餘堆肥。我交給他廚餘配方：兩體積廚餘混合一體積稻殼。他執行我的指令，三星期後看到初步成果，我非常滿意。可是有一件事情我很不滿，配方裡頭沒有鋸木屑，擅做主張添加了鋸木屑到堆肥裡面去。Pierre平常喜歡DIY，家裡的木工裝飾都是自己做的，所以進口若干鋸木屑備用，剩下一小堆鋸木屑就把它混到廚餘堆肥裡面。根據日本的研究資料，鋸木屑用到土壤內，十年裡不會分解掉。我擔心堆肥裡頭的鋸木屑會有這樣的問題。

第二次堆肥，他按照我的配方，不敢再用鋸木屑了。然而我卻發現堆肥會滲出肥水出來，而且味道比較臭。第一堆與第二堆的差別就在有沒有鋸木屑而已。我終於弄懂了，鋸木屑會吸收水分，所以第一次的堆肥比較沒有肥水滲出，再者長期高溫下，鋸木屑會碳化而具有活性碳的吸附作用，堆肥不會散發出臭味。第二堆因為沒有鋸木屑，效果、味道與顏色都沒有第一堆的好。

我們第一次做廚餘堆肥就成功了，可是第二次的堆肥效果卻沒有第一次的好。顯然第一次的成功是不小心成功的，我們根本不曉得是怎麼成功的，然後有了第二次的失敗後，卻對照出為什麼第一次會成功。這件事情著著實實讓我體會了「沒有失敗的成功不是真正的成功」，鄭成功母親的名字果然叫做「失敗」。

史丹佛企管研究所的柏格曼（Robert Burgelman）教授多年前就教導他的學生說：

「不管經營事業或人生，最大的危險不在於可能會失敗，而在於一旦成功了，卻始終不清楚自己為什麼成功。（註二）」

傾聽是一種美德

蘇東坡是宋朝的大文學家，拜當朝宰相為師，年輕的時候相當自負，經常惹禍。老師的書堂門上有一副對聯寫著：「日月窗前叫，黃犬睡花心」。蘇東坡老是覺得這副對聯不對勁：太陽和月亮怎麼會在窗邊叫，黃狗睡在花上，豈不壓垮了嘛！

有一天趁老師外出，他提筆改了：「日月窗前照，黃犬吠花蔭」。太陽與月亮照在窗邊上，微風吹來，黃狗對著花下晃動的陰影吠叫，這才有意思嘛！

老師回來了，一看到對聯被人改了，心知肚明，一定是蘇東坡幹的好事，別人沒有這樣的膽子。老師寫了一封信給吏部尚書，把蘇東坡貶到偏僻的蜀地去。

被貶的蘇東坡心裡想，老師也太沒有肚量，明明他寫的是錯的，還不讓人家改。無可奈何，整裝上任新職。

一個月下來，坐在書房裡辦公的東坡總覺得窗外什麼東西白天叫，晚上也叫，吵個一整天不得安寧，便叫來衙役問個清楚。

衙役說：「長官你有所不知，我們這邊有一種鳥，很特殊，它白天叫、晚上也叫，我們管他叫作日月鳥。就是這個東西在聒噪。」

蘇東坡一聽，愣住了。老師寫的對聯「日月窗前照」，講的就是這兒的怪鳥。他馬上修書一封向老師認錯。老師接到信了，又把他貶到另一個地方去了。蘇東坡心裡又嘀咕起來，他都認錯了，怎麼老師還沒原諒他。不得已的他也只好赴任新職。

一群衙門官役到了縣境邊界準備迎接新到任的蘇東坡。縣境河岸邊長滿矮叢灌木，綠葉欉中長出一朵朵大白花，說也奇怪，每朵大白花中都有一條黃色大蟲窩在花蕊底部。東坡好奇地問這個現象。

衙役回答：「長官，這是我們這裡的特殊現象，這種大黃蟲喜歡吸食這種大白花的花蜜，窩在花心，好像一條繾綣的黃狗，我們管它叫黃狗。」

蘇東坡此時恍然大悟，立刻寫信給老師。

這回老師把他調回去京師。

數年前，我跟北投法雨寺妙湛法師學河洛漢文時，法師講給我們聽一個他小時候私塾老師講的故事。後來我在關西遇見一位客家耆老，他也講同樣的故事，那也是他唸私塾聽來的。一個在台北，一個在新竹，不同的私塾老師講同一個內容的故事。蘇東坡進士出身，聰明才智沒話說；老師是宰相，除了聰明才智外，走遍大江南北，更有豐富的人生閱歷。豐富的閱歷永遠是聰明才智無法取代的。查一下蘇東坡的正史，並沒有這麼一回事，可是為什麼塾師會說這樣的故事？年輕人自以為是，聽不進老人言，這可是古今中外人類的通病。加上蘇東坡本來就恃材傲物，所以私塾教育才托言蘇東坡傳續這個智慧教喻。

我有類似日月鳥與黃犬的經驗。除了貓頭鷹和一些夜光鳥，一般鳥類太陽下山就休息，直到翌日早上太陽出來才開始活動聒噪。新加坡最熱鬧的烏節路，兩邊行道樹高大壯碩，有很多鳥類棲息，晚上十一、二點亮麗的街景，那一大群鳥嘰嘰喳喳叫個不停，也是一個奇觀。

我曾經到白河參訪一個有機筍農，他種的綠竹筍非常好吃。我到達竹園的時間已經是下午四點四十五分左右了。張姓筍農告訴我小心一點，再過一刻鐘，大黑狗會跑出來，很兇喔，咬人很痛。五點了，我四下張望。沒有啊！過了十分鐘還是沒有，忍不住跟張先生說：「根本沒有啊，哪來的大黑狗？」張先生說：「有啊，你身邊不是有幾隻大黑狗在飛舞嘛！」天啊！我知道竹園裡蚊子多，鄰近黃昏時會跑出來叮人。竹園的蚊子跟人家不一樣，是一種比較大號的黑蚊子，他們把它叫作大黑狗。

每次看到「日月窗前照，黃犬睡花心」，心頭總是不覺莞爾。職場上我們經常會看到類似的情況。越是名校出身，越是高ＩＱ的人，如此的問題越嚴重。「人不輕狂枉少年」，有才而能不恃，真的很難。自以為是的人通常不會傾聽，唯恐人家不知道他很行，所以急著向別人宣說他的強項。

日本明治時期有一位名聲遠播的南隱全愚禪師，有一天，一位禪學教授說要去跟他請益。兩人見面後，教授滔滔不絕講個不停。南隱禪師一句話也沒說，拿起茶壺就往教授的茶杯注茶。

茶倒滿了茶杯，禪師沒有停止，繼續倒茶。茶水滿出來，仍然繼續倒茶。教授終於注意到了，急急叫說：「滿了！滿了！不要再倒了！」

南隱禪師這時才開口：「你充滿自以為是的觀念，我如何能告訴你我的禪法呢？」

良好的溝通可以建立良好的人際關係。不僅是對客戶，即使是對公司內的同事，良好的人際關係可以擴充人脈，活絡經營效率。企業經營非常強調溝通的重要性，而有效溝通的前提是要學會誠懇的傾聽。不懂得傾聽的人通常會給人家不尊重對方的感覺。ＩＱ越高的人自以為是的傾向越重，越需要學會傾聽（listening）。傾聽是溝通的第一要件，也是一種美德。

競爭可以這樣進行

羊祜是東漢末的文學家蔡邕的外孫，以德行聞名當代，在三國曹魏時期歷任要職。晉武帝司馬炎篡魏之後，西元二六九年委任他做荊州都督，專司征伐東吳。羊祜不尚武力，柔和管治。

二七二年東吳的西陵守將步闡獻城投降，時局嚴峻，東吳荊州統帥陸抗立刻率兵三萬攻打西陵。羊祜也同時派兵八萬救援步闡，戰事失利，羊祜被降級為平南將軍。

經過此次教訓之後，羊祜改變策略，修築城寨駐兵屯田，同時又對吳國的軍民布施仁義，藉此鬆動吳軍兵將的忠誠度。

有一次部下從邊界抓回來兩個小朋友，一問知道是東吳邊防將領的孩子，羊祜叫人護送他們回去。後來吳國夏詳、邵顗兩將軍來投降的時候，那兩個小孩的父親也率領部屬一起來投誠。

羊祜的士兵進入吳國境內，收割稻穀作糧食，他們留下相等代價的布絹作為抵償。吳國將士打獵射傷的野獸如果逃入晉軍區域，羊祜則命令士兵把牠們送回吳軍。羊祜的作法發生作用，招來多位吳軍將領投降。吳國邊防老百姓紛紛尊稱他為「羊公」，而不叫他的名字。

羊祜就這樣地與陸抗隔著長江對峙。有一天，陸抗患了重病，羊祜派人送良藥給陸抗。部屬怕藥中有毒，勸陸抗不要服用，陸抗拿起藥就吃下去，並且說：「羊祜不是耍小手段的人」，陸抗也派人送美酒給羊祜，羊祜當著使者的面，毫無疑慮地就喝下。

陸抗經常告誡部屬：「羊祜專意施行仁義，若我們施行暴政，這個戰不用打就輸了。所以各自守護好疆界，不要貪圖小利益而發動戰爭。」

雙方如此的抗衡，荊州長江兩岸戰線反而是一片和平。東吳君主孫皓聽說晉吳邊境竟然友善往來，便寫信責怪陸抗。陸抗回答說：「一個鄉鎮小地方都不可以沒有仁義，何況我們這樣的大國呢！我如果不這樣做，豈不是凸顯羊祜的美德，對他一點損傷都沒有啊！」

原本是攻城略地的殺戮戰場，羊祜與陸抗雙雙表現出的姿態，卻是比賽看誰擄獲對方人心比較多。這樣的情形，當然戰爭打不起來。「得人心者得天下，失民心者失天下。」陸抗當帥的時候，晉軍無法攻佔吳地；羊祜領軍時，吳軍也無法趕走晉兵。西元二七四年，陸抗過世，羊祜也垂垂老矣，他向晉武帝推薦杜預，由杜預掛帥繼續征伐吳國。沒有陸抗，吳國也無力抵抗晉軍，二八〇年吳主孫皓在石頭城投降晉國。

有道是「商場如戰場」，一場戰爭都可以像羊祜與陸抗這樣進行，更何況是企業競爭！

一九三九年，普克與惠烈成立ＨＰ公司，他們開發音頻震盪器，可以用在電影音樂特效上。迪士尼製片公司原本打算向通用無線電公司購買音頻震盪器，每套單價四百元美金。後來ＨＰ拿下這項交易，賣給迪士尼八套設備，每套七十一元五角美金。

通用無線電公司（General Radio Company，後來改名GenRad美金）是一家頗有規模的公司，由馬威爾．伊森創立於一九一五年。普克的老師特曼教授介紹普克與伊森認識。一九三九年的秋天，伊森去參觀當時規模還很小的ＨＰ，花了一下午的時間，伊森並且就如何組織與經營一家公司給了ＨＰ很好的建議。那個時候普克確定知道，伊森很清楚ＨＰ將會和通用無線電做正面的競爭，普克也預期這樣的會面應該不會很愉快。

然而，伊森向ＨＰ的普克與惠烈表示競爭是一件好事情，當兩家公司都推出一種新產品，尤其都將使用在新科技時，這種情況更好，因為兩家公司共同使用一項新技術，會讓客戶更加有信心。從那次會議之後，伊森及通用無線電的同事繼續協助ＨＰ，他們既是競爭對手，同時也是好朋友（註三）。

一**件產品，只有你看到獲利的機會，那是商機；如果大家都看到有利可圖時，就是危機**。「天下熙熙，皆為利來；天下攘攘，皆為利往。」只要經營企業，就一定得獲取利潤，想要獲取利潤，一定無法避免競爭。

競爭經常表現在商品價格上，固然價格競爭對生產者造成不小的壓力，但是企業競爭結果的受益者往往是消費者。商品競爭的結果通常可以讓消費者以更低廉的價格享受得起更高的品質，更促成人類生活便利，進一步接近天人的如意生活。

無線通訊手機就是一個很好的例子。手機剛出來時以「黑金剛」的姿態出現，以前也叫做「大哥大」，它剛上市時，不僅價格昂貴，體積像個保溫杯一樣大，通常是大哥級人物才買得起，所以我們也稱它做「大哥大」。

二十年前，一台Motorola的黑金剛價格將近六萬元台幣，立法院諸公們打群架時，黑金剛是很好用的武器。有利可圖之下，慢慢地，其他的手機業者也加入生產，價格因為競爭激烈自然降低，如今我們擁有的手機品質更好，功能更多，價格也比以前便宜多了。多家廠商競爭的結果，讓一般普羅大眾用得起手機。想像得來，未來手機會更便宜，更加方便。

「人無遠慮，恆有近憂」，企業界不需要畏懼競爭，反而更應該正面地接受挑戰與競爭。因為競爭的存在，促使生產者積極創新，而服務更多的消費者，昇華人類生活進入天人生活。如果我們把服務更多的消費者當成企業使命，競爭即是鞭策我們遠離怠惰，迎向下一個高峰的苦口良藥，它是刺激進步的動力。

應無所住而生其心

《金剛經》裡頭，長老須菩提請問佛陀：「善男子善女人，發阿耨多羅三藐三菩提心，云何應住？云何降伏其心？」

佛陀回答：「……諸菩薩摩訶薩應如是生清淨心，不應住色生心，不應住聲香味觸法生心，應無所住而生其心。」

什麼是「應無所住而生其心」？

由下面這個台灣電腦事業的建立緣起，我們可以捉摸出一點頭緒。

劉力學是一個出生在魁北克省的加拿大人，大學教育受的是耶穌會的神學訓練，與台灣的因緣已經超過四十年了。

一九六六年劉力學（Pierre Loisel）完結台灣大學的學業，準備去美國念書時，有一天，天主教耶穌會耕莘文教苑的神父Father George Donohue打電話給Pierre，說他有位美國朋友是他史丹佛的大學同學叫Mr. Young要來台灣，他借一部車讓Pierre載他們去玩。Pierre跟神父說，要認識台灣不要開車，要坐火車、公車，更甚者騎腳踏車才有意思。他建議神父給一筆錢，他就可以辦到。

Pierre帶著John Young夫婦從台北坐火車到花蓮，再坐公車到天祥，穿過橫貫公路，一趟認識台灣之旅，一路上他們暢談很多有關生命哲學與台灣文化活力的事情。

John喜歡台灣的風景還有溫暖的人情。他和Pierre談了一整個禮拜：台灣將來會怎麼樣？中國會何去何從？未來可能會怎麼樣？他們到了合歡山頂，John在上頭居高臨下眺望四野，一句話也沒說地冥思一個小時，沉浸在自然的力量之中。臨別的時候，Mrs. Young跟Pierre說：「We like you very much, we fell in love with Taiwan.」

一九六九年Pierre從（聖克拉拉）大學唸完書回來台灣，應聘到輔仁大學計畫要開辦的工學院，隔了一年，輔大沒有開辦工學院，Pierre就自行找工作。一九七〇年八月一日HP在台灣設立分公司，承續原來的醫療器材業務。這一天，Pierre主動請纓去找HP台灣分公司的總經理，邀請台灣HP一起賣controller，因為他還在美國念書時，就已經知道HP有這個東西。總經理卻告訴他，controller剛剛出來沒多久，只有美國本土在賣，台灣還不能賣，這是總公司的政策，這是沒有辦法改變的事。

碰到鐵板後，Pierre沒有放棄，他問耕莘的Fa. Donohue有任何管道可以通達美國HP高層人員嗎？神父說不用他介紹，Pierre他自己就有啊！誰呢？這個高層人員就是一九六六年Pierre導遊的Mr. John Young. Pierre立刻與John Young電話聯繫，電話一接上，John Young知道Pierre的意思，就告訴他地址，要他明天立刻到美國跟他談。

Pierre立刻動身前往美國，到了Young給的地址，在櫃檯跟小姐說要找John Young，接待小姐查了一下，說沒有預約安排，無法替他接通。Pierre當場跟接待小姐吵了起來，正吵的當兒，有人在背後拍拍Pierre的肩膀，叫聲Pierre。Pierre轉頭一看是John Young，Young請他到辦公室裡頭談，而Young走進去的辦公室門牌掛頭銜是CEO，這下子Pierre傻住了。

事實上，一九六六年John Young是HP微波部門的總經理，一九六六年當時John Young沒有表明身分，Pierre當然不知道他到底是誰！甚至連Donohue神父只知道他是HP高層人員，也不知道他的職位。一九七〇年時，John已經是HP公司的副總裁，同時負責電子產品群體，那時候惠烈是CEO，惠烈自己喜歡搞工程的事情，所以他已經內定John Young做接班人，把辦公室的事情都交給John處理，一九七七年John先接總裁，隔年真除為執行長。

John跟Pierre吐露ＨＰ很早就有計畫評估除了日本外，在亞太地區設立第二個總部的計畫，一般外國公司都會選擇韓國、新加坡或是香港，所以他利用度假時間進行考察評估可能性，一年去香港，一年去新加坡，一年去韓國，一九六六年來台灣的目的就是在此，不是做生意，而只是去了解文化人情。因為Pierre的導覽，讓他們夫婦兩人愛上台灣。台灣之旅後，Young回到美國告訴底下的人，亞洲總部的事應該把台灣列入選項。

至於讓台灣賣迷你電腦的事，Young表示公司有既有的機制他不能獨斷獨行，不過他可以介紹國際市場行銷處長Dick Mobilio，Pierre只要跟著他就不會錯了。Dick帶Pierre到離總部五分鐘車程的辦公室，找來十個經理，涵蓋硬體、軟體、市場、維護、技術製造等，一個人約二十分鐘，一一地跟Pierre面談，他們把面談的結果整理之後給John。中午Dick讓他的副手請Pierre吃飯，副手告訴他，作為地區總經理，就技術的層面而言，Pierre是夠格的。

下午回到總部，John 說ＨＰ即使在美國也才剛開始把controller轉成迷你電腦的事業而已。他讓Pierre了解這件事情。Dick說：「新事業如果到台灣，要先訓練一個涵蓋硬體、軟體、維修、技術五、六人的團隊，經濟上不划算。」

這時候John講話了：「沒有關係，Pierre一個人就可以做這些全部的事情，但是你們要訓練他。給你們三個月的時間訓練他，然後讓他到台灣去，自己一個人做。當業績到達一百萬美金以後，才可以派人支援他。」

Pierre跟John說：「做不到一百萬的業績，我薪水退給你。」

John：「這可不需要。」

第二天開始，Pierre就在HP總部開始接受經營管理訓練。三個月後，也就是十二月的時候訓練結束了，處理一些紛雜的事物之後，二月初Pierre回到台灣來。

一九七〇年後，HP的controller事業轉成迷你電腦台灣的IT產業就是在John Young一念之間搞定的。

一九七三年Young問Pierre，HP如何能進入中國大陸？Pierre說中國的市場會自己慢慢打開需求，自然會由台灣帶進去，中國通常會跟隨台灣後塵。一九八〇年中國尚未進行改革開放之前，中國方面早已知道台灣在電腦方面的進步，中國軍方直接到美國ＨＰ總公司向惠烈先生請求直接進入中國大陸開拓業務。一九八五年ＨＰ成了第一個高科技進入中國的外國公司。

一九七六年Pierre離開ＨＰ時，亞洲國家甚至連日本都還沒有迷你電腦，Pierre已經在台灣賣出一百多台迷你電腦，訓練一萬多個電腦工程師了，這對奠基台灣電腦相關產業有重大的意義。

南半球有一隻蝴蝶拍了拍翅膀，擾動了空氣，經過時間的傳遞，卻造成北半球的一場暴風雨，這就是有名的蝴蝶效應。蜀昭烈帝劉備臨終之前交代兒子劉禪：「勿以惡小而為之，勿以善小而不為。」一九六六年Pierre帶領John Young夫婦遊歷半個台灣時，當初他完全不知道John是ＨＰ的重要高層幹部。他只是出於自己高興而幫Donohue神父做這件事情，而做這件事情，他沒有預期會有任何的回饋。「修善如春日之草，未見其長而有所增。」這件事情發展的結果，促使ＨＰ在台灣設立亞洲第二個據點，並且促成台灣電腦產業的發展。Pierre生出導覽John Young夫婦的「心」，是「無所住」的，但是後來的影響層面卻很深遠。

人生是一場領悟幸福的旅程

心似已灰之木，身如不繫之舟；

問汝平生功業，黃州惠州儋州。

西元一一〇一年貶謫儋州（海南島）已經三年的蘇東坡獲准返回京城，中途經過鎮江金山寺，他看到昔日畫家朋友李公麟為他所繪的一幅畫像：微醺的神態，坐在石頭上，膝上放置一根長拐棍。百感交集寫下〈自題金山畫像〉這首詩，回顧評斷自己的一生。不久之後，那年的七月二十八日，一代風骨文豪東坡居士在病榻上安祥長逝，享年六十五歲。

西元一〇五七年正月，蘇軾與弟弟蘇轍參加翰林學士歐陽修主持的禮部省試。歐陽修非常賞識蘇軾的〈刑賞忠厚之至論〉，當時的考卷是密封式，歐陽修誤以為是他的學生曾鞏的文章，顧慮招致瓜田李下之非議，所以給予第二名。三月金鑾殿試時，蘇氏兄弟進士及第。那一天，宋仁宗皇帝回到後宮高興地跟皇后說：「朕為子孫找到兩個宰相。」

年紀輕輕二十五歲的蘇軾就出任鳳翔判官，歷任杭州、密州、徐州、湖州地方官，所到之處均留下卓越的政績。

老子曾經告誡孔子：「聰明深察而近於死者，好議人者也；博辯廣大危其身者，發人之惡者也。」恃才傲物的蘇軾果然直言惹禍，四十五歲時被貶到黃州擔任團練副使。宋朝的貶官都只有虛名，沒有實質的薪俸。黃州四年，自食其力耕讀東坡，蘇軾初步領會「禪農不二」。

五十歲時，九歲的哲宗皇帝登位，太后攝政。東坡居士出任「翰林學士知制誥」，負責撰文起草皇后與皇帝口授的詔書。這時不僅僅是高官厚祿，還極端接近權力核心。

「人不遭忌是庸才」，西元一〇九三年太后駕崩，沒有太后的保護傘，結束了九年的官場暢意。隔年厄運開始降臨，縱使有仁宗先皇帝的龍言擔保，蘇東坡還是被貶到廣東的惠州。更甚者，逆來順受隨遇而安的淡定曠達，反而激化政敵的虎狼凶心，非得置他於死地不可。三年後又被流放到化外之地的海南儋州。滯留海南島三年的日子，他吃過烤蝙蝠和蜜漬蜈蚣。

蘇東坡一生嚐盡人世的酸甜苦辣，他並非一直都是窮困潦倒，也曾經風風光光幾年過。臨近油盡燈滅時候，一般人通常只會後悔當初為什麼不……然而蘇東坡註腳自己一輩子功過的，不是人來人往的西湖蘇堤，不是理學哲論的蘇門四學士，相反地，他很自豪地說出「黃州、惠州、儋州」。

蘇東坡並非一路走來聖賢到未曾動搖過，他也曾經想過要和邪惡勢力妥協。一〇八三年謫居黃州時，侍妾朝雲為他生下了一個兒子，號名「蘇遯」，取寓「遁世」的意思。東坡有詩〈洗兒戲作〉：

> 人皆養子望聰明，我被聰明誤一生；
> 希望孩兒愚且魯，無災無難到公卿。

雖然他也想隨世俗的價值，最後胸中累積的聖賢道理還是讓他不得不選擇忠於良知良能，堅持做畫像中微醺的自己。

王勃的〈滕王閣序〉有一句名言：「老當益壯，寧移白首之心？窮且益堅，不墜青雲之志。」窮與老是所有人都不願意去面對的兩件事情，但是它們總會不請自來。年輕人初入職場的二十二K，總是讓人捉襟見肘，成了月光族；捱過了艱苦的奮鬥期，五十歲的年齡做了外商公司的高薪階級，年薪七、八百萬，應該可以滿足了。「夕陽無限好，只是近黃昏。」好景不常，公司被人家併購了，高階主管只得走路，陷入無處可去的困窘。

青澀的窮忙歲月與老來失業的頓挫是普遍的職場現象，兩者幾乎是無法避免。首先我們得分析貧窮是怎麼來的？德國哲學家叔本華建立一條幸福指數的公式：

幸福指數＝（實際所得／希望所得）X 100%

看到別人身上穿著名牌衣服，手上戴著名錶，出入開著名車，自己雖然只有二十二K，也想擁有那樣的配戴享受，這個時候分母遠大於分子，公式得出來的幸福指數當然很低，甚至深深陷入貧窮感覺。人的欲望是無窮盡的，分子固定時，分母無限大時，商數趨近於零，幾乎是沒有幸福感。

我們再怎麼窮，一定不會窮過孔子的學生顏回。孔子讚嘆他是：「一簞食，一瓢飲，居陋巷，人不堪其憂，而回不改其樂。」對於顏回而言，分子固定，分母卻是極端地小，商數反而變大，因此顏回的幸福指數就變得很大。就像蘇東坡往生之前，回顧自己一生功過，他自豪於那段困厄的歲月，顏回先生的每一天也必然浸潤在「安貧樂道」的愉悅喜樂之中。「不移白首之心」和「不墜青雲之志」是提升幸福指數的兩項利器。

《孟子．萬章》：「莫之為而為者，天也；莫之致而至者，命也。」全世界都不想要碰到經濟不景氣，但是每隔一段時間經濟衰退一定會來報到；任何人都不想要困厄潦倒，終其一生一定會遇到，這就是天命。

Pierre有天主教耶穌會的神學士訓練。天主教與基督教都說上帝創造萬物，關於這樣的論點，我有疑惑。有一天，我請教他這個問題。

我問：「上帝既然創造萬物，為什麼不能只創造幸福，而沒有苦難？」

Pierre說：「我沒有這個問題！」

我緊接著問：「為什麼？」

他說：「我們從小的學校教育還有教會，他們都教我們苦難與幸福是同時存在的。你不可能只有幸福沒有苦難，也不可能只有苦難沒有幸福。對我來講，這個問題根本不存在。」

雖然沒有得到我想要的答案，Pierre都已經這樣說了，我當然沒有必要問下去，與別人不同的是，不曾有人這樣回答我的問題。

Pierre的說法讓我瞭解東西雙方的差異。基督徒們禱告時，不會祈求上帝保佑他賺大錢；而我們三柱馨香一個豬頭，就希望賄賂神明賜給我們財富。連春節過年的時候，見面關心的招呼問候語就是「恭禧發財」。滿腦子都在想發財的事，但是亞洲人的經濟榮景卻遠遠輸給歐美西方先進國家。

晉朝大將羊祜說：「天下不如意，恆十居七八。」如何定義「不如意」？能夠達成心裡面所想要的事物就是「如意」；相反地，達不到就是不如意。大家都看到商機的「危機」下，有幾個人可以如意地脫穎而出？既然，天命注定「天下不如意事，十之八九。」這八、九成的不如意事就是來淬練我們的。

《論語．季氏》子曰：「困而不學，民斯為下矣！」人生必然會遇到八、九成不如意事，遇到困境，就得轉回頭來檢討自己，圖謀超脫困境；遇到困境，不亟思突破超越，那就永遠停滯在困厄之中。

成功的企業家中，不少人只有小學的教育程度。眾所皆知，台塑企業的大掌門人王永慶先生只有小學的教育程度，但是他努力奮鬥，不自以為是，虛心聽取別人的建議，日新月新，成就他的事業。然而很多僅有小學教育程度的人卻沒有變為成功的企業家。兩者之間的差別在於「困而不學」。

「讀書在於變化氣質」，什麼是「讀書」？可以讓人變化氣質的就合乎讀書的定義。小學程度或博士學位這些教育程度指標還算不上是「讀書」。如果教育程度越高，就應該越有成就的話，那麼一大堆高學歷的博士們應該超越愛迪生、亨利福特、愛因斯坦。人生是一場變化氣質的「讀書」過程。

所謂的幸福，僅僅是一種感覺而已，這種感覺存在於記憶回味中。只有失去的時候，才會領悟到曾經擁有；只有超越苦難，才能體會幸福。人生是一場體悟「幸福圓滿」的旅程，從「無知」開始，到「圓滿」結束。

註一 《人生不設限》；第二九九頁，力克．胡哲◎著，彭蕙仙◎譯。方智出版，二〇一一年十月四十二刷。

註二 《從A到A+》；第三二一頁，Jim Collins◎著，齊若蘭◎譯。遠流出版，二〇〇二年。

註三 《惠普風範》；第五十七頁，大衛．普克◎著，黃明明◎譯，智庫股份有限公司，一九九九年一月一版四刷。

第六章

禪的修煉

有一天，藥山惟儼禪師神態莊嚴地禪坐在蒲團上，徒弟看到了過來問他。

徒弟問：「兀兀地思量什麼？」

禪師答：「思量箇不思量底。」

徒弟問：「不思量底如何思量？」

禪師答：「非思量！」（註一）

徒弟問藥山禪師怎麼一動也不動地坐著，好像出神了，到底在想什麼事情。禪師說他正在想一個無法想的東西。

無法想的東西到底要怎樣才能想？徒弟當然很好奇。禪師答得更有意思了：「那就不要用想的！」

現代的教育講究概念化與系統化的邏輯推理，習慣了現代化教育的人，剛剛開始學習參禪，往往有很大的困難，要先突破理智認知的所知屏障。

禪超越邏輯性而且跨越一切知性理智的範疇，使得一切理性認知派不上用場。

藥山惟儼禪師當然也想要把禪說個清楚，只是一個「言語道斷」不容易說清楚的東西，硬要把它說清楚，最後只是會讓人更不清楚。

西方的哲學遇上東方的禪法

奧根・海瑞格教授（Eugen Herrigel）還在德國的大學裡當哲學講師的時候，有人問他願不願意到日本東京大學教授哲學，他愉快地答應了。小時候就對神祕的玄學很有興趣，正好利用這個機會到日本參佛習禪，一探究竟。從一九二四到一九二九的六年間，他滯留日本修習弓道（註二）。

奧根剛到日本本來想直接參禪，朋友告訴他，對於一個外國人而言，禪是很不容易捉摸的，最好透過某項技藝間接轉進比較好。他接受友人的建議，心想他曾經學過步槍與手槍射擊，經由這個門徑應該比較容易進入弓道的堂奧，於是選擇射箭。剛開始，因為過去不愉快的經驗，弓道師父鍵藏栗拒絕收一個外國人做徒弟，後來朋友宗藏小町屋教授的說項及奧根向師父表白追求真理的決心，鍵藏栗才收他入門。

初步的教訓

東西文化的差異讓他的六年的學箭時光的前半段好像一場夢魘，要不斷地修正理性學習的慣性，才能稍稍探觸到禪的內容。

開始時，鍵藏栗教導奧根拉弓，強調拉弓時，不要以全身的力氣，只有手掌用力，肩膀與手臂的肌肉是放鬆的，做到這一點就初步完成心靈化拉弓。奧根再怎麼努力，總是全身用力而僵硬。後來，鍵藏栗教他腹式呼吸法，讓精神力量充沛四肢，身體才慢慢輕鬆下來。

經過一年，奧根終於嫻熟心靈拉弓，他很好奇問宗藏小町屋為什麼師父不一開始就教他腹式呼吸法呢？一個偉大的師父——宗藏小町屋回答：「如果他一開始就教呼吸練習，他就無法使你信服這種方法的重要性。當你用自己的方法遭受挫敗後，你才會準備好接受他拋給你的救生圈。師父瞭解你和每一個學生，也許我們不願意承認，但他的確能夠看透每個學生的心靈。」

功利成人與天真嬰兒

接著學習「放箭」。拉弓時，拇指繞著弦，貼著箭，扣進掌心，三個手指緊緊壓住拇指，穩穩地夾住箭。放箭就是張開手指把拇指放掉，讓弦的拉力把箭自然彈射出去。鍵藏栗示範放箭時，右手自然向後彈開，輕柔地伸直，緩衝掉彈射的後座力，身體不會震動。而奧根放箭時，身體都會猛然顫抖，影響弓與箭的穩定度。幾個月的練習，奧根都沒有進步，他非常懊惱，他像一隻蜈蚣突然想要弄清楚自己走路是從哪一隻腳首先跨步出去，結果反而寸步難行。

「不要思索你該怎麼做，不要考慮如何完成它！」鍵藏栗說：「只有當射手自己都猝不及防時，箭才會射得平穩。」

持續無效的練習後，有一次逮到機會，奧根直接表露他的困擾：「放箭時絕不能震動，但是我怎麼做都不對。如果我盡可能握緊手指，則鬆開手指時就無法不震動；如果我輕鬆地拉弓，則還沒達到張力頂點，弓弦就會從手中扯脫，我困在這兩種失敗之中。」

鍵藏栗回答：「握住拉開的弓，必須像一個嬰兒握住伸到面前的手指。他那小拳頭的力量讓人驚訝，而當它放開手指時又沒有絲毫的震動。你知道為什麼嗎？因為嬰兒不會想：『我現在要放開手指頭來抓其他東西。』他從一件東西轉到另一件東西，完全不自覺，沒有目的。」

奧根更加地疑惑，問：「拉弓放箭的最終目的是為了擊中箭靶。拉弓只是達到目標的一種手段，我無法不顧這種關係。嬰兒對此毫無所知，但是對我而言，這兩件事是不可分的。」

鍵藏栗叫道：「真正的藝術，是無所求的，沒有箭靶！你越是頑固地要射箭擊中目標，就越無法成功。阻礙你的是用心太急，如果你認為自己不去做，事情就不會發生。」

奧根問：「那麼我該怎麼做呢？」

鍵藏栗達：「放開你自己，把你和你的一切都斷然地拋棄，直到一無所有，只剩下一種不刻意的張力。」

奧根再問：「所以我必須刻意地去成為『不刻意』的？」

鍵藏栗說：「沒有一個學生這樣問過我，所以我不知道怎麼回答。」

背叛師門的捷徑

三年時間過去了，奧根幾乎毫無進展，他已經懷疑是否在浪費光陰。

後來，宗藏小町屋告訴奧根，這個時間點鍵藏栗應該早已察覺他的沮喪，師父曾經翻閱日文的哲學入門書籍，想要用奧根熟悉的哲學知識來幫助他。最後鍵藏栗把那些書都推到一邊去了，說他現在可以瞭解喜歡哲學的人，自然會覺得弓道太難了。

奧根自己發明一個方法放箭，利用扣板機的原理，拉弓後減輕手指在拇指上的壓力，時候到了，拇指扣不住弓弦，產生像閃電般的放箭。效果很好，射得很平穩，他自己很滿意。正式在鍵藏栗面前射出一箭後，師父睜大眼睛，狐疑地請他再射一次。奧根的第二箭比第一箭還要好，沒想到，鍵藏栗不發一語走上前去搶過弓，回去座位，背對著奧根。奧根自認為射得很好的佳作，不但沒有得到獎賞，反而好像引起老師的一肚子怒火。

隔天，宗藏小町屋來跟奧根說鍵藏栗師父生氣了，拒絕教他。師父認為奧根侮辱弓道欺騙他。經過奧根解釋得死去活來，鍵藏栗才勉強答應繼續授課，但是要求奧根不得再自作聰明違背大道的精神，一切遵照老師的教法射箭。

偶然的邂逅

光陰荏苒，進入了第四年。眼見一事無成，奧根心裡真的急了，他向鍵藏栗反映他的焦慮。

鍵藏栗：「到達目標的途徑是不可衡量的！幾星期、幾月、幾年，又有什麼重要呢？」

奧根：「如果我半途而廢呢？」

鍵藏栗：「一旦你真正成為無我時，你可以在任何時候中斷，努力練習吧！」

他們重新開始，只是奧根依然無法突破困境。

有一天，奧根忍不住了，問：「如果我不去放箭，箭怎麼會射出去呢？」

鍵藏栗：「是它射的。」

奧根：「我聽你這樣說過好幾次了，讓我換個方式問，如果我不存在了，我又如何地忘我地等待那一射呢？」

鍵藏栗：「它會在張力最高點等待。」

奧根：「這個它是誰呢？是什麼東西呢？」

鍵藏栗：「一旦你明白了，你就不需要我了。如果不讓你親身體驗，直接給你線索，我就是最壞的老師。不要說了，繼續練吧！」

又是幾個星期過去了，奧根還是沒有消息，他幾乎又想放棄，現在只是得過且過地練習度日子。

有一天，射出一箭。在他背面用心觀察的鍵藏栗師父深深地一鞠躬後，叫說：

「剛才它射了！」

奧根驚訝地瞪著師父，終於有一點點瞭解師父一直強調的意思了。

經過好一段時間，有一就有二，有二就有三，奧根偶爾有幾次正確的放箭。每次正確的放箭，鍵藏栗師父都恭敬地鞠躬。事實上，奧根也無法解釋他是怎麼做到的，但卻非常清楚正確與失敗放箭兩者間的差異。鍵藏栗看來相當滿意奧根的表現，微笑地示意：「已經可以這樣的人，要好像根本沒有發生過一樣，不要執著在這些微的成就，就可以讓這種狀態頻頻發生。」

執著理性探索

接下來的日子，鍵藏栗教奧根實際射靶。

奧根的箭都落在箭靶前的地面上。

鍵藏栗說：「你的箭飛不遠，因為它們在心靈的距離就不夠遠。射箭不靠弓，而是靠當下的真心。」

經過一番練習後，奧根雖然已經射得夠遠了，卻總是無法命中箭靶。奧根好奇地問，為什麼師父沒有教他們瞄準的方法，他心裡想一定有瞄準方法命中箭靶。

「當然是有，」鍵藏栗說：「你自己很容易就可以找到準頭。如果你每次都命中箭靶，也不過是個愛賣弄技術的射手而已。對於大道而言，這卻是純粹的邪惡。它只知道有一個目標，一個無法以技術來瞄準的目標，它把這個目標稱為『佛』。」

鍵藏栗教徒弟們仔細觀察他射箭的神態，鍵藏栗射箭時，眼睛幾乎是閉的，一點也不覺得他有在瞄準。

奧根很聽話規規矩矩地練習，偶而命中箭靶也不會興奮，但還是受不了長時間的盲目亂射。

「你的煩惱是不必要的，」師父說：「要拋開射中目標的想法，就算你每枝箭都射不中，仍然可以成為一個師父。射中箭靶只是外在的證明，表示你無所求，無自我，放開自己，不管如何稱呼這種狀態，已經達到了巔峰。熟練的程度也有等級之分，只有當你到達了最高的一級，才能百發百中。」

「這正是我百思不解之處，」奧根說：「我能瞭解你所說的，內在的目標才是真正要擊中的。但是不用瞄準就可以射中外在的目標，而這一擊只是內在事件的外在證明。這其中的關係是我想不透的。」

鍵藏栗想了一會兒，說：「如果你以為只要大概瞭解這些深奧的關係，就可以幫助你，那是在幻想。這些過程超越理解的範圍，大自然中有許多關係是無法瞭解的，但又如此真實，我們就習以為常，彷彿是天經地義的。」

幾個星期的練習過了，奧根又有一些揣測，他問師父：「是否有這個可能：經過多年的練習，你可以如反射動作般舉起弓箭，就像一個夢遊者一樣確實。所以，雖然拉弓時沒有刻意瞄準，也一定會射中箭靶，因為你根本就不會射不中？」

鍵藏栗搖搖頭，沉默一陣子後說：「我不否認你說的不無道理。我面對箭靶，就算不刻意注視目標，也必然會看到它。然而我知道這樣看是不夠的，不能決定什麼，也不能解釋什麼，因為我對那箭靶是視而不見的。」

奧根不加思索地接口說：「那麼你蒙住眼睛也應該能射中箭靶！」

鍵藏栗看了他一眼說：「你今天晚上過來找我。」

破其窖

晚上，鍵藏栗給奧根一杯茶，兩人席上無語對坐一陣子。鍵藏栗起身，叫奧根把一根細長的小蠟燭插在箭靶前的地面上，然後關掉電燈。光線很暗，根本看不見箭靶的輪廓，只能約略知道箭靶的位置方向。

鍵藏栗恭敬地舞過儀式後，射出一箭，再射出一箭。奧根光聽聲音就知道兩箭都射中箭靶，只是打開電燈，吃驚地發現第一箭正中靶心，第二箭劈開第一箭的筈尾穿過箭身，插在第一箭邊上。奧根把整個箭靶搬回來給鍵藏栗。

師父說：「你會想，第一箭不算什麼。經過這麼多年，即使在黑暗中，我也會知道目標何在。但是第二箭射中第一箭，你要怎麼解釋？無論如何，我知道這一箭不能歸功於我，是它射出去的，也是它射中的。讓我們向箭靶鞠躬，就像對佛陀鞠躬一樣。」

鍵藏栗的兩箭不僅中靶破筈，還直接射入奧根的心坎深處，從此他不再對自己射的箭感到厭煩。奧根練習時，鍵藏栗也不盯著箭靶，只是注視奧根，從奧根的身上就知道這一箭會射得怎麼樣。奧根終於領會了禪宗的「以心傳心」。

非思量

接下來的幾個月是奧根這輩子的最艱苦學習歷程。有一天，他射出非常好的一箭。鍵藏栗說：「你現在明白我說它射了，它射中的意思嗎？」

「恐怕我什麼都不明白，」奧根說：「甚至連最簡單的事都陷入了混亂。是我拉了弓，或弓拉我到最高張力狀態？是我射中目標，或目標射中我？這個它用肉眼來看是心靈的，以心眼來看則是肉體的？或兩者皆是？弓、箭、目標與自我，全都融合在一起，我再也無法把它們分開，也不需要把它們分開。因為當我一拿起弓，一切就變得如此清楚直接，如此荒唐的單純。」

「現在，」鍵藏栗說：「弓弦終於把你切穿了！」

證信願行

禪門修證的程序本來講究的是：「信、願、行、證。」民風憨厚純樸的時代，修道人從喜愛深信真理，而立下誓願追求卓越的目標，繼之以日夜匪懈的精進篤行，時間到了，水到渠成，自然體悟實證真理的奧妙。

唯物科學昌盛的時代，受到現代化教育的影響，大多數的人都需要自己確確實實先看到奇蹟異行，才願意投入探索真理，信願行證的程序變成：「證、信、願、行。」

其實，這也無可厚非，古今中外，「河伯娶親」的例子不勝枚數。

年輕當兵時，有個課程「M1步槍瞄準訓練」：兩人一組，一個人拿著紙靶坐在木箱上，另一個做臥姿射擊動作，當決定扣M1步槍扳機時，舉手握拳示意，這時靶紙上的夥伴以鉛筆在那個假想彈著點做記號，如此三發子彈，畫成一個三角形。結果呢？新兵嘛，成績當然不會好到哪裡去。印象非常深刻，那時候教官非常地強調說，三角形越小越好，但是三點絕對不會同在一個孔上，甚至兩點同一處也不可能。然而，鍵藏栗的第二箭破了第一箭的箭筈，這意味著兩箭只有一孔。步槍還是精密科學機器，弓箭則是相當原始的武器，而弓箭做到現代精密做不到的事。

《列子．湯問篇》記載，飛衛是個神射手，紀昌向飛衛學射箭。紀昌學成下山，有一次兩人半途相遇，相對而射了幾箭，每次箭鋒相牴觸而掉落。

《宋史．岳飛傳》描寫岳飛少年時代就擁有神力。他向老師周同學習射箭，周同作示範射出三箭，箭箭都中靶心。周同把弓遞給岳飛，岳飛張弓就射，這一箭射破周同的箭筈，又射一次，又射破前箭的箭筈。周同大驚失色，把他最愛的弓送給岳飛。

這兩件古文記錄，當年讀起來，總有個感覺半信半疑，因為我們都沒有親自在旁邊看到，盡信書不如無書。看到奧根．海瑞格所描寫的親身經歷，讓人重新評估古人的技藝。德國人的學術涵養訓練如何？應該大家都不會懷疑，何況奧根還是個邏輯訓練很嚴謹的哲學家呢！

劍禪一氣

已經過了約定的時間——早上的辰時一刻，眾人在沙灘上四處張望。鄰近中午時分，波光粼粼，背光朝曦的武藏終於現身，他乘著小船搖進決鬥場。被武藏的遲到激怒的佐佐木小次郎，長驅向前，高高舉劍猛然下砍。糟糕！小次郎竟然沒有使出飛燕流的絕技；另一方面，武藏跳下船，快速奔跑，拖著長劍，不！那是船櫓削成的長木劍，長度比小次郎的刀身還要長。

宮本武藏躍起身來，由上而下用力一砍。雷霆萬鈞，剎那間勝負立判。武藏的額帶被削斷，小次郎的頭卻吃了重重的一擊，身子倒了下來，武藏看了看他的身體，扔下木刀，轉身跳上小船離去。巖流島上宮本武藏與佐佐木小次郎的一場生死對決，遂傳遍宮室與市井之間。

小時候，看過三船敏郎主演的一系列宮本武藏電影，那些印象深刻烙印在腦海裡。時至今天，年輕哈日族的偶像緋村劍心取代四年級生的柳生但馬守宗矩、柳生十兵衛和宮本武藏等人。時代早已進入槍炮的演武場，刀劍顯然沒有用武之地，為什麼劍豪們仍然佔據我們的心靈空間？德川幕府中期以後，融入儒道與禪道的劍道銳變為武士人格養成教育，依然滋潤現代人的思想苗圃，也資作為企業人的借鏡。任何一門學問或技藝，深入箇中三昧時，都會有禪味。日本劍道的展現更明顯。

中世紀，禪由中國傳入日本，融合當地的神道與儒道，銳變產生武士道。一千六百年的天皇在位時間，有將近六百五十年是武家政治。有實力的武士家族競爭出線，成為征夷大將軍，掌握國政，並將天皇虛位化。

日本有句諺語：「天臺宮家，真言公卿，禪武家，淨土平民。」武士階層出生入死，在刀光劍影中討生活，面對死亡的威脅，不能有絲毫的畏怯，他們更需要看穿生死門。禪講究「無相無念，生死一如」，參禪協助武士們昇華心靈。

一刀決的劍豪略傳

二十幾年前，金庸小說改編的香港電影「書劍江山」參加德國柏林影展，片中人物高來高去，飛簷走壁，德國人看不下去這種超寫實的夢幻武藝，一半的人中途就離開座席。比起天馬行空的華人武俠電影，比較寫實的日本武士電影，讓德國人比較能接受，尤其是黑澤明執導的片子。

日本進入戰國時代，歷史的文字記錄豐富而且寫實，清楚詳盡地闡明禪與武道之間的關係。

塚原卜傳

西元一五一一年，大將軍足利義尹下令關西京八流與關東鹿島七流的劍士比賽劍技。這場競技最後由關東區的二十歲年輕劍士塚原卜傳勝出，將軍賜予「天下第一劍」的稱號。一舉成名天下知，各地大名與劍客紛紛求見。塚原接受諸侯六角宣賴的邀宴，可是宴會結束離開時，六角的屬下虎左衛門藏身屏風後面，突然襲擊塚原。塚原退後一步，拔出短刀一刀斬殺虎左衛門。好事者問塚原，這種情況下，常人會拔出長刀，他為什麼拔短刀。塚原說敵我距離近，短刀比較容易操弄。事實上，成為關東代表隊時，已經有人在廁所裡突襲塚原，只是被塚原發覺揮刀砍傷。間不容髮的剎那，如此敏捷的判斷與行動，說明了塚原的劍技。

《史記》記錄豫讓兩度刺趙襄子的事情。西元前四五三年，晉國大夫趙襄子聯合韓、魏兩家共同滅亡智伯。

豫讓是智伯的食客，矢志為智伯復仇，一次趁趙襄子上廁所，另一次埋伏於趙襄子馬車必經的橋下，但是兩次均被趙襄子察覺。

趙襄子想必具有塚原卜傳感受外來殺氣的能耐，才能避開偷襲。自古以來，英雄豪傑絕非偶然，必有過人之處，他們的修練讓他們可以警覺到襲來的殺氣。

塚原卜傳在京都待了半年，不習慣京都的騷華，辭別將軍，回到故鄉鹿島神宮。每天到森林裡吸氣養神，練劍不輟。

他的父親教育他：「許多人以為劍術是一種技巧，實是大謬。劍術之道無他，出手快而揮劍有力則勝，出手慢而揮劍無力則敗，如此而已。」

塚原與人對決，一刀決定勝負。一刀砍下，對手舉刀上架，才發覺根本抵擋不住他那重如泰山蓋頂的勁勢，連人帶刀被砍倒。

三十四歲之前，塚原卜傳在鹿島神宮內閉關祈禱一千日，夜夢神明，而開創「一之太刀」劍法，史稱「新當流」。

上泉信綱

西元一五〇八年出生，本來名字叫秀綱。是上野國大胡城主秀繼的次子，一六歲入鹿島神宮拜師塚原卜傳修習劍道。塚原卜傳的祕技練法：三天三夜沒有停止，由鹿島劍士輪番上陣與修練者做車輪戰。這當中，一天內只有兩次可以站著喝下一碗濃湯，沒有其他的食物。這種練法，前兩天打得筋骨疼痛，身心疲乏，眼睛都快要睜不開，咳血痰，流鼻血。第三天破曉時分，突然覺得四肢充滿活力，頭腦清明，全身疼痛消失（註三）。

塚原新當流的練法，首重身體壯碩的武林奇葩，否則很難承受如此激烈的訓練。這種修法的功效可以打通任督二脈，能量走入上丹田泥丸宮時，六識變得敏銳，神經反應迅速。劍士對外界刺激的神經反應，比脊椎反射還要快，更不用說常人的大腦反應。從現代的體育競賽也可以看出一些端倪，世界盃足球比賽兩隊平手後，以自由球決定勝負，那種罰球的速度快到守門員根本無法思考如何去應對，通常只能憑直覺反應。而真刀決鬥時，電光石火，更是不容思索，所以塚原一刀流的祕法，就是提高劍士的直覺反應能力，再向前用力一砍，一刀斃敵。

後發先至的電光石火一刀決，源頭應該還是來自中國的道家修練法。《莊子・說劍》說：「夫為劍者，示之以虛，開之以利，後之以發，先之以致。」鬥劍時，有意無意地露出破綻引誘對手出擊，對手一動作，即刻顯現漏洞，己方以迅雷不及掩耳的快速行動制壓對方。如此的劍技也被應用在戰爭上，一九〇四年日俄海戰日本海軍元帥東鄉平八郎，及二次大戰偷襲珍珠港的日本海軍聯合艦隊司令長官山本五十六都用過一觸即發的戰術。

秀綱繼任大胡城主，隸屬箕輪城的長野業政。一五六三年二月武田信玄率軍圍攻箕輪城，長野業政苦戰數日，城破不敵，飲刃自裁。秀綱當時五十六歲，聽到上司死難，糾集餘眾，準備捨命赴義。這時候，武田軍的信使來到陣前宣讀武田信玄的口喻：「閣下，天下之義士也，劍名聞於四方，人格為習劍者之典範。今城已破，軍多戰死，望閣下不必執匹夫之義，做無益之爭鬥，使國家喪失有用之材，我已約束全軍暫時不動，聽任閣下率部離去。願閣下珍重有用之身，他日或有相見之時。」秀綱接受信玄的英雄相惜之情，率眾離去。武田賜給他名字中的「信」字，從此用上泉信綱的姓名，帶著兩名徒弟神後宗治與疋田文五郎行走江湖。

離開箕輪城的上泉信綱接受柳生宗嚴的邀約到柳生派劍客的故鄉柳生庄作客。三十六歲的柳生宗嚴屬後輩，他很真誠的款待信綱一行人，宗嚴並請信綱指導劍法。信綱令徒弟疋田文五郎與宗嚴比試，宗嚴三次都輸。宗嚴再誠懇地請求信綱親自指教，信綱終於答應。兩人對峙十五分鐘，都還沒開打，宗嚴就棄劍認輸，請求信綱收做徒弟。信綱欣然教授他劍法，宗嚴將柳生派的「新當流」改稱信綱的「新陰流」，柳生新陰流後來成為日本劍壇祭酒。

上泉信綱後來與柳生宗嚴研發創新「無刀取」，也就是空手入白刃，印證新陰流劍道不是殺人劍而是活人劍。

柳生宗矩

德川家康志在天下，因此一向留意劍道高手。他請上泉信綱介紹高人給他，上泉信綱向他推薦疋田文五郎及柳生宗嚴。一番測試之後，家康認為疋田文五郎雖然武功高強，卻是「匹夫之劍」，而不是「諸侯之劍」與「天子之劍」。他另行約見柳生宗嚴。

宗嚴帶著二十四歲的兒子宗矩面見家康，那時宗嚴六十八歲，家康五十三歲。家康持劍，宗嚴空手以無刀取，一招之內摔倒家康並奪走其劍。德川家康大為讚嘆，欲聘宗嚴為「劍道指南」，宗嚴以年老推辭，但轉而推薦自己的兒子宗矩。

家康立刻轉身問宗矩：「你們自稱新陰流，新陰流是什麼意思？」

宗矩回答：「新陰流的意思是和平之劍。」

三人坐下，徹夜談論新陰流的劍道。隔天，家康聘用柳生宗矩為劍道指南，俸祿二百石。

新陰流指的是對決時，沒有既定的對策主張，其劍以虛待實，如影隨形。對手先動，自己後發先至，攻其盲點。功夫到爐火純青時，會讓敵手覺得不管使出什麼招數，對手總是緊隨在後，威脅很大，終於棄劍認輸。新陰流的要旨在於讓對方棄劍，止戈為武，化解暴戾。後來宗矩也是二代將軍秀忠與三代將軍家光的劍道指導老師（註四）。

有一次，柳生但馬手宗矩在花園裡，心曠神怡地欣賞著盛開的櫻花，突然感覺背後有一股殺氣襲來，他本能直覺地立刻轉身，咦！只有平常背負他的劍的近身侍童而已啊！自忖，一向都很準，這回怎麼出錯了呢？柳生宗矩百思不解，感到非常地懊惱。

他退回到房間裡，兀兀地坐著獨自生著悶氣，大家都不敢靠近他。最後有一個老僕人過去問他到底發生什麼事情，惹得他這麼不高興。柳生宗矩把事情原原委委說出來。

事情傳開之後，那個背劍侍童怯怯地走過來，向柳生報告：「主公，是這樣子。當我看到您專注地欣賞花，我生起一個念頭：『您的劍術儘管再好，如果我現在從後面突擊，您恐怕也躲不過吧！』沒有想到連這樣的假想也被您察覺。（註五）」

連侍童腦袋裡浮出來的一個假設性的問題，都被柳生宗矩感受到。柳生宗矩不愧是將軍家的劍道師範，他的功力可見一般。

劍道功力到了極致，便可與聞禪道。宮本武藏與柳生宗矩的心靈昇華版都得力於與禪師的互動交往，武藏是春山和尚，宗矩則是沢庵禪師。

沢庵禪師寫《不動智神妙錄》寄給柳生宗矩，談論劍道祕訣與禪的根本大道。開宗明義〈無明住地煩惱〉講：「所謂無明，即是本來具足的智慧被遮障。住地則是心停滯在某一處，無法活絡。就劍道而言，看見對方的劍砍過來的剎那，若自己的心有以劍來做攻防的話，則心被對方的劍所牽絆，身心失念，即被斬殺，這即是心有所住的意思。真劍對決，一面舉劍，一面顧慮自身的安危，行動就落入遲緩，這即是心有所住。」「千手千眼觀世音菩薩一千隻手拿著一千種寶物，如果心只專注於某一隻手，則其他九百九十九隻手，就不能自由自在地操作寶器；好像人在森林中，若只專注於某一片樹葉，就不能看見整個樹林的全部樹葉。凡夫俗子其實也具備千手千眼，但是自己不相信自己本來就具足如此的能力，而毀謗真理大義。（註六）」

依照沢庵禪師所說的，功力臻入極致的劍豪們已經內證「心無所住」，不僅有千手揮開敵人的劍，更有千眼看穿敵人的心思。

禪的武士

如果不瞭解禪，想要通盤詮釋日本戰國武將的心意志，則有相當的難度。叱吒風雲的武將們身邊都有類似戰略顧問的禪師提供諮詢，甚至本身也參禪修悟。如此的風氣延伸到近代之日本企業經營者，如松下幸之助與稻盛和夫。

戰國名將「甲斐之虎」武田信玄與越後之龍「上杉謙信」，棋逢敵手的一場龍爭虎鬥，後世傳為佳話。武田信玄親近惠林寺快川禪師，上山謙信親近春日山林泉寺益翁宗謙禪師。

上杉謙信早在益翁門下參禪，聽到益翁禪師講解梁武帝與菩提達摩祖師的「不識」公案時，有自己的解讀。謙信自恃自己多少懂得一些禪，想考一考益翁禪師。有一次，他打扮成普通武士，躲在人群中等待機會。就在這個時候，突然益翁禪師朝他大喝問道：「試問達摩不識是何意？」

上杉謙信一下子呆住了，講不出話來。益翁禪師緊逼不捨：「您平日滔滔不絕地論禪，為何今天啞口無言？」上杉謙信被修理到狼狽不堪，傲氣全失。從此服服貼貼地在益翁門下修習禪法。益翁告訴他：「汝欲體會得禪意，必捨命直入死穴方可。（註七）」

後來，謙信訓誡家臣：「欲生者必死，欲死者必生。要旨在於心志如何。如能會此心而堅守此志，則入火不傷，入水不溺，雖生死者何懼？吾常明此理而定入三昧。惜生厭死者，不足以稱為武士。」上杉謙信一生未娶，終生茹素，並修習四天王天的北方多聞天王毗沙門天法，觀想自己成為毗沙門天化身，代天巡狩，替天行道，誅除人間不義。

無刀流山岡鐵舟

德川幕府末年日本國的諸侯大名分裂成兩個陣營，擁立天皇的勤王派與擁立幕府的佐幕派相互爭戰，佐幕派逐漸失利。明治元年（一八六八）三月討幕軍即將攻打德川幕府的首都江戶（東京），幕府重臣勝海舟委託幕府精銳隊隊長三十三歲的山岡鐵舟去見討幕軍的實質司令西鄉隆盛，協調和平解決戰亂。

鐵舟孤家寡人，現身敵陣前，大聲叫道：「朝廷敵人，德川慶喜家臣：山岡鐵舟求見。」西鄉隆盛讚佩鐵舟的勇氣終於接見他，兩人展開會談，協調出德川幕府投降的事宜。本來討幕軍堅持處死末代將軍德川慶喜，後來在鐵舟的堅持下，讓他隱居水戶。四日後，幕府方面正式由勝海舟與西鄉隆盛達成協議，江戶無血開城，結束兩百六十五年的德川幕府統治，大政奉還明治天皇。

鐵舟九歲開始在須美閒適齋修習真影流劍術，十歲那年隨著父親調任飛驒高山郡代跟從井上清虎學習北辰一刀流劍道。七年後回到江戶，拜在北辰一刀流玄武館千葉周作門下。二十一歲的鐵舟已經成爲出類拔萃的一流劍客，經千葉周作推薦進入講武所擔當起劍道準教官。三十七歲時，因西鄉隆盛的推薦，擔當明治天皇的侍衛長。早年，鐵舟的父親告喻：「武門之好在於劍禪兩全。」，因此他不僅精進劍藝，也很早就留意禪修的事，歷來師事：願翁、星定、洪川、獨園、滴水禪師。

身為超群的劍客，當然喜歡論劍華山，追求天下第一劍的卓越，二十八歲那年聽說小野一刀流的淺利又七郎義明是一位劍道達人，便前往挑戰。

淺利又七郎與山岡鐵舟兩人激烈對打半天的時光，最後淺利左右開弓，山岡向前壓制，兩人擠在一塊，山崗身材高大壯碩，用力推倒淺利。

淺利起身問：「這一戰分出勝負了嗎？」

山崗得意地說：「我把你推倒了，當然是我贏！」

淺利說：「不！是我贏。倒下之前，竹刀確確實實砍到你的護胸竹胴。」

山岡說：「這怎麼可能，我怎麼都沒有感覺。」

淺利說：「那你檢查你的護胸胴具看看吧。」

山岡往下一看，啊！護具上有三塊竹片被打壞了。年輕氣盛不願意服輸的山岡狡辯說：「我太窮了，沒有新的護具，這竹片是被蛀蟲蛀穿的。」說完，匆匆地告辭離去。

山岡回家後和義兄槍術名家高橋泥州談起此事，高橋嘆道：「那個傢伙可真是一號人物啊！」山岡也有所感地說：「我想也是。」翌日，山岡前往淺利又七郎的道場，向他道歉，並約定明日再戰。

這回他們換了木劍對打。使出真本事的淺利又七郎氣勢充沛，以下段的姿勢步步進攻。山岡則以青眼的姿勢，想要壓制淺利的劍尖。可是淺利堅穩如磐石，絲毫不受影響，像一座巍峨大山壓過來。山岡雖然頑強抗拒也無法破解，只能一步一步後退，被逼到了牆角邊。他們重新站回道場的中央，再度比劍對打，山岡又被逼到牆角，如是重複了四、五次。最後一次，淺利又七郎把山岡鐵舟逼出室外，順手紙門一拉，「砰！」一聲，把山岡鐵舟關在門外，不理他了。

從這天開始的十七年間，白天與人比劍，晚上閉眼靜坐繫念呼吸，尋找擊敗淺田又七郎的對策時，只要一生起這個念頭，淺利又七郎那泰山壓頂的劍姿就像夢魘一樣浮現在眼前，揮之不去。

有一天，山岡鐵舟參謁相國寺的獨園承珠禪師，禪師問他參禪的心得，他說：「天地同根，萬物一體，萬法歸一，一本來空。空中無十八界，無四諦十二因緣，無一切智。」獨園默默地聽。突然，禪師一掌打在鐵舟頭上。

「幹什麼？和尚！無禮！」盛怒的鐵舟，手已經摸向劍的把手。

「哈！哈！不是一切皆無嘛！怎麼生氣了。」禪師大笑一聲，這下子鐵舟倒是若有所省，放下了劍（註八）。

山岡鐵舟仍然苦無對策破解淺利又七郎的劍法，十三年過去了，他再參天龍寺滴水宜牧禪師。滴水禪師教他參中國無門慧開禪師的《無門關》裡頭的「只者一個無字」。三年間，他一直參滴水禪師送給他的禪偈：「兩刃交鋒無須避，好手還同火裡蓮，宛然自有氣沖天。」

一八八〇年的三月二十五日，有一位叫平沼專藏的橫濱大商賈來拜訪山岡鐵舟。席間，商人談起年輕時做生意，常常為了一點點小損失懊惱不已，後來發現，想成為成功的大企業家，應該要剛毅果斷，一旦決策，著手放心去幹，心情不受賺錢或虧本的左右影響。

平沼專藏的談話給予山岡鐵舟一些靈感，與滴水禪師「兩刃交鋒無須避」的禪偈一對照，他領悟了「無」的禪意。長年苦心思索，終於有了結果，隔天，鐵舟在道場上試煉一下前晚的體會。晚上則坐禪，回顧反省白天的練劍情形。

第四天晚上，如同以往，繫念呼吸，檢討白天的練劍。突然，心境好像進入一切寂靜，天地無物的境界。張開眼睛時，已經是清晨天亮的時分了。整個晚上好像只是一瞬間而已。以原來的禪坐姿態，鐵舟比出對峙淺利又七郎的劍姿，更妙的是，十幾年來，困擾著他的淺利幽靈身影竟然消失了。

「莫非我已獲得無敵的精義？」強押心頭的狂喜，召喚徒弟籠手田安定拿來木劍比畫測試一下。

籠手田安定帶來木刀，站在山岡鐵舟的前面，才剛剛舉起劍來擺出架式，立刻把劍放扔下。

「老師，我認輸。」籠手說。

「為什麼？」鐵舟追問。

「我跟先生學劍這麼久了，像今天這樣子事還是第一次碰到，我根本不敢站在你的前面。」籠手解釋。

於是山岡鐵舟便邀淺利又七郎再一次比劍，淺利也欣然答應。行劍禮之後，相互對峙，山岡的巍聳氣勢一出，連淺利那種劍道達人也無法抵擋。

「我認輸，」淺利放下竹刀，拿下護頭面具，恭肅地說：「您已經到達善境，不是過去的您，我遠遠不及了。」淺利又七郎把伊藤一刀齋的無想劍的究竟奧祕傳給山岡鐵舟。

從二十八歲的那場對淺利又七郎的敗戰之後，山岡鐵舟精進練劍參禪十七年，最後戰勝自己，也戰勝對手，證入「劍禪一氣」的無念心境。這一年，明治十三年四月，四十五歲的山岡鐵舟正式開創自己的劍道流派——無刀流。他有感而發，寫了一首詩：「學劍勞心數十年，臨機應變守越堅。一朝壘壁皆摧破，露影湛如還覺全。（註九）」

禪是一種實踐

《大佛頂如來密因修證了義諸菩薩萬行首楞嚴經．卷第六》觀世音菩薩說到祂的修行過程：「**從聞思修，入三摩地。初於聞中，入流亡所，所入既寂，動靜二相，了然不生。如是漸增，聞所聞盡；盡聞不住，覺所覺空；空覺極圓，空所空滅；生滅**

既滅，寂滅現前。忽然超越，世出世間，十方圓明，獲二殊勝。一者上合十方諸佛，本妙覺心，與佛如來，同一慈力。二者下合十方一切六道眾生，與諸眾生，同一悲仰。」

觀世音菩薩敘述修行的體證，從聽聞真理、仔細思辨，而親自實踐，到最終究的修成正果。修禪一定會有身心變化，如果沒有身心的變化，等於是枯禪。坐禪不是坐在那兒一動不動就叫做坐禪，一動不動的結果一定有感受到身心變化的內容，否則一塊石頭放在那兒一千年一動也不動，一千年後還是一塊石頭。觀世音菩薩最初始階段身心變化表現在耳根，以一句現代語言來說，即是聽覺功能先有變化。能量契機發生在耳根而身體空掉了，主體與客體對立的感覺消失不見，沒有聽的對象客體，也沒有聽的主體。泯除主客對立，二元法的現象世界的動靜對立相破滅。在這個基礎上，繼續修禪向上一著，而有後續的種種體悟。

禪是一種實踐，實踐到什麼樣的程度，就可以體會上述《楞嚴經》裡頭《觀世音菩薩耳根圓通章》到相對應的程度。沒有實踐的功夫，窮畢一生也無法真正瞭解經文所談的內容，那更非理性認知所能通達的。

從事一般百工技藝或是武道與藝術，進入終極境界，偶爾也會有人達到初階「空掉」的階段，通常還是要透過禪修比較容易。從菩提達摩祖師傳來釋迦佛祖的禪法，中土禪門祖師大德由六識修行著手，深入禪定三摩地。禪也由中土傳入東瀛，深深影響日本國勢。

靈雲志勤禪師

靈雲志勤禪師禮拜溈山靈祐禪師為師，長時間修學卻一直沒有什麼進展。有一次長慶大安禪師在溈山禪師的道場做典座，開示眾人禪法，靈雲聽了，日夜不斷用功，越加奮力修學，還是無法參透，心情極度沮喪。

有一年的春天時節，滿園桃花怒放，靈雲正巧瞥見桃紅，箭鋒相抵，契悟入道。他做了一偈：

三十年來尋劍客，幾回落葉又抽枝；
自從一見桃花後，直至如今更不疑。

靈雲禪師把他的悟道偈呈現給師父溈山禪師看，溈山機鋒相鬥地反覆詰問，最後印證靈雲禪師開悟了。溈山並且教誨他說：「你從瞥見桃花的機緣而契悟透徹，這種透悟永遠不會退失，要好好地護持。（註十）」

靈雲禪師修禪三十年，一直沒有開悟，卻在偶然一見桃花的當下，由眼識入手，自然爆開無明殼，從此自由自在。雖然說是用心了三十年漫長的功夫，沒有這三十年的基礎，又怎能「見花契悟」呢！

德山宣鑒禪師

德山宣鑒禪師俗家姓周，早歲即出家，精闢專研律藏，熟通相宗的經典，常常講授《金剛經》與《般若經》，大家都稱呼他為「周金剛」。他大氣地跟同學說：「一毛吞海，海性無虧；纖芥投鋒，鋒利不動。」後來他聽說南方禪法大盛，深感不滿說：「出家人千劫學佛威儀，萬劫學佛細行，都還不能成佛，南方這些魔族竟然敢說直指人心，見性成佛。我非得剷平他們不行，以報佛恩。」

於是，周金剛肩擔著他的作品——《青龍疏鈔》向南去了。在往澧陽的路上遇見一位賣餅的老太婆，他想吃點心充飢。

老太婆問：「你擔的是什麼？」

周金剛答：「《青龍疏鈔》。」

老太婆問：「講什麼經？」

周金剛答：「《金剛經》。」

老太婆問：「我有一個問題，你答得來，請你點心；若答不出來，到別的地方去吧！《金剛經》裡說：『過去心不可得，現在心不可得，未來心不可得。』不曉得你要點哪個心啊？」周金剛答不上來，摸著鼻子離開，前往龍潭崇信禪師的道場掛單去了。

周金剛到了法堂，看見龍潭禪師便說：「人家都嚮往龍潭道場，等到了這裡，潭既看不見，龍也沒現身。」

龍潭禪師探出頭說：「那你親自到龍潭了。」

周金剛無法答話，就留宿下來，參學龍潭禪師。

一個傍晚，周金剛侍立在龍潭的身旁。

龍潭禪師說：「天黑了，你下去吧！」周金剛禮謝師父，就往外走。很快地，他退回來說：「外頭太暗了。」

龍潭禪師點了蠟燭，並交給他。周金剛伸手要去接的當兒，龍潭禪師一吹，把蠟燭吹滅了。

德山宣鑒禪師當下大悟，便禮拜師父。

龍潭禪師問：「你看見什麼？」德山禪師說：「從今以後，再也不會懷疑天下老和尚的舌頭了。」

開悟的德山禪師把《青龍疏鈔》擺在法堂前，一把火燒掉。他說：「窮諸玄辯，若一毫置於太虛；竭世樞機，似一滴投於巨壑。」從此德山宣鑒禪師大弘禪法，「德山棒，臨濟喝」並稱於世（註十一）。

龍潭禪師完全掌握徒弟的修行狀況，在最適當的時機推他一把，幫助他進入開悟。德山宣鑒禪師在一明一暗之間，由眼識契入，這就是禪門師徒之間「覺」的教育。

萬松行秀禪師

燕京報恩寺萬松行秀禪師，十五歲出家，初學淨土，再到潭柘寺，後參禪於萬壽寺勝默光禪師。勝默禪師教他參長沙景岑禪師的禪語「轉自己歸山河大地」，半年了一點進展也沒有。勝默禪師跟他說：「我但願你慢一點領悟。」

有一天，萬松禪師有點領會了，再到大明寺雪巖慧滿禪師那邊，參「玄沙禪師未透徹」的公案。二十七天過後，依然無解。

「你只管行坐之間，尚未生出念頭前，猛然提起來看看。若還是無效，也沒有關係，先放置一邊。工作休息不妨礙參禪，參禪也不妨礙工作休息。」雪巖禪師開示他，並讓他留下幫忙書記的事務。一日，潭柘寺亨和尚雲遊掛單大明寺，萬松禪師當晚求見請教亨和尚。

萬松禪師問：「什麼是活句，什麼是死句。」亨禪師說：「你若通徹了，死句也會是活句。若不通，活句還是死句。」行秀禪師聽了，有所感觸，從此以後，更加精進用功。一日，他瞥見一隻雞振翅而飛，契機觸動，豁然開悟。他萬分驚喜說：「原來這麼簡單！今天我不只拿下玄沙師備禪師那隻老虎，也拿下長沙景岑禪師那隻大蛇！」萬松禪師趕忙到方丈室報告雪巖慧滿禪師。慧滿禪師遂應可他過關了。

萬松行秀禪師禪名四揚，元太宗的宰相耶律楚材與金國章宗皇帝均執弟子禮師事禪師（註十二）。

恕中無慍禪師

恕中無慍禪師少年出家，剛開始依持徑山行端禪師，後來在昭慶律寺受具足戒。無慍禪師外參遊方，首先淨慈寺，禮謁靈石芝禪師，再到湖州資福寺，參一源靈禪師，最後投入台州紫籜山竺元妙道禪師座下。

恕中無慍禪師看到竺元妙道禪師即刻禮拜，才剛剛想開口問「無」字禪，突然間，竺元禪師大喝一聲。

剎那間，無慍禪師豁然開悟，全身出汗。

「狗子佛性無，春色滿皇都；趙州東院裡，壁上掛葫蘆。」無慍禪師念誦法偈，請師父鑑定。

「既然都通了，還有什麼好誦的呢？」竺元禪師企圖做進一步的確證。無慍禪師袖子一甩，就走出去了。卻從此感激竺元禪師的攜引。

無慍禪師經常告訴道友：「此事如人飲水，冷暖自知，禪絕對不在語言文字上。我這輩子若不是遇上這位老和尚，幾乎被那些語言文字知解埋沒一生。將來若是能開山立宗，一定不敢忘記師恩浩蕩。（註十三）」

夢窗疎石國師

日本夢窗智曜國師（一二七五至一三五一），出身伊勢國的豪族，九歲出家為沙彌，十八歲受戒為和尚，他矢志求道，整天坐禪觀想。一個夜裡，他夢到遊禪中國疏山、石頭二佛寺，因此改名疏石。

他首先在建長寺問禪於元帝國派來日本宣讀國詔的一山一寧禪師。

一山禪師說：「我的宗門沒有語言文字，也沒有一法可以給人。」

夢窗國師說：「難道連方便法門也沒有嗎？」

一山禪師說：「本來清靜無礙，就是大方便。」

夢窗國師一聽，疑悶不解，於是改向鎌倉萬壽寺的高峰顯日禪師參學。

高峰禪師問：「你在一山禪師那邊，他有什麼指示？」夢窗國師於是就講出所有經過。

高峰禪師一聽，便大聲喝說：「為什麼不說和尚已經老邁不少了呢？」

乍聽之下，夢窗國師終於有點感悟了，但自己深知還沒透徹，從此更加精進，移往常陸國的深山道場閉關坐禪。

三十一歲那年的五月底，暑氣炎熱，他在大樹下坐禪，不知不覺中已經是深夜，回過神的時候，有點睡意，就摸黑進入臥榻睡覺。恍兮忽兮之間，以為伸手探摸到牆壁，向前一靠，卻摔落床下。剎那間，好像有所得，又好像有所失，瞬間打破烏漆桶底徹悟了。

他寫下開悟偈：「多年掘地覓青天，添得重重礙膺物；一夜暗中颺碌甎，等閒擊碎虛空骨。」

高峰顯日禪師覽偈後，遂予印可。夢窗國師大弘禪宗，門庭興盛，在生時三位天皇，往生後有四位天皇賜予「國師」封號，因此有七朝帝師的美稱，王公貴族、幕府將軍足利尊氏都皈依他，親聆禪法（註十四）。

一休宗純禪師

一休宗純禪師（一九三四至一四八一）以機智化人著名於世，自號狂雲子。足利義滿將軍掌權，結束南北朝之爭，開啟室町幕府時代。母親是政爭敗北的南朝權臣藤原氏的後人，為後小松天皇所寵愛，足利義滿逼迫後小松天皇驅逐母親出宮，一休誕生於京都的民家，但他一生從未以皇子自居。足利義滿不讓皇室有後代，命令六歲的一休在安國寺出家。

滋賀禪興寺華叟宗曇禪師淡泊名利，無意風風光光地經營寺廟，二十二歲的一休仰慕華叟的清風，想親近他學禪。天一亮一休就蓆地坐在寺門口到深夜，再回到湖邊的船上假寐一下，破曉時分又前往禪興寺，如是幾天。一個早上，華叟禪師出門看到他，叫徒弟以水把他潑走。晚上華叟回寺時，看到這個濕衣服的青年仍然坐在那邊，愣住了，最後決意收留他。

二十七歲那一年的五月二十日的夜晚，一休像往常一樣在湖中的船上坐禪，夜氣沉沉，一休修入深層的「無想定」，突然烏鴉一聲「呱！」打破三昧定，呱是我？我是呱？一體一如吧！這正是天上天下唯我獨尊的「呱」。捱到天亮了，一休呈現見解給師父華叟。

華叟說：「這還是獨善其身的羅漢境界，不是大機大用的禪家境界。」

一休說：「羅漢境界也好，我就是喜歡這個，我才不管禪家不禪家呢！」

「你可是真正的禪家啊！」看到那堅定不移的自信，華叟笑著印可一休。

華叟頒給一休開悟印證書，一休連看也不看就扔了。後來華叟禪師交代女徒弟宗橘夫人，等他往生後務必交給一休。一休四十四歲時，華叟入滅，宗橘夫人委託源宰相轉交印證書給一休，一休接過來投入爐火中火化了。

華叟晚年，病痛纏身，大小便失禁，徒弟們輪流照顧。別人清除糞便都用道具，只有一休親手處理。

那時候禪寺為了在家人的供養，輕易頒給權門豪族開悟證書，一休痛恨這種世俗化與形式化的禪。

四十二歲住在泉州堺，一休出門攜帶著木劍。大家都覺得和尚帶木劍到處溜逛很奇怪，有人問他怎麼回事。他說現在的禪師都是銀樣蠟槍頭，好像這木劍一樣，拔出來是砍不了人的（註十五）。

一休一方面是銳意革新的聖徒，另一方面是離經叛道的狂徒。雖然出家持戒，卻也認為戒律是虛偽的教條，喝酒吃肉，風花雪月，晚年更與女盲藝人「森」相愛。他的弟子中有不少有才華的人，在和歌、茶道、和畫等方面有重大貢獻。一休禪師自由自在，針對不清楚個中狀況、未臻善境的人來說，我們只能講：「危險動作，請勿模仿。」

同道方知的禪友會

香嚴智閒禪師回答徒弟玄機的提問說：「妙旨迅速，言說來遲；才隨語會，迷怯神機。

揚眉當問，對面熙怡；是何境界，同道方知。」

他尚未「一擊忘所知」之前，對於師父溈山禪師與師弟仰山禪師兩人之間機鋒相鬥，他完全是在狀況外。等到他自己也實踐到那個功夫了，他也擠身成為「巷子內」的一個成員，既然夠格參加黑帶段數的「禪友會」，自然是瞭解「是何境界，同道方知」的一位同道。

從兩千五百多年前金鉢羅花法會上，釋迦佛陀拈花，大迦葉尊者破顏相笑，師徒間以心證心，印可默契，一脈相傳，直到如今。禪門修行歷歷在目，明白見於歷代禪學公案紀錄中，除非是此道中人，一般人看這些公案僅是隔霧看花，摸不清楚，究竟怎麼一回事，卻常常落入自我知見中。

禪法要探究的不是心理學的「自我」，而是要證得眾生本來具有的「真我」本來面目。

禪的應用

禪師的訓練進入「禪的堂奧」或參透「無門關」之後，開始啟用他的禪悟，如果用於練劍，他會成為比終極武士還要終極的劍客；若用於企業經營，輕而易舉即成為經營之神。就好像金字塔一樣，從塔底爬升到塔尖，再上去一步即是海闊天空任遨遊，做任何一種事情，都可以輕易地出類拔萃。

菩提達摩祖師傳給二祖慧可禪師的《楞伽阿跋多羅寶經》：「巧便分別，決斷句義，最勝無邊，善根成熟，離自心現妄想虛偽。宴坐山林，下中上修，能見自心妄想流注，無量剎土，諸佛灌頂，得自在力神通三昧。」要達成如是境界，非得是投入畢生精力鑽研禪法的專業修行者不可。至於業餘好禪人士——「臨陣磨槍，不亮也光。」一生魚片沾沾醬油，雖然沒有滲入內部組織，也有點醬油甘味。

近幾年西方腦神經科學的探討，的確有不少的發現可以用來解釋禪坐生理與心理的現象。對於「計畫永遠趕不上變化」的工商社會壓力所造成的現代文明病，他們有能力發現問題，卻無法找到有效方案解決問題。解決問題的答案在禪的實踐功夫。

以下，介紹禪修的功用，「師父引進門，修行看個人。」下多少的功夫，就有多少的體會。「寒天飲冰水，冷暖在人心。」實踐到哪裡，就能體會到哪裡。

打破慣性思維

英國物理學家牛頓提出三大運動定律中的第一條慣性定律：「靜者恆靜，動者恆動。」不僅物理運動受慣性定律支配，人的活動也同樣地遵從慣性定律。今天早上喝豆漿，明天早上也喝豆漿，後天早上還是喝豆漿，早上喝豆漿成了一種慣性。

人類的思想同樣地受慣性定律支配，其實慣性思維並不是一件壞事情，反而是一件好事。慣性反應是生物演化上，生物的一種節能減碳的機制，它能幫助我們節省能量。改變一個等速運動中的物體的運動，必須加入額外的能量給它，所以第四天早上若不喝豆漿，要吃什麼呢？可得花點能量思考一下，如果還是喝豆漿，那是最輕而易舉的節省能源做法。有沒有這樣的經驗呢？習慣外食的人，常常為了換口味，選擇下一餐而傷腦筋。

我們可以把慣性看成是一種安逸舒服的環境——舒適圈（comfortable zone），人類習慣於躲在舒適圈裡面，離開舒適圈將是一種冒險。

我們以職業棒球來說吧！一壘的跑者若想盜向二壘時，他的腳必須離開一壘的壘包，拔腿衝向二壘。只要一離開壘包，就有中途被牽制刺殺的可能性。相反地，若是堅定地站在一壘壘包上，保證安全無虞，但是卻永遠到不了二壘。離開安逸的一壘包雖然是一種冒險，卻是一種突破慣性的創新。

慣性行為來自慣性思維，個人是企業如果貪圖安逸，永遠停留在慣性思惟上是很危險的，將來一定被潮流所淘汰因為他們沒有創新。

只是多了一副眼鏡

有一次，我約了兩位住在中壢的朋友要去澎湖，我們相約在台北松山機場碰面。離登機的時間只有一個小時，宋先生與詹先生都還沒出現，我心裡開始急了。過了十五分鐘，二十公尺的距離前，終於我看到宋先生出現了，可是！怎麼只有一個人呢？詹先生怎麼沒有跟來，到底發生什麼事了？我眼睜睜地看著宋先生走進來，我的視線四下搜索詹先生，一直到宋先生離我五公尺的距離時，我終於看到詹先生了。咦！詹先生不就在宋先生的旁邊！他怎麼突然出現了？等我回神過來，我注意到詹先生帶著一副眼鏡。

詹先生應該是和宋先生一起出現的，只是有一段時間我沒有認出戴眼鏡的詹先生，因為他平常很少戴眼鏡。而我竟然會對他的出現視而不見，這到底是怎麼一回事？

我想通了這個道理。我的大腦資料庫裡頭，儲存詹先生的資料檔是一個沒有戴眼鏡的詹先生。因此當我在人潮中搜尋詹先生的影像時，我的大腦是根據儲存的沒有眼鏡的詹先生印象，尋找一個相符合的印象，如果找到，這個人必定是詹先生。發生十五公尺的認知遲滯，在於戴眼鏡的詹先生對我的大腦資料庫而言，是一個新的資料，所以我沒有很快地認知出來。一副眼鏡產生的遲滯效應，在他走了十五公尺以後，終於被消化吸收。除了這付眼鏡所多出來的差異之外，其他的已儲存印象條件調適修整發生作用，終於讓我認出詹先生。

由這個認知的案例，讓人聯想到，先入為主的世界觀就好像已經儲存的資料庫一樣，它不露痕跡地影響我們認知未來的世界。當遇到一個差異於原來資料檔的物體出現時，如果慣性作用很強的人，他的大腦自動排除掉這個物體，等於是無視於這個物體的存在。如果慣性作用不強，終究會認出這個物體，並把新出現的差異吸收內化成一個新的資料檔。

認知慣性強的人，不容易接受新的事物；認知慣性弱的人，容易接受新的事物，當然他的創新能力也跟著變強。

皮亞傑的認知發展理論

瑞士教育心理學家皮亞傑（Piaget，一八九六至一九八〇）根據長期的觀察研究，建立近代認知心理學中一個重要的理論——認知發展理論（cognitive development）。所謂認知發展是指兒童出生之後，逐漸形成一個認知的基礎模型（Scheme），當基模接觸到外界的新差異時，認知機構吸收同化這個差異，並擴張原有的基模。再以這個新基模認知接觸外界，如此反覆，形成兒童的認知過程。

他認為兒童的認知過程呈現四階段：〇至二歲的感覺動作期（Sensorimotor）、二至七歲的前運思期（Preoperational）、七至十一歲的具體運思期（Concrete

Operational）、十一至十六歲的形式運思期（Formal Operational）。原則上，皮亞傑認為十六歲以後，一個人的認知發展已經定格成形，不太會有變化了。

西方教育心理學相當重視皮亞傑的理論，採用他的論點來調整大學以前的基本教育措施。北歐的福利國家瑞典，小學三年級的學生基本課程是玩。加拿大籍的劉力學說他小學一年級學的內容是，老師帶他們過馬路，紅燈停，綠燈走；垃圾不可以亂丟；參觀消防隊實際演練救火，小朋友要讓路出來不可以看熱鬧擋路；二年級開始才學ＡＢＣ。

為什麼亞洲人的國力表現或經濟發展，遠遠輸給西方先進國家。其實應該在教育裡面找答案。簡單舉一個例子來說，從小我們就以考試成績評量個人的學習成就，到大學階段，所謂優秀的人才是經過百戰考場出來的，加上從小被灌輸的功利主義思維，高ＩＱ的人養成競爭的習性而不是合作。並且我們著重記憶學習，所謂成績優良僅是在已經知道答案的問題堆裡更快速找到答案；至於生命中沒有答案的課題，往往不是高ＩＱ的人可以解決的。

我們的社會從我們孩提時候，就強調物欲利潤思維。很多父母擔心孩子輸在起跑點，幼稚園就念所謂的雙語學校。那麼小的年紀就努力學英語，為的是什麼？長大以後更有能力瞭解莎士比亞的劇作、蘇格拉底的哲學智慧？還是更有機會成為巨富的微軟比爾．蓋茲．股神巴菲特？應該是後者比較多吧！

根據皮亞傑的發展理論，一個人的認知發展在十六歲以前已經定型化，孔夫子的「十有五而志於學」表示在他的認知發展固定化以前，他已經確立「追學聖人之道」為他的終極人生價值觀。但是我們卻在不知不覺中，被整個社會系統教育成追逐功利財富，成人之後，就形成那樣的世界觀與人生觀。因為我們所建立的世界觀與人生觀總是那樣小鼻子、小眼睛，所以我們的社會無法孕育出像亨利．福特、湯瑪斯．愛迪生、史帝夫．賈伯斯、松下幸之助，那樣的有偉大願景的大企業家。

天生的悲劇性格

有一個美國微機電公司想擴展台灣的業務，委託我們找台灣區的總經理，在這個案子裡我們發現一個很有趣的現象。因為這個總經理必須直接報告給美國總部，所以英文溝通能力要很好，再者又要有相當的電機專業知識，因此我們先鎖定台清交的畢業生。沒有想到最後符合我們搜尋條件的人選中，台清交畢業生僅佔十分之一，即使把成大算進去也只不過是五分之一。我們發現最主要的原因是，高ＩＱ學府的人大部分沒有業務經歷，他們大都侷限在技術操作層面或研發部門。缺乏業務經驗，要做總經理帶兵打戰是有困難的。

不少高ＩＱ的人學校畢業後就一直待在研發單位，他們一直待在舒適圈裡面，沒有到外面來冒險挑戰。業務員出去跑業務，經常是被挑剔拒絕，拿下一張訂單往往是一場艱鉅的任務。高ＩＱ的人離開學校之前，是考試競爭的佼佼者，學校生涯一直是相當的順暢。推銷產品的業務員必然經常被客戶拒絕，拒絕的滋味不好受，經常被拒絕造成很大的挫折感。所以高ＩＱ的人比較少選擇高挫折感的業務領域，而二線、三線大學的畢業生，挫折對他們而言早已習以為常，因此他們不畏懼被人家拒絕，勇於衝鋒陷陣。

人類的大腦反應對於沮喪與恐懼的感受比快樂還要來得迅速和強烈。這種先天的設定是生物演化過程保留下來的自我保護機制。想想看，一個原始人類在荒野中獨行，突然聽見草叢裡有簌簌聲音作響，就在當下，他會緊張地聚精會神地搜尋四周；還是欣喜若狂地慶幸有肥美的獵物即將出現？基因遺傳裡負面的恐懼性格會讓人類一聽到草叢中的聲音，不管眼前的獵物，先躲到安全的地方再說。所以到今天，我們對危機的懼怕還是強過尋找幸福的動力。報紙上壞消息的標題總是大過好消息，而且更有震撼力，自然一點也不奇怪。

神經心理學的實驗裡，把高興與悲傷的圖片給受試者觀看，從腦波的劇烈振幅可以發現，受試者全都不自覺地對悲傷的圖片反應比較強烈；人類天生傾向愛看悲劇（註十六）。

任用「未來」的人才

「比起擅長打造馬車的人才，要優先錄用能將馬車想像成汽車的人才。」韓國三星集團會長李健熙強調三星的新人才典範。現今企業CEO的能力與成果評比中，評分比重最重的就是確保優秀人才的能力，因此三星集團CEO們出差到國外時，投入大部分的時間網羅更優秀的人才（註十七）。

根據調查，現在很多企業的執行長普遍有一個共識；「人才資源」是企業生存與創新的首要關鍵。

過去的人才搜尋著重在尋找優良技術人才，但是現在科技世界的變化相當的快，今天的「人才」，明天就可能已經是「庸才」。所以企業高層們都知道他們應該雇用具有創新特質的人才，這些人才有能力調適自己順應潮流變化，透過不斷學習與吸納，進而創新自己翻新技能。

但是「**不少的經理人看到很多的企業管理書籍與文章討論魅力型領袖，覺得焦慮不安。因為他們有自知之明，不具備這種風格。一般認為到擔任經理人角色時，已經無法大大地改變自己的人格型態。原因之一就是，心理學證據指出，人格特質透過遺傳和環境因素，在人生相當早的時候就已經定型了。**（註十八）」

改變思想，就能改變行為，有這樣問題的高階經理人要先改變自己的思維模式。但是人格特質已經定型化的有年歲的人，要改變思維特質實在是很不容易的事情。

年輕小夥子到先進國家做一趟自助旅行，兩、三個月之後回來，我們可以感覺到他們的見識與談吐都進化了。這屬於我們第二章裡所談到的六識反認內化作用。自身投入先進國家的優越環境中，六識接受新事物的刺激，而重新塑造自己的核心意識。所以它是「由外而內」的塑化作用，六識的反認結果所致。藉由「六識反認」來優化人格特質的作法，對年輕人還管用，對中年人則效果很有限。

由外而內的塑造作用對成年人不管用，但是由內而外的塑造作用卻能解決這個問題。唯有坐禪能產生由內而外的造化作用，從根本改變人格特質，改變思維，改變行為。

美國的職棒明星受傷之後，不管你有多大的功績，短期內復原無望，立刻被釋出，企業界的高階管理人也幾乎是如此，業績變差了，即要走路，尤其是美式企業。昨日的「人才」一旦成了今日的「庸才」，立刻像寵物狗遭人棄養，變成流浪街頭的喪家之犬，如此的企業殺戮戰場太殘酷絕情。企業應尋求可以重塑昨日黃花成為明日之星的機會，重新賜給「才盡的江郎」「五色筆」，則非禪無以為功。

禪提升創意力

思維如果一直停留在慣性思考的模式，思維將無能走出慣性而開創新意。過去的腦神經科學堅定認為，人的腦部構造在成人以後不會再改變。現在他們已經修正這個說法了。二次大戰以後，日本的鈴木大拙禪師在西方世界大談禪學，西藏的達賴喇嘛近幾十年也向西方國家頻頻輸出西藏佛法。腦神經科技的進步與東方禪學的刺激，讓西方神經心理學家逐漸解開神祕的腦神經世界。現在他們知道，成年以後，腦的構造仍然可以變化。

西方醫學強調「眼見為憑」，人體經過解剖後，可以看見骨骼、肌肉、血管、器官、神經腺等，但是卻看不見東方醫學強調的「經脈與氣」。所以過去西方科學根本將東方醫學視為無稽之談，實際上是他們很膚淺。

道家講十二經脈與奇經八脈，是道家修行者親身修證所感受到的，經脈圖其實是他們的實驗報告書。所以不用經過人體解剖，古代道家的修行者已經畫出腦袋裡，氣的行走路線圖。氣是一種能量表現的方式，只是感覺起來好像有「氣」在身體裡面遊走。

我們現在一天是二十四小時，以前的一天分成十二時辰。一個時辰等於現在的兩個小時，十二時辰的畫分應該是從道家的修證來的。我們的身體在一個時辰內有陰陽的變化，一陰一陽，陰的時候身體會冷，陽的時候身體會熱。白天時間有外務干擾不易察覺，晚上十點至翌晨四點的時段比較容易感覺到，不過還是需要身心靈敏的人才能感覺到這樣的生理變化。

佛家禪門修行人並非沒有類似道家修行的身心體驗，只是他們刻意略過此事，以免執著在「長生不老」的事上，他們把重心放在參透「無門關」追求開悟。

現在有一門新的學問叫做「神經可塑性（Neuroplasticity）」，是指腦部根據新經驗而重組神經路徑的終身能力，亦即是腦部有持續適應環境變化的能力。舉例來說，人類可以因為布施的善行，行善的行為回饋塑造腦神經通路，腦神經再啟動作用生出善思維，如此形成善性循環。神經學家曾經請一位喇嘛做實驗，單單是在腦袋裡觀想慈悲，儀器就可以偵測到相對應腦神經區域的活動。

心靈是可以透過經驗塑造而成的——這一點長久以來被西方哲學否認，現在腦神經科學已經趨向於東方玄學早已經建立的認知。佛教心理學認為，一些無意識的精神活動會透過一道精神大門潛入意識裡，今日的神經心理學研究也認同如此的看法（註十九）。

想要改善腦神經通路，創造幸福的心靈，更徹底的做法是透過坐禪達成。腦神經學家經常強調，我們平常用腦僅有腦容量的五％而已，還有九五％未曾開發。深層的禪坐，能量會上升到腦內部，可以擴展新的通路出來，因此可以見人所未見，發人所未發，當然會突破慣性思維，提升創意力。思想改變，行為就改變，產生相應的力量影響周遭。

坐禪就是身、口、意三業清淨，六根與六塵不交涉，心無所攀緣，回歸本來清靜的大真我。而從清淨的真我空性，蘊發出無限量的有相體，自然是創意力無量無邊。

開發右腦創意

> 結廬在人境，而無車馬喧；問君何能爾，心遠地自偏。
> 採菊東籬下，悠然見南山；山氣日夕佳，飛鳥相與還。
> 此中有真意，欲辯已忘言。

晉朝陶淵明的〈飲酒〉詩提供我們一些證據，古時候如此，現在還是如此。河邊散步，走著走著，突然閃過一絲靈感，唉呀！擠破頭腦都無解的問題，不是這樣就可以解決嗎？這下子可是好興奮。半個小時後，回到家裡拿起紙筆，想記下半個鐘頭前的靈感解答，卻怎麼回想也想不起來。

淵明先生忘情於優勝美地中，突來的靈感「此中有真意」，想要捕捉寫下那精彩的片段，卻是「欲辯已忘言」，再怎麼努力想也寫不出來。右腦閃出來的靈機一動，稍縱即逝，以左腦再去捕捉思維時，已經不知去向了。我經常體會這樣的情形，所以現在養成習慣，身邊隨時攜帶紙筆，右腦靈感一現，趕快寫下關鍵字，回家後再由左腦慢慢地回想演繹。若是想寫下那時的龍飛鳳舞的靈感文章，包準寫了上段，已經忘了下段。

大腦分為左半球和右半球。一般而言，左腦具有語言、概念、數位、分析、邏輯推理等功能；右腦具有音樂、繪畫、空間幾何、想像、綜合等功能。固然功能性核磁共振顯影或是正子放射掃描等的科學儀器已經明顯證明，左右腦無法單獨作用，中間有很多通路連結。再者，二〇〇二年諾貝爾獎經濟學獎得主心理學家康納曼教授（Daniel Kahneman）另有主張，他主張思考方式有快與慢兩種：快的叫系統一，就是各種直覺的思考，它是整個自動化的心智活動，包括知覺和記憶；慢的叫系統二，是要花力氣去思考的（註二十）。

依據我個人的體會與觀察，還是傾向以傳統的概念「左腦」與「右腦」來詮釋腦神經與思維作用的關係。雖然現代腦神經科學的發現並不支撐如此的看法，但是它仍然有它的方便與有效性。這好像愛因斯坦的時空相對論已經否定牛頓的絕對時空理論，但是古典力學仍然沒有被拋棄。

現在我們慢慢瞭解到一些卓越的藝術家甚至科學家們都是右腦活躍型的人士。日本作家三島由紀夫說：「寫小說根本沒有困難，想要寫書的時候，書中人物就在腦中浮現，我要做的只是把他們的話抄下來而已。所以我在寫書之前，完全不需要構思情節。」

知名的推理作家內田康夫在角川書店出版的《天河傳說殺人事件》的後記說：「說實在話，我並沒有認真學過如何寫小說。到現在還是個門外漢，小說該怎麼個寫法，我實在不清楚。我只是一想到有趣的事情，就原本地將之打入文字處理機裡面罷了。在打字的過程中，接下來的情景、人物動向就一一呈現出來。因為是以這種方式寫，所以在寫懸疑小說的過程中，常常連我自己都不知道犯人到底是誰。聽起來好像是在騙人，但真的是這樣。」

歌劇作家普契尼說：「《蝴蝶夫人》是神口述的產物，我只不過是將它抄寫在紙上的工具而已。」自小有音樂神童之稱的莫扎特也說：「我自己也不知道我的樂章是從哪裡湧出來的。只要在無人干擾的情境之下，靈感就源源不絕。」

有德國的孔子之稱的大文豪歌德說：「突然間在心裡湧現，在一瞬之間就完成了。好像本能地做夢那樣，被驅策著當場寫下來的感覺。（註二十一）」

唐朝詩人，李白號稱「詩仙」，杜甫號稱「詩聖」。李白是天才型的詩家，天生麗質，下筆不休，賀知章看到他的詩作驚為天上謫仙。《舊唐書》說有一次唐玄宗皇帝做了新曲，叫人找來李白寫歌詞。李白在酒店喝得爛醉，扶入宮中後，以水潑醒他，李白一連寫了十多篇詩作，玄宗皇帝讚賞不已。其實李白十五歲學劍，屬於劍仙派的修行者，《新唐書》說他擊劍任俠。修行者練就右腦通路發達，酒又是能量強的飲品，可以讓他的右腦迴路活躍，雋思泉湧。相對地，杜甫屬於勤勉型的左腦苦吟詩家，「吟安一個字，撚斷數莖鬚。」李白也開他玩笑：「借問近來太瘦生，總為從來作詩苦。」

不僅是藝術創作，科學上大突破也是右腦閃過靈光創造出來的。愛因斯坦說：「想像力比知識重要，因爲知識是有限的，而想像力則涵蓋了整個世界」、「真正有價值的是直覺。在探索的道路上，智力無甚用處」。而學校的正規教育卻把愛迪生與愛因斯坦評估為庸才。畫分時代里程碑的艱鉅難題，通常沒有答案可以依循，這時候左腦派不上用場，唯有右腦可以憑藉使上力量。

美國流行音樂名歌手巴布・狄倫（Bob Dylan）說他創作歌曲時，根本不用絞盡腦汁去作詞作曲，那些歌曲是直接從腦子裡跑出來的。但是這種天才型的創作異稟到了年紀大的時候，能量不足，創作能力也大幅下降。六十四歲的巴布・狄倫與賈伯斯對談時，自己也直接承認：「這種情況已不再發生，我已不再能夠那樣寫歌了。（註二十二）」

禪門修行講究追求開悟，「大悟」一生中只有一次，「中悟」與「小悟」無數次。中悟與小悟其實就是右腦活躍產生的解決難題的靈感。未禪修以前，我經常感到沒有什麼創意靈感，總覺得生活很枯燥無味。修禪之後，我才真正開始享受創意靈感的快樂，這應該與腦部某些通路被打開有所關聯。所以面對一個難題時，百思不得其解時，我就暫且放下，不管它，下一個階段，可能在沿著河堤走路回家中、無所事事坐在捷運中、輕鬆看電視中、沉靜下來聽音樂中，更甚者禪坐冥思中，不經意時，靈感就閃現在腦中。產生靈感就是一種創新，經常產生靈感，讓人活在頻繁的創新喜悅中。

西方哲學史上，他們也同樣使用這種方法，像逍遙學派的亞里士多德與理性哲學家康德，他們常常在輕鬆散步中獲得創作的靈感。輕鬆氣氛下，面對面的對談有時候也會勾起創意。

史帝夫．賈伯斯刻意地將皮克斯公司的總部建設成龐大集合建築圍繞著中庭，咖啡廳與信箱都在中庭裡面，讓大家能夠經常不期而遇。他說：「網路時代，我們很容易誤以為創意可以透過電子郵件或是iChat產生，這完全是癡人說夢。創意來自不期而遇的碰撞、隨機發生的討論。你碰到一個人，問他最近在忙什麼，結果你突然會說『哇』，然後很快就開始出現各種不同的想法。」

有些人平常考試成績極端優異，但是一碰到重要考試，表現就失常。或我們的運動選手平常練習成績都很好，一出國比賽，成績反而平平。這點和我們從小養成的價值觀有很大的關係。西方先進國家的人是因為喜愛藝術、科學或運動而從事該項活動。我們大都是從功利主義出發，所以面臨重大比賽時，功利思維的作用下，右腦無法活躍，表現就平平。「一念不生全體現」，沒有功利思維，進入「無意識」狀態時，身心柔和，就會有超乎意表的表現。山岡鐵舟後來的突破，就在於參透「無意識」。

有一位美國高科技公司的執行長到台灣來，我教他坐禪。他只坐了三十分鐘，下蒲團時跟我說：「I lost the track of time.」我的天啊！他才坐三十分鐘而已，我們一堆人修了二、三十年，也沒有多少人能有這種體驗，他才這麼一下子就沒有時間感了。那一次著實讓我印象深刻，我終於瞭解為什麼美國企業界的創新能力那麼強，如果他們應用禪修來鍛練心志能量，將會是如虎添翼。根據我們的資料顯示，幾位在台灣的歐美人士，他們坐禪效果都相當殊勝。歸結起來，我認為這應該與他們的教育和人生價值觀有很大的關聯。

舒緩壓力

前面我談到，有關一個美國公司委託我們公司幫它尋找台灣區總經理的案子，就在這個案子裡頭，我們發現台灣高收入的高階經理人有五分之一的比例沒有生兒育女。他們不是沒有意願，而是無法生育，即使接受現代醫療還是無效。近幾年來，中國高度經濟發展，我們也發現中國高階經理人也出現不孕的現象。能成為高階經理人，代表他從進入職場就一直很努力力求表現，才會被賞識，一階一階的受到提攜。老闆付給他們高薪資必然也要求高業績，所以高階經理人的高收入也代表一路以來累積的高壓力。

人是需要有一點壓力才會上進，但是太高的壓力則造成負面效應。撒播種子在土壤表面，種子發芽後，沒有土壤的壓力，幼苗亂長一通；把種子埋入土裡一公分處，有一點土壤的重力作用，根系向下，莖部向上，幼苗長得挺直；種子埋入太深時，幼苗無法穿透土壤重壓而窒死。植物如此，人也是如此。長期工作壓力不僅造成不孕，也會引起錯綜複雜的併發症，例如高血壓、心肌梗塞、焦慮、失眠等等。

近幾個世紀是經濟掛帥的時代，社會充滿壓力，社會心理學家談論的重心經常是圍繞在壓力的課題上。壓力不是今日社會的專利才有，古代人就有很重的壓力，春秋戰國時代的大爭之世，「勝者王侯敗者寇」那種生存壓力更大。

西元前二六〇年，趙王不用廉頗而用趙括領兵抵抗秦軍來襲。戰爭前，趙括的母親上書趙王，說她的丈夫趙奢生前特別交代兒子趙括只會紙上談兵沒有實戰經驗，不可以當主帥統領軍隊。趙王不聽，趙母只好要求，若是趙括戰敗，請免除趙家的連坐罪責，趙王答應了。結果長平一役，趙括戰敗，秦將白起坑殺趙卒四十萬人，最後趙家還是被株連滅族。

西元前二三七年，秦始皇命令樊於期為王翦的副將，領兵攻打趙國。西元前二三三年，樊於期分兵從上黨越過大行山進攻趙國的赤麗、宜安，結果被趙將李牧所敗。樊於期不敢返回秦國逃入燕國，燕王收留他。秦始皇大怒，懸賞一千斤黃金加上一萬戶的封邑拿下樊於期的人頭。燕太子丹派荊軻謀刺秦王時，荊軻以樊於期的人頭和庶地督亢地圖作為進獻秦王的禮物，才得以上殿接近秦始皇。

馬上挺身，風風光光，一旦中箭落馬，可是家破人亡，專制時代伴君如伴虎，古人的壓力不會比我們少，但是他們懂得方法紓解壓力。儒家運用靜坐，道家與佛家則用禪坐方式解決壓力。

壓力引起問題的機制，老早以前就已經相當清楚了。《韓非子．解老篇》：「聖人穿衣足以禦寒，吃東西足以充飢，滿足生存就無憂無慮了。凡夫卻不是這樣，富貴如諸侯、千金財主，他們無法破除多得無厭的心理，一輩子不能超脫憂慮與壓力，導致心智能力衰退，舉止行為乖張，招引禍害，進而惡性循環引起心理疾病，引起腸胃疾病，腸胃吸收不好，則元氣大傷。」

現代醫學瞭解人體由自律神經調控心跳、血壓、胃腸蠕動、皮膚發汗、瞳孔縮放等生理活動，這些都不是意志可以自由控制的。自律神經又可分為兩類，一個是交感神經，另一個是副交感神經。交感神經旺盛時，心跳加速、血壓上升、皮膚發汗增加、瞳孔放大、胃腸蠕動減緩；副交感神經旺盛時，心跳變慢、血壓下降、瞳孔縮小、胃腸蠕動加快。正常情況下，交感神經與副交感神經一陽一陰，互相拮抗同步協調，使人體各種生理功能順利進行。但在長期精神壓力或生活作息異常下，陰陽失調，自律神經會失去平衡。

人類天生就是對突來的威脅反應比較靈敏，交感神經一經激化，我們馬上聚精會神應付威脅，威脅消失了，交感神經弱化，副交感神經活化旺盛，讓身心恢復平靜。一般而言，交感神經比較容易被激化，副交感神經則比較不易；緊張過後，人想要輕鬆下來，通常需要比較長的時間。如果外界威脅挑戰的頻度增加太大，好像彈性疲乏一樣，會讓自律神經失去平衡，我們則陷入持續緊張狀態，而無法鬆懈下來，久而久之，長期累積的壓力引起現代社會文明病。

運動與從事自己喜歡的藝術活動，都可以促成副交感神經活化，緩和繃緊的情緒，這當中最有效的方法還是坐禪。禪坐時，能量自動會調和自律神經，企業人上班時間殫精竭慮，每天睡覺前可以坐禪一炷香約三十分鐘，把壓力錶歸零，再迎接隔日的職場挑戰。

建築師哈定（Douglas Harding）在喜馬拉雅山旅行時，突然「失去頭了」。這個當兒，他感覺到一種殊勝的寧靜，思想停止卻生出一種知覺感應到整個世界。這是怎樣的一個世界呢！

這是一個完全沒有「我」的世界，失去頭，卻擁有一個世界。這個世界比空氣還要輕，比玻璃還要透明，這一切來自「真我」，而「自我」卻不見了。哈定把這個奇特的經驗，寫成一本書《On Having No Head》（註二十三）。

哈定只是很粗淺地體會到初步的「狂心歇矣，寂滅現前。」類似這樣的情況，西方世界偶而也會發生，但是他們沒有一套完整的學問去解釋，有些人真正遇到這種情況，反而是驚惶和恐懼，以為自己不正常。哈定的「頭空掉了」經驗比Mihaly Csikszentmihalyi的書《Creativity》所談的《Flow》還要深入一些。

經常練習打坐的人，不僅放鬆自己，甚至會體驗到一種超凡的極度喜悅，忘掉自己，時間與空間的痕跡消失，這個時候，壓力一掃而空。賓州大學主持壓力研究的拜姆（Michael Baime）醫生打坐超過三十年，他描述那種時刻：「那是一種能量的感受，它的中心在我身體裡，湧入一個無盡的空間，然後再度返回。我的精神放鬆，感受到一股很強烈的愛……光明與喜悅。我深深覺得自己與世上萬物互相連結，彷彿從來沒有分離過。（註二十四）」

調整睡眠品質

睡眠是禪修者的一個重要課程，禪的生理作用在晚上的睡覺中仍然繼續在進行。一般人白天保持清醒，晚上則必須休息，恢復體力，所以現代人夜晚的睡眠品質不好，無法應付隔天的職場挑戰，壓力大的人通常睡眠品質不好，精力也比較差。根據估計，全台灣至少有二百五十萬人睡眠品質不好，幾乎每十個人中，就有一人有睡眠困擾的問題。

通常晚上九、十點的時候，副交感神經活化，精神鬆懈下來，我們會有睡意想睡覺。然而太多的外物誘使，像是電視節目、朋友邀約、白天工作未完成的作業、年輕人沉迷線上網路遊戲或是臉書，讓我們撐過睡意，這時候交感神經再度作工活化起來，精神又來了。如此的機制讓我們常常感到身體疲憊卻精神亢奮，躺在床上睡不著覺。

古時候希臘哲學家強調「心志」與「肉體」的平衡，透過運動達到身心平衡，創造健康強盛的體魄。中國古時候也應該有體認到這個課題，所以孟子有「勞心」與「勞力」者之說。勞力者以身體勞動，勞心者則以心智活動賺取生活資量，勞力者大多數不會有躺在床上，「目睛金金人傷重」的事情，而勞心者卻常常「一暝想到歸頭路，天光起來無半步。」

身體疲憊而精神亢奮就是交感神經應該弱化的時候卻被活化的結果，企業界高階經理人經常有這樣的問題。即使知道這樣的後果很想準時休息，都不得如意，人在江湖身不由己。啟動交感神經，聚精會神，加油衝刺，任務完成過後，要踩剎車，中止交感神經作用，活化副交感神經，這樣就能產生睡意，安祥入睡。

一般而言，副交感神經的活化要透過間接的手段才能做到。啟動副交感神經活化起來，可以經由聽自己喜歡的音樂或坐禪，其中坐禪的效果最好。有睡眠品質問題的人，睡覺前坐禪，直到打呵欠，就可以去睡覺了；打呵欠就是副交感神經活化的信號。

我有一個事業相當成功的朋友，偶然間我發現他伸出手指時會不自然地抖動。詢問之下，他才告訴我整個原由。他的妻子都過了更年期還有外遇，他感念年輕時太太和他胼手胝足一路奮鬥下來，上億的財產都過繼給太太，結果還是無法挽回婚姻。精神嚴重創傷，必須依靠藥物勉強入睡，雖然很睏、很累、很想睡覺，一個禮拜卻睡不到十個小時。醫生朋友警告他，處方藥物已經開到極限了，再下去有危險的顧慮。

我給他一個處方——參加密集禪訓，一個禮拜後，他毅然果決地結束這段婚姻，失去的錢財也不要了。雖然一身孑然，卻樂得獨處，從此他可以丟開藥櫃，安然入睡了。

註一　《景德傳燈錄》卷十四，藥山儼。

註二　《箭術與禪心》；奧根．海瑞格◎著，魯宓◎譯，心靈工作坊，初版二刷，二〇一一年三月。

註三　《日本物語》；第一一二頁，謝鵬雄◎著，台灣商務印書館，二〇〇六年六月。

註四　同上書；第一二四頁，謝鵬雄◎著，台灣商務印書館，二〇〇六年六月。

註五　《禪與心理分析》；第四八頁，鈴木大拙、佛洛姆◎著，孟祥森◎譯，志文出版社，再版，一九九八年四月。

註六　禪與日本文；第五十頁，鈴木大拙◎著，陶剛◎譯，桂冠圖書，初版三刷，一九九七年三月。

註七　同上書；第三七頁。

註八　《日本禪僧涅槃記》（下）；第一六四頁，曾普信◎著，佛光出版社，民國七九年二月，再版。

註九　《劍と禪》；第一六四頁；大森曹玄◎著，春秋社，東京，二〇一二年六月二十日，新裝版二刷。

註十　《祖堂集》（卷第十九）；靈雲和尚。

註十一　《指月錄》（卷之十五）；鼎州德山宣鑒禪師。

註十二　《續指月錄》（卷之七）六祖下二十三世；曹洞宗；燕京報恩行秀禪師。

註十三　同上書（卷之七）；六祖下二十三世；臨濟宗；台州瑞巖無慍禪師。

註十四　《禪の高僧》；第二一八頁，大森曹玄◎著，春秋社，東京，二〇〇五年。

註十五　同上書；第四四頁，大森曹玄◎著，春秋社，東京，二〇〇五年。

註十六　《不斷幸福論》；第五六頁；Stefan Klein著，陳素幸◎譯，大塊文化，初版，二〇〇四。

註十七　《三星品牌為何強大》；第七二頁；申哲昊等◎著，黃蘭琇◎譯，天下雜誌，二〇一一年八月，一版三刷。

註十八 《基業長青》；第四八頁，詹姆斯．柯林斯和傑利．薄樂斯◎著，真如◎譯；二〇〇五年三月再版，智庫文化。

註十九 《不斷幸福論》；第一〇六頁；Stefan Klein著，陳素幸◎譯，大塊文化，初版，二〇〇四。

註二十 《快思慢想》；Daniel Kahneman著，洪蘭◎譯，天下文化，二〇一二年。

註二十一 《超右腦革命》；第一〇〇頁，七田真◎著，劉天祥◎譯，生產力中心，民國八十六年元月，一刷。

註二十二 《賈伯斯傳》；第五七二頁，華特．艾薩克森◎著，廖月娟、姜雪影、謝凱蒂◎譯，天下文化，二〇一一年十月。

註二十三 《Zen and Brain》；第五〇二頁，James H Austin, The MIT Press, Massachusetts, 2nd Printing 一九九八。

註二十四 《不斷幸福論》；第三二〇頁；Stefan Klein著，陳素幸◎譯，大塊文化，初版，二〇〇四。

第七章

企業禪

企業管理學界經常強調大師彼得．杜拉克的管理學說，然而我們可能忽略了，中華文化中禪宗祖師的傳承學問更甚於近代管理知識，只是哲人已遠，必須是入門的同道方能跨越時空銜接祖師的智慧。除此之外，史記、戰國策、資治通鑑……等的古籍，也蘊藏無數的企業管理智慧，但是「近廟欺神」，我們常常疏忽近在身邊的智慧寶藏，而呼應會念經的遠來和尚。禪的經營智慧寶藏等待我們去開挖。

釋迦牟尼佛告訴我們禪是人生的解脫之道，企業職場也是一種禪的演練場，提供我們實踐自我的人生價值觀。禪可以用來福國淑世，也可以用來改善企業經營。

二〇一一年十月問世的iPhone 4s帶有語音辨認系統Siri，電視廣告出現一位先生開玩笑對著iPhone 4s問：「你愛我嗎？」

「我們是夥伴關係，沒有愛的關係。」Siri回答。天啊！這是白雪公主的皇后的魔鏡耶！誰這麼厲害，創造了這玩意兒。從這一幕之後，我才開始想瞭解史帝夫．賈伯斯這個人。

首先，我看了一本書Leander Kahney寫的《Inside Steve's Brain》，讀完之後，我總是感覺賈伯斯的睿智與創意力好像很熟悉的樣子，它們對我來說似曾相識，這應該是

「禪」才對，可是作者卻連一個字也沒提到禪。我有一點納悶。緊接著，從網路上獲得一些消息，賈伯斯好像有在坐禪。等到Walter Isaacson的《賈伯斯傳》出版後，我真的確定我的懷疑是正確的。賈伯斯驚人的成就可以歸諸於禪的訓練。

下面，我們由禪修過程中身心變化的角度，來看賈伯斯的企業禪的展現。

解構蘋果電腦的賈伯斯

還沒閱讀完整本自傳之前，我如何判斷禪與賈伯斯的成就密切相關呢？我由兩張相片看出來。

《賈伯斯傳》裡頭有兩張相片可以說明「禪」對他的重要性；第一張，一九九一年結婚典禮上，他邀請日本曹洞宗僧侶乙川弘文禪師為他與新娘祈福證婚；第二張，書的底封面是賈伯斯以禪坐雙盤的姿勢抱著智慧結晶Macintosh電腦。

西方人很重視他們的婚禮儀式，賈伯斯會請來證婚的人在他的心裡面佔有什麼樣的位置，可想而知。麥金塔電腦是賈伯斯的處女作，他以雙盤的方式抱著它拍照，可見他很珍視這樣的坐姿；這兩張照片說明了一切。

解脫自卑

賈伯斯為什麼會習禪？這應該和他是個養子有很大的關聯。「遭遺棄」、「被挑選」、「與眾不同」這幾個概念是賈伯斯人格的重要元素，盡管他自己不這麼認為，一些早期近身夥伴卻都有這樣的感覺。

在賈伯斯輟學後成為他的摯友的卡爾霍恩（Greg Calhoun）說：「史帝夫跟我說了很多心事，尤其是他被親生父母拋棄的痛苦。但他也因此變得獨立。」一九八〇年代和他一起打拚的安迪·何茲菲德也說：「為什麼賈伯斯有時會失控，動不動就對人爆粗口、傷人，這個缺點可追溯到他一出生就被拋棄的遭遇。這個被拋棄的主題，在賈伯斯的人生縈繞不去，也是他真正最深層的問題。（註一）」

為了擺脫這個夢魘，十五歲的他吸食大麻，短暫的飄飄欲仙之後，問題卻沒有解決。一九七四年他漫遊印度七個月，學過瑜伽。那年年底，花了一千元美金接受當時很盛行的為期十二週的原始吶喊療法。這種療法基於佛洛依德理論衍生出來，認為心理問題是童年時期壓抑的傷痛所引發，藉由嘶吼、吶喊或狂哮，發洩恐懼痛苦的情感而解決問題。

最後賈伯斯還是在禪裡頭找到解答，他向塔薩哈拉禪修中心的日本曹洞宗禪師乙川弘文學禪。

賈伯斯很認真學禪，那段時間幾乎每天都去找乙川禪師，每隔幾個月就一起閉關修行。他曾經想過要專業修行，但是乙川禪師告訴他可以一邊工作，一邊修行。賈伯斯最後走上創業的道路。

願景壯志

禪不僅幫他洗除腦袋裡頭自卑的因子，並且形塑他建立人生的壯志願景。

賈伯斯說：「二十四歲時，我的身價已經超過百萬美金，二十五歲時更到達幾億美金，但那並重要，因為我從來沒有為了錢做這些事情。」他要在宇宙裡留下一聲鏗鏘。

心中的願景，讓賈伯斯不自量力地跑去邀請當時百事可樂的執行長史考利加入蘋果電腦。一九八三年一月以來，幾番來回折衝之後，史考利游移不決地告訴賈伯斯他們還是做朋友，他可以從旁給賈伯斯建議。賈伯斯低著頭，死盯著自己的腳，沉默了一陣子，說：「你願意賣一輩子的糖水，還是希望有機會改變這個世界？」史考利感覺胃部好像挨了一記悶拳，不知道如何答覆。接下來的幾天，這個問題像幽靈般一直困擾著他。一九八三年五月，史考利到加州蘋果電腦公司就任。

人類歷史上，一些偉大的企業家並不是為了錢而從事企業，他們就像延續正法命脈的禪師一樣，無視功名利祿，奉獻犧牲，犧牲奉獻。釋迦佛祖、安世高譯師、菩提達摩祖師，他們出身於皇族王裔卻未安享榮華，反而布衣粗食，修證成果，再普化眾生。

六識敏銳的設計與創新

禪修精煉賈伯斯的六識敏銳度，第二章禪的認知心理學的「六識敏銳提振經濟」裡面，我們提到一些他的銳利眼識與敏捷的意識。

曾經和賈伯斯混跡禪修中心的丹尼爾．卡特基說：「禪對他影響很深，你可以從他那極簡的美學、驚人的專注看出這點。」禪重視直覺，這點對賈伯斯有很深的影響。他自己後來也說：「我開始瞭解，直覺頓悟與知覺要比抽象思考和邏輯分析來得重要。」

蘋果公司的設計大將強納森．艾夫像多數的設計師一樣，喜歡分析每樣設計背後的哲學及整個發想流程，但是對賈伯斯言，設計這件事多半是直覺，他會直接指出喜歡的模型或草圖，艾夫再根據他的中意，進一步發展他的概念。賈伯斯強調蘋果的成功絕對和設計息息相關。蘋果獨樹一格的設計也真的讓iMac、iPod、iTunes、iPhone、iPad，成為市場的寵兒。

一九八四年Macintosh上市的廣告影片：一座陰森森的大廳，電視屏幕上正在播著大哥大們的心靈控制演講。一個充滿反叛細胞的年輕女子突然跑進來，跑在思想警察的前頭，拿著一隻大鐵鎚，擲向巨大的屏幕。其實這支影片先在公司內部的銷售大會播出時，大家看了目瞪口呆講不出話來，沒有一個董事敢支持。他們本來想打消播出，後來因為曾當過美式足球教練的行銷主管的支持，才得以在第十八屆超級盃播出。播出後，這支具有叛逆革命精神的廣告片，贏得熱烈的迴響。

當大家都還落在舊思維的慣性中，賈伯斯卻未曾落入慣性思維的陷阱裡。他也未自我陶醉在過去的成功中，他不斷地推陳出新。蘋果的產品從Macintosh、iPod、iTunes、iPhone、iPad，一直引領消費風騷。

簡約即是美

賈伯斯深受日本茶禪的影響，日本茶道的簡約美感來自「無相無念」的禪的概念。簡約的概念不僅在蘋果產品，也表現在他的居家，他深切奉行這個原則。有一次微軟的比爾・蓋茲和太太去賈伯斯帕羅奧圖的家作客，一進門看到那簡樸到可以的擺設，不可置信地問：「你們真的都住在這間房子裡嗎？」那時，蓋茲正在西雅圖附近大興土木蓋一棟兩千坪的豪宅，而賈伯斯雖然舉世聞名，身價數十億美元，他的住家沒有保全人員，沒有僕人，白天甚至後門也不鎖。

佛法解釋這個萬法萬象的有相宇宙是清淨空相所展現出來的，所以由有相回歸到空相是「一切即一」，由空相衍生有相是「一即一切」。賈伯斯將這個原則發揮得淋漓盡致。他致力於征服複雜而不是忽略複雜，創造出簡約的最高境界，他說：「要讓一件事情變得很簡單，要真正瞭解隱藏其下的挑戰、創造出優雅的解決方案，絕對得下很大的功夫。」

賈伯斯的設計智囊艾夫說明自己的設計理念：「簡約不只是一種視覺風格，也不只是一種形式上的極簡或不散亂、不嘈雜，你必須深入發掘複雜的內涵。如果你想要讓某件產品看不到一顆螺絲，結果可能做出一件極其迂迴而複雜的產品。你必須真正深入瞭解一項產品的本質，才能去蕪存菁。」

禪的「不生不滅」根本生死觀深深影響賈伯斯，臨終前他對華特・艾薩克森說：「從另一個角度來看，也許生死就像開關。啪！開關關上，你就走了。」停頓一下，露出一絲微笑：「這就是為什麼我不喜歡在蘋果的產品加上開關鍵。」

唯心所現

「諸法無我，一切惟心。」這個原則，賈伯斯深諳個中三昧。賈伯斯常常把不可能變成可能，部屬們用電視影集「星艦迷航記」的「現實扭曲力場」來戲稱他的能耐。

麥金塔團隊的軟體工程師崔博爾向剛進來的安迪・何茲菲德抱怨賈伯斯要求他完成一件不可能的任務，他說：「賈伯斯現身之後，現實是可以被改變的。他能鼓動三寸不爛之舌，讓人相信他說的任何事情都可能發生」，「陷入史帝夫的現實扭曲力場是很危險的，但他也的確因此擁有改變現實的能力。」剛開始何茲菲德覺得這事太誇張了，兩個星期後他也有同感：「賈伯斯的現實扭曲力場融合領袖魅力的修辭風格、不屈不撓的意志。奇妙的是，即使你感覺得到賈伯斯的現實扭曲力場在發功，你想抗拒，卻似乎還是被這股力量帶著走。例如我們提到某些技術還在雛型階段，過了一陣子，我們就不再這麼說了，只能硬著頭皮把這些技術開發出來。」

第三章天人生活與科技經濟的「實現未來」，李廣射虎的故事說明「一切唯心所現」。麥金塔團隊經理黛比．柯爾曼說：「你之所以能完成不可能的事，正因為你不知道那是不可能的。」

不僅內部員工，外人也經驗過現實扭曲力場的功力。當時生產大金剛玻璃給iPhone的康寧公司執行長魏文德（Wendell Weeks）說：「賈伯斯和蘋果逼我們更上層樓，我們每個人都非常著迷於自己做出來的東西。」

真性情

蘋果電腦的主管通常都很暴躁，精神緊繃，因為賈伯斯本身就是經常反覆無常，所以身邊的人也只好繃緊神經；素來賈伯斯以脾氣暴躁聞名。

有一次艾夫與賈伯斯去倫敦，艾夫挑了一間禪風十足的五星級精品旅館。賈伯斯非常不滿意，艾夫拎著行李才到櫃檯要退房時，賈伯斯已經在櫃檯發飆。一般人遇到不愉快的事情也不會直接說出來，但這絕對不是賈伯斯的風格。艾夫覺得不可思議，一個生性很敏感的人，為什麼這麼容易發怒。賈伯斯真的很像小孩子，反應非常直接、強烈，可是事情過了，很快也忘掉。

除了脾氣暴躁之外，賈伯斯還有真性情的一面。一九九七年，雖然屬意麥金塔首航廣告片的賽特公司，他還是請公司總監克洛來比稿，以杜其他知名廣告公司的悠悠之口。賽特公司已經是廣告界的翹楚，克洛本來拒絕，後來經賈伯斯的誠懇邀請幫忙，他們也掏心掏肺地全力以赴。回想到當年這一幕，賈伯斯總是啜泣不已：「不只因為克洛有情有義，也因為他的Think Different實在太出色。只要我感受到純淨的事物，純淨的精神與愛，我總忍不住落淚，純淨總是深深打進我心裡。他在辦公室裡對我說明創意概念的時候，我就流淚了，之後每次想起來還是會掉淚。」

有一天，百丈懷海禪師侍立在師父馬祖道一禪師身旁，一群野鴨子飛過天邊。

馬祖禪師問：「那是什麼？」

百丈禪師說：「野鴨子啊！」

馬祖禪師問：「到哪裡去？」

百丈禪師說：「飛過去了啊！」

馬祖禪師突然跑上前，狠狠地擰了百丈的鼻子一把，百丈痛得大哭失聲。

馬祖禪師說：「你再說嘛，飛過去了。」

百丈禪師一聽，有所省悟。百丈禪師回到宿舍，嚎啕大哭。

同修問他：「你怎麼哭得這麼傷心，想父母親嗎？」

百丈禪師說：「不是。」

同修問他：「被人罵了？」

百丈禪師說：「也不是。」

同修再問：「和師父有什麼地方不對契？」

百丈禪師說：「你們自己去問師父啊！」

師兄弟一夥兒跑去問師父馬祖禪師：「百丈跟師父有甚麼地方不對契，他在宿舍裡大哭，請師父告訴我們啊！」

馬祖禪師說：「他知道怎麼一回事，你們去問他才對。」

師兄弟們又回到宿舍，問百丈禪師：「師父說你自個兒知道，要我們來問你。」

這時候，百丈禪師放聲大笑。

同修問他：「你剛才哭得很傷心，現在為什麼大笑呢？」
百丈禪師說：「是啊！剛才哭，現在笑。」
大眾一夥兒還是弄不清楚怎麼一回事（註二）。

賈伯斯毫不掩飾喜怒哀樂的性格，其實還是來自禪修。唐朝百丈懷海禪師有時候大哭，有時候大笑，即使是同修多年也摸不清楚怎麼一回事。如果用一個禮拜精進禪七的修行來看禪行者的身心變化，第三、四天修行者的情緒就會進入如此情況，通過這個階段，身心又進化轉變一層。原則上來說，那是能量變化的關係所引起的身心現象。

二〇〇九年三月二十一日賈伯斯進行換肝手術，當他的身體逐漸恢復之後，又開始管東管西，愛發脾氣。來幫忙看護的賈伯斯太太蘿琳的好朋友凱瑟琳說：「他開始復原之後，對大家雖然心懷感謝，可是那副討人厭的德性馬上冒出來了。不但脾氣暴躁，而且老是想要掌控一切。我們都以為他經歷這麼多的考驗，不知是否會變得柔和一點，結果還是沒有。（註三）」

用一個比喻來說，賈伯斯的身體好像是賓士轎車的引擎，沒有汽油時當然跑不動，加滿油了，又恢復生龍活虎的動力。所以能量恢復之後，還是原來脾氣暴躁的賈伯斯；病中不會發脾氣的賈伯斯，其實只是能量不足的現象而已。類似的情形也表現在台灣中西醫治療小朋友感冒的差異：西醫以抗生素治療感冒，服藥之後，小朋友感冒雖然會好，但是一點也活潑不起來；中醫用草藥治感冒，雖然好得慢，但是小朋友還是蹦蹦跳跳。因為抗生素的殺傷力比較強，小朋友的能量降低太快，所以不會蹦蹦跳跳。

德國的哲學家叔本華與音樂家貝多芬也有這樣的情緒傾向，雖然他們沒有坐禪，但是長期制心一處的結果，也會有類似的身心反應。

叔本華

亞瑟．叔本華（一七八八至一八六〇）在世時，他的哲學一直被人忽視，直到晚年，枯木逢春，聲名大噪。叔本華的哲學思想深深地影響近代很多大思想家、文學家、藝術家，其中狂傲不羈的存在主義先驅者——尼采，受他影響最鉅。

一八一八年三十歲時，出版了《意志與表象的世界》一書，雖然自己認為是驚世之作，卻沒有人欣賞。

一八二一年八月住在柏林時，有一天他在公寓和一位四十七歲的縫紉婦人吵架，一氣之下，把婦人推下樓梯。他說婦人太吵鬧了，婦人卻說只是和朋友在樓梯頂端的走廊上聊天。婦人受傷，終生不能工作，五年後，法院判叔本華每月給錢奉養婦人直到死亡。

一八二二年受聘柏林大學講師，他選擇與當時哲學泰斗黑格爾同一時段開課，他的教室經常是空的，沒有學生來聽課，因此憤而辭職。他很自負地認為：「從康德到我這一段期間，根本就沒有哲學，有的只是那些在大學大言不慚的凡夫俗子，讀這些拙劣的著作，那是浪費時間。」

他瞧不起一般學者，認為他們迎合世俗的要求，只是純為牟利，不是為學術而學術。雖然得不到大眾市場的認同，他卻安慰自己：「不要忘記你是一個哲學家，上蒼叫你從事這種工作，切不可心有旁騖，也不要走別人的路。要保持高尚的心智及培養超俗的見地，痛苦和失敗是很需要的，這正像一艘船，必要有壓艙的重量一般，沒有它，船就成了風的玩具，很容易顛覆。痛苦是天才靈感的泉源。」

四十五歲到去世為止，叔本華獨居在法蘭克福的家中，早上七點起床後沐浴，不吃早餐先喝一杯咖啡，再坐上書桌直到中午；外出午餐後，回家閱讀到下午四點，不論天氣如何，一定出外做例行散步兩小時；六點至圖書館閱讀時報，晚上看戲或參加音樂會，餐廳晚餐後，九、十點回家睡覺。二十七年間如一日，過著機械式的生活。這二十七年的時間，若由坐禪生理學的角度來看，他等於是每天靜態坐禪六、七個小時，固定動禪經行兩小時。

《意志與表象的世界》直到一八五〇年代才慢慢為人所注意，六十五歲的時候，叔本華名聲大噪，法蘭克福市為他舉辦叔本華油畫像展覽會。

長期的孤獨和抑鬱，讓叔本華的性格越來越暴躁和乖僻。他常被恐懼和邪惡的幻想所困擾：睡覺時身邊放著子彈上膛的手槍；不放心把自己的脖子交給理髮師的剃刀；一聽到傳染病的謠言，便嚇得往外跑；公共場合的餐宴，隨身帶著皮製的杯子，以免感染；票據藏在舊信裡；金子藏在墨水瓶下。

或許是懷才不遇，一般論者都認為叔本華的哲學是悲觀哲學，並且是憤世嫉俗的怪癖和悲觀的哲學，並來自於著作未能為世人所瞭解和接受，失望之餘，而產生的變態心理。

事實上，叔本華雖然憤世嫉俗，卻沒有失去同情心。他認為奢侈比貪婪更罪惡，他有錢但不吝嗇，貧困的親朋好友找他幫忙，他從不拒絕。他提倡愛護動物，遺囑上註明他的財產繼承人是「殘廢軍人和孤兒寡婦」協會。

一八六〇年九月二十一日，他起床洗完冷水澡後，獨自坐在餐桌前吃早餐，一點異樣也沒有。一個小時候，傭人進來，發現他已在沙發的一角往生了。這位素來被稱為極憂鬱、極悲觀的哲學家，最後卻像一位禪師一樣，在沙發上「安祥樂觀」地走了（註四）。

哲學家思索他的學說理論，常常坐在那邊沉思，一動也不動，久而久之，變成一種「制心一處」的禪坐作用，所以叔本華有那樣怪異的行為表現一點也不意外。

貝多芬

德國音樂家貝多芬（一七七〇至一八二七）也有類似的傾向，並且也相當嚴重，他對人的好惡愛憎非常極端，完全感情用事。如果有人在他演奏音樂時講話，他會當場拂袖而去甚至拿椅子摔人，為了聆聽天才的鋼琴即興演奏，大家還是會容忍下來。拿破崙結束法國大革命的亂象，貝多芬寫《第三號交響曲》歌頌拿破崙的豐功偉業，後來拿破崙稱帝，貝多芬氣得把封面上的「拿破崙」的字樣塗掉，改名《英雄交響曲》。

富貴榮華對貝多芬來說一點意義也沒有，所以他也不受王公大臣的歡迎，貝多芬自負地說：「他們之所以身分高，住在豪華宮殿，雇用大批僕人，乃是由於出生在高貴家庭的緣故。世間的貴族不可勝數，處處皆是，唯有貝多芬，卻僅此一個。」

耳聾之後的貝多芬個性變得更加孤僻，沒有一個女傭可以做上四個星期以上。他不相信任何一個女傭，錢從百元大鈔到一毛錢，他都仔細地盤算清楚。朋友也幾乎無法和他交往，誰若說錯了一句話，有可能被他認為是叛徒，只不過隔天他就忘掉了，又和好如初（註五）。

音樂家如此的性格，中國史籍《說苑．君道》也有如此的紀錄。

師經是戰國初期的魏國宮廷樂師，有一次他在彈琴，魏文侯興致來了，隨樂起舞。一時高興，得意忘形的魏文侯誇下海口：「我的話都是至理名言，任何人都不可以違背。」師經一聽非常生氣，抓起琴扔向魏文侯，撞斷了王冠上的玉串，魏文侯大怒，立刻要處死師經。師經說，請讓我說一句話再死，文侯允許了。

師經說：「以前的聖君如堯、舜，惟恐民眾盲目聽從自已的言論。而昏君如桀、紂，則惟恐天下人違背自己的言論。我剛才是撞桀、紂，不是撞大王您呀！」文侯也很有雅量，知道自己錯了，放掉師經，並下令將琴懸掛在城門上，也不修補玉串，以作為自己的警戒。

藝術家的功力到了某一階段，就會如此帶種，就是想要妥協也難以自已。師經難道不知道耍脾氣的後果會怎樣嗎？但是那個當兒，無法掩飾，率性而為，是真性情的流露。

賈伯斯、叔本華和貝多芬同樣都是脾氣暴躁，但都為人所敬佩，所以不能用簡單的壞脾氣個性看待他們，那是一種類似無法後天掩飾的禪的真性情。

任人選才

百丈禪師率領眾僧侶火葬化作野狐的老人之後，那天晚上，百丈禪師上法堂講述了這件事情。

徒弟黃蘗禪師問：「古代修行人禪問答時，講錯一個字，墮入五百年的野狐身，如果全部都對，有什麼樣獎賞？」

百丈禪師：「你靠上來，我跟你說。」

黃蘗禪師向前跨進，突然打了百丈禪師一巴掌。

百丈禪師大笑，說：「我還以為是戴上紅色假鬍子的漢人，原來是一個如假包換的真紅鬍子的胡人。（註六）」

禪門師徒之間的機鋒相鬥，是屬於印心驗證的一部份。不明究裡的話，即是「危險動作，請勿模仿。」

賈伯斯用人極為挑剔，他喜歡有創意、聰明絕頂，又有點叛逆精神的人，面試軟體部門的新進人員時，他學會禪師印心驗證這一套，看他們的表現如何。面試時，賈伯斯經常丟出看似無厘頭的問題，看應徵者是否有幽默感及突發狀況下的臨場應變能力。

有一天，賈伯斯、何茲菲德和史密斯一起面試來應徵軟體部門經理的人。那人一走進來，賈伯斯等人就意識到他太拘謹、傳統，軟體部門都是鬼才，恐怕不是他管得了的。

首先賈伯斯像殘酷的獵人扔出他的長矛，問：「你第一次性經驗是什麼時候？」

面試者一時摸不著頭緒，問：「你說什麼？」

賈伯斯接著問：「你還是處男嗎？」

應徵者面紅耳赤，不知如何回答。

來不及等他回答，賈伯斯又問：「你吸食過幾次迷幻藥？」

何茲菲德回想起這一幕，說：「這個可憐的傢伙，臉上一陣紅、一陣白，我不得不問他一些比較技術性的問題，讓他下得了台。」

應徵者終於可以暢所欲言，賈伯斯卻在這時候干擾他，學火雞叫：「咯咯，咯咯，咯咯。」

可憐的應徵者忍耐不住，站起來說：「我想，我不適合這個工作。」轉身離開。

一些成功的部屬解讀賈伯斯乖張的行為屬於高明的領導統御的一部份。

霍夫曼說：「他最高明的一點，就是知道你的弱點在哪裡，知道如何讓你覺得自己很渺小，使你恐懼、畏縮。具領袖魅力的人通常都有這種能力，如果你冷靜而有自信，而且你是對的，賈伯斯評估你的時候，還是會發現你知道自己在做什麼，進而尊敬你。」

「沒有三兩三，不要上梁山。」長久以來，賈伯斯身邊的一些人總是強者、能人，而不是馬屁精。

一九八一年開始，麥金塔團隊每年都推選出一位最勇敢反擊賈伯斯的人，賈伯斯也知道員工辦了一個「最佳反撲獎」，但是卻不以為忤。第一年獲獎的即是霍夫曼。

有一天霍夫曼發現他的行銷預測被賈伯斯改到悖離現實，他氣沖沖地跑去理論。她說：「我上樓時就告訴他的助理，我手裡拿著一把刀，準備刺進他的心臟。」最後結局是：「史帝夫聽我把話說完，決定讓步。」

隔年，霍夫曼再度獲獎。那年加入麥金塔團隊的柯爾曼說：「霍夫曼敢和賈伯斯作對，讓我好生羨慕，我就沒那個膽。

但我終於在一九八三年贏得這個獎。我知道我要為自己據理力爭，這樣才能贏得賈伯斯的尊敬。得了這個獎，我就升級了。」柯爾曼後來也步步高升，當上蘋果製造部門最高主管（註七）。

雖然蘋果雇用人才也有一套繁瑣程序，但是遇到好人才時，賈伯斯不會拘泥既有的模式而破格錄用。

有一次，賈伯斯面試一位來應徵蘋果新的作業系統設計圖形介面的年輕人，那個人太緊張了，面談得不順利。那天晚上，賈伯斯在蘋果大廳裡遇上那位沮喪的年輕人，年輕人請賈伯斯很快地看一下他的作品。年輕人利用Adobe Director把更多的圖示塞進電腦下方的快捷列，游標變成放大鏡，所到處可以放大該圖示。賈伯斯叫出聲：「天啊！」當場就叫他來上班。

這項功能成了麥金塔OS X作業系統中，極受歡迎的一部分，年輕人後來還設計出多點觸控螢幕上的拖曳功能。

伯樂識馬

蘋果的成功應該歸功於賈伯斯懂得如何挑選出一流的人才，創造一個環境讓他們發揮，並激勵他們超越自己。

他說：「精英與平庸之間的差距大約是三〇%。最好的飛機航班、最好的餐飲，大概比一般的航班或餐飲好個三〇%左右。在我看來，沃茲尼克就比一般工程師高明至少五十倍。麥金塔團隊就是希望打造出每一個成員都是A咖的團隊。有人說，菁英好手彼此很難共事，他們討厭和別人合作。但我發現，菁英好手其實很喜歡與其他菁英好手合作，他們只是討厭和C咖共事而已。」

潭州石霜楚圓慈明禪師本來是儒生，二十二歲出家，聽說汾陽善昭禪師是位大師，不遠千里前去參學。當時兵荒馬亂，大家都勸他不要去，楚圓禪師爬山涉水，換穿賤衣，露宿風餐，歷盡辛苦，終於到了善昭禪師的道場。善昭禪師一見面，就知道他是未來的法門龍象，表面上卻不做聲。

時光荏苒，楚圓禪師在善昭禪師座下已經兩年了，可是善昭禪師還不允許他入室參禪。不僅如此，善昭禪師每次看到楚圓禪師還破口大罵，都沒有好話，就算是有一些教誨，也是雞皮蒜毛的瑣碎事情。楚圓禪師想不通，卻感到很痛心。

有一天傍晚，楚圓禪師忍不住了，向善昭禪師說：「自從到這裡來已經兩年了，師父不但沒有教導，反而指派更多的世俗工務，歲月磋跎，當初出家的志願……」

善昭禪師仔細地盯著他，楚圓禪師話還沒說完，善昭禪師突然厲聲大罵：「你這個壞蛋，竟然敢出賣我！」拿起竹仗怒沖沖地衝上前就要打楚圓禪師。

楚圓禪師正想要申辯，善昭禪師衝上去一把掩住他的嘴巴，不讓他講。剎那時，楚圓禪師豁然大悟說：「我這才知道，當年臨濟義玄禪師其實是爆出內行人的行話！」

楚圓禪師開悟後，繼續修行七年，才離開善昭禪師，雲水遊方（註八）。

一塊美玉包在礦石裏頭，如果沒有精湛的雕工，是無法脫胎換骨，在世人面前呈現它的光璞。

賈伯斯是一個善於雕琢人才的藝術家，他說：「多年的經驗告訴我，如果你擁有真正的人才，別去寵他們。你對他們有所期待，不斷鞭策他們，希望他們能做出了不起的東西，他們終能達成目標。」

「我從麥金塔團隊的元老得知，他們都是A咖高手，儘管你能容忍他們的表現只有B，他們不見得會謝謝你的寬宏大量。你可以去問麥金塔團隊的每一個人，他們都會告訴你，追求完美雖然辛苦，卻是值得的。」

事實也似乎是如此，柯爾曼說：「賈伯斯會在開會的時候，指著你的鼻子大罵：『你這個笨蛋！你什麼都搞砸了！』似乎每個小時他都會狠狠刮我們一頓。然而與他共事，我真的覺得我是全世界最幸運的人。（註九）」

艾夫也說：「如果不是史帝夫一直在背後推動我們、和我們共事、幫我們擋住來自四面八方的抗拒與壓力、讓創意終能變成產品，我和我的團隊所有的創意，可能早就不知所終，煙消雲散了。」

Innovation has nothing to do with how many R&D dollars you have. When Apple came up with the Mac, IBM was spending at least 100 times more on R&D. It's not about money. It's about the people you have, how you're led, and how much you get it.——Steve Jobs, in *Fortune*, November 9, 1998.

唐朝的韓愈：「世有伯樂，然後有千里馬；千里馬常有，而伯樂不常有。」世界上任何一個國家，任何一個角落都有千里馬的人才，卻不見得一定有識馬的伯樂。只有領導是人才，才能識別人才，否則應該馳騁沙場的千里馬會被當作農耕馬而埋沒。賈伯斯不僅是相馬的伯樂，他更擅長於創造一個環境，讓人才出線，發揮所長。兩千五百多年來，禪法為何能一直延傳下來，禪也有一套方法篩選出人才，激勵潛能，擔綱延續諸佛的正法命脈。

強將手下無弱兵

汾陽善昭禪師有一天告訴大家，他前天晚上夢到他已經往生的俗家父母親希望他幫他們做忌日祭祀，善昭禪師吩咐廚房的和尚備辦酒肉。廚房起先不願意配合，後來逼不得已只得依他的意思做。

祭祀完畢，善昭禪師召集眾和尚，賞賜他們酒肉。大家都不敢吃，善昭禪師就自個兒大碗酒、大塊肉吃將起來。眾人看了，議論紛紛：「這是個破戒的酒肉和尚，怎麼可能傳承大法呢！」眾人一哄而散，離開道場，只剩下楚圓禪師與大愚禪師等六、七個徒弟。

隔天早上，善昭禪師上法堂，說：「這許多閒神野鬼，就教一盤酒肉把他們攆走了。法華經上說：『此眾無枝葉，唯有諸真實。』（註十）」

佛教有大乘與小乘之別，中國佛教屬於大乘派別；南傳到東南亞的佛教則屬於小乘佛教。小乘佛教的僧侶出外托缽化緣時，不管施主布施給他們甚麼東西，他們都得吃，換句話說，若是施主布施他們肉類食物，他們沒得選擇，也必須領受。中國的大乘佛教發自於慈悲心，從梁武帝開始制定禁止葷食的戒律，佛教僧侶就不得吃葷。善昭禪師卻打破此一禁忌，篩選出他的龍象門徒，那六個沒有離開他的徒弟，後來都傳承禪法，成為大善知識，大弘「教外別傳」的禪法。

一九九七年初，賈伯斯重返蘋果後，經過一段時間，受不了他的管理方式的高級主管都紛紛離去，之後他所任用的一級主管，或多或少都具備賈伯斯某方面的特質。

一九九八年提姆．庫克接受賈伯斯的面談時，他不久之前才離開ＩＢＭ加入Compaq。「相談不到五分鐘，我就決定把謹慎、理性全拋在一旁，立刻進入蘋果工作。」庫克回憶說：「直覺告訴我，加入蘋果是一生難逢的機會，可以為一位真正的創意天才工作。」

庫克雖然鎮靜、沉穩，但是做起事來急驚風的能耐，不遑多讓賈伯斯。他全心投入工作，一直未婚，每天早上四點半起床，健身運動一小時，六點之後就出現在辦公桌前，星期天晚上固定做視訊會議，預備下一週的工作。

一九九七年九月，重返蘋果的賈伯斯召集高階主管談話，宣告他的目標不只是賺錢，而且還要做出最棒的產品。三十歲的蘋果設計團隊負責人強納森．艾夫當時也在場。艾夫因為無法認同過去只重視賺錢而忽視產品的經營理念，他本來寫好辭呈打算離開，現在聽賈伯斯的宣告，決定先觀察一段時間再說。

剛開始時，賈伯斯向外而求世界級的頂尖設計師，像是：設計IBM Think Pad的薩帕，設計法拉利二五〇及Maserati Ghibli I等超級跑車的義大利名家喬治亞羅。直到有一天他巡視蘋果設計部門時，才發現態度可親、誠懇且熱誠的艾夫，兩人一拍即合。艾夫回憶說：「我們的頻率完全一致，我忽然瞭解到自己為什麼會如此喜歡這家公司。」

本來艾夫的上司是硬體部門的主管盧賓斯坦，但是他很快地直達天聽，並與賈伯斯建立了穩固且少有人及的關係。他們的關係連賈伯斯的太太蘿琳都感受到。「強納森的地位非常特殊，」她說：「史帝夫從來不會故意傷強納森的感情，史帝夫生命中絕大多數人都是可以取代的，但強納森卻不一樣。」

賈伯斯也這麼形容他對艾夫的尊重：「如果我在蘋果有一個心靈伴侶，那一定是強納森了。大多數的產品都是我和強納森一起想出來的，他非常瞭解蘋果是一家產品導向的公司。強納森絕對不只是一位設計師，這就是他可以直接對我負責的原因。他在蘋果擁有的執行權力僅次於我。沒有人可以教他做什麼或不做什麼，這是我的安排。（註十一）」

一九九七年以後，蘋果的成功在於賈伯斯能夠識別並勇於啟用世界一流的人才，合作創造出一流的產品。《說苑．雜言》：「不知其子，視其所友；不知其君，視其所使。」若不知道一個人的水準怎麼樣，看看這個人交往的朋友群，就可以瞭解；一個領導的素質怎麼樣，也是看看他所使用的人，就可以清楚了。即使我們不太瞭解賈伯斯，看看他所聘用的人才，也可以看出個端倪；其實可以更簡單地說，光是蘋果的產品就反應出主事者的眼光與品味，那絕對是一流的。

美玉有瑕

賈伯斯的成就固然良多受益於禪，然而他的瓶頸也在於無法深入更深的禪境。華特．艾薩克森曾明白地指出，他雖有禪覺，但內在還是不夠平靜，對人也不夠柔軟。

雖然我們前面談過脾氣暴衝是正常的禪修過度階段的身心表現，但也並非沒有方法可解。修禪有五件事情要注意：調心、調食、調息、調坐、調眠。調食是五調中很重要的一個課目，禪門修行不得力，與調食大有關係。由《賈伯斯傳》裡頭的紀錄來看，賈伯斯的飲食概念偏差，所以不僅自己脾氣暴躁，也搞壞自己的身體。簡單地說，這些缺陷可以歸結到一個原因——他不懂得調食。

賈伯斯大學一年級時受到一本書《一座小行星的飲食》的影響，開始茹素，而且運用灌腸、禁食或連續幾週只吃一、兩種食物：蘋果或胡蘿蔔；胡蘿蔔吃到連皮膚都變成橘紅色。後來他讀了二十世紀初德國營養學家伊赫特的著作《非黏液飲食療法》，飲食方式更走極端，變本加厲，只吃水果和不含澱粉的蔬菜。即使結婚生子之後，還是維持這樣的飲食習慣。

二〇〇三年十月醫生診斷出他有胰臟癌，他卻決定更嚴格吃素，食用大量胡蘿蔔與果汁，並接受有機藥草、斷食清腸的自然療法。無效抗拒了九個月，腫瘤擴大，最後還是進行手術切除。二〇〇八年十月環球唱片總裁摩里斯邀請他參加一場慈善募款音樂會，晚會持續到十二點。賈伯斯冷到顫抖，天王音樂製作人艾歐文給他一件套頭長袖運動衫禦寒，他一整晚都把運動衫的帽子套在頭上。摩里斯說他的身體很差、很怕冷。

有密集禪修的人，因為能量運行的關係，通常頭部的毛細孔很容易打開，為了禦寒，隨身都會攜戴帽子；並且天氣變冷了，隨時要吃點有能量的食物，像是乳酪等，更甚者飲酒，補充能量以抵抗寒冷，否則很容易感冒而降低免疫能力。很顯然賈伯斯的身體反應已經有這些現象，但是他卻不懂得調食，以讓自己的身心更上一層樓。

一九八〇年的麥金塔團隊有一位自學成就的年輕菁英工程師柏瑞爾．史密斯，一投入電腦研究，就常到忘我的地步，但是容易情緒激動。耶誕節前夕，賈伯斯給他一個任務，用摩托羅拉六八〇〇〇重新設計麥金塔原型機，他連續三星期，不眠不休，廢寢忘食，終於突破難關達陣。史密斯後來精神分裂，賈伯斯說：「他是一個天真、很愛開玩笑的年輕人，在某個四月天突然發病。人生最怪異、最悲哀的事，莫過於此。」

離開蘋果之後，史密斯飽受躁鬱症與精神分裂的折磨，有時會脫光衣服漫遊街上，有時會敲破車窗或教堂的窗戶，再多的精神治療藥物劑量也控制不了他的行為。因為服用大量的精神藥物，史密斯完全退縮到自己的內心世界。二〇一一年他仍然在帕羅奧圖的街上遊盪，無法與任何人交談。賈伯斯很同情他，卻無法解決他的問題，只能在他出了狀況之後去保釋他（註十二）。

類似史密斯這樣的案例，美國有不少的情況，台灣高科技產業也有一些案例發生。大部分屬於長期專注於研發工作的勞心者，由於不懂得調食，所以爆發精神躁鬱症。最著名的例子就是電影「美麗境界」（A Beautiful Mind）所描述的諾貝爾經濟獎得主John Nash。歷史上，希臘哲學家蘇格拉底也有這種傾向，但是他的理性能力很強，反而整理出自己的一套哲學理論。

這種問題並非無解，禪修過程中偶爾也有人會這樣，外界不知其然，就稱作「走火入魔」。教導禪修的人要會處理這種問題，賈伯斯雖然很想幫助史密斯，卻無能為力，因他自己也不知道這種病怎麼來的，如果他知道了，他也不會調食調成那樣的身體了。

賈伯斯一生的成功與失敗都是「固執」兩個字所引起的，一方面因為擇善固執，所以能走在時代的前端，設計出風偃人心的產品；另一方面不懂飲食調養身體，卻擇惡固執，以致於搞壞自己的身體。如果賈伯斯懂得禪修調食的大法，我推測他也應該懂得如何用禪訓來培養下一個蘋果接班人。

Supermind工坊

佳質領袖國際管理顧問公司的服務項目中，有一項是幫公司尋找高階管理人才，所以我們經常面談有潛力的高階職位應徵者。過去我心中一直有一個問題：為什麼台灣一直無法產生像歐美國家的大型跨國企業？兩、三年下來，經過這麼多場的高階經理人面試與談，我終於找到解答了。這個答案是我們的企業界沒有偉大前瞻的願景，我們的高階經理人缺乏追求崇高願景的動量。

如此的困境和我們的教育體系很有關係。高中畢業以前的教育，西方先進國家著重的是培養創意力與獨立思考能力；而我們則強調背記能力。十八歲以後，一旦個人的認知行為模式固定化以後，就很難更動。我們高ＩＱ人才的人生價值觀，大抵是受社會主流價值觀影響，圍繞在高名厚祿上打轉。所以極端正常的，我們高階人才沒有狂飆的雄心壯志，獨上高峰，與天比高。

三國時魏國的劉劭撰寫《人物志》，談到「心志」鑑識人才的方法。他說《詩經》歌頌周文王：「小心翼翼，不大聲以色。」是「心小」；「王赫斯怒，以對於天下。」是「志大」。周文王心思縝密，謙沖恭謹，不會疾言厲色；志向遠大，除暴安良，該生氣的時候，也會一怒而天下安。歸結起來，「心小志大」即是膽大心細，是能屈能伸的聖賢人；而「心大志大」是膽大心粗，是不拘泥小細節的豪放英雄；「心大志小」是膽小心粗，是不切實際粗線條的苟且偷安之人；「心小志小」則是膽小心細，是規矩拘謹但胸無大志的人。

在台灣的企業界內，能夠晉身高階經理人，當然不會有僥倖的「心大志小」者，大都落入「心大志大」與「心小志小」兩類別。要將企業推進到「更上一層樓」，一個方法是物色一流的人才，另一個方法則是改造現有「心大志大」與「心小志小」成「心小志大」的人才。

雇用一流人才，公司財力要有相當沉厚底子，否則無法一直吸引人才因應外在環境的變化。即使是如此，也不必然能保證優越的傳承，惠普公司即是一個很好的例子，普克、惠烈和楊以後，就沒有優秀的執行長帶領公司營運。再者人才過時了，即棄如蔽屣，給人「飛鳥盡，良弓藏。」的薄情寡恩的感覺。

另一個做法則是，就現有的人力資源，改變高階經理人的認知發展神經結構，打破慣性思維，提升創意能力。做非常之破壞，再做非常之建設，兩者可以幾乎是同時進行。針對這點，我融合了這一生的生命體會，建立一套工坊模式提供給高階經理人激發心志能量，追求個人成長的下一個高峰。

超心志（Supermind）即是每個人都具有的清淨本體，它像是一面鏡子，照見宇宙所有的一切。這面鏡子長久以來累積灰塵，以至於無法清楚地反映一切事物。工坊的目的，就是要幫高階經理人擦拭鏡子上的灰塵，顯現出原本就有的清淨光輝。

台灣高階經理人的素質很不錯，管理技能也很強，所欠缺的只是要激化他們的心志能量。如果可以激發他們的心志能量，我相信他們絕對可以提升台灣企業的經營能力。Supermind工坊的用意在於打破高階經理人的慣性思維，精化六識敏銳度，激發心志能量。工坊內容主要有三部分：靜坐冥思、有機食養、南管樂療。由於高階經理人最缺乏的是時間，所以我們精簡工坊時間為四天三夜，四天三夜是達到所需效果的最起碼時間要求。

靜坐冥思

企業管理學經常強調經理人要建立對自己的信心。但是光說建立信心是不夠的，肚子裏頭要有東西才會對自己有信心，至少能夠突破自己的現階段的身心極限。沒有實質突破自我的極限，一直強調要有信心，只是一種自我催眠，經不起嚴峻的考驗。

靜坐冥思可以在不知不覺中自然調治，精化個人六識能力，強化個人信心，只是它的挑戰性很高，參加者要有心理準備。連續密集靜坐冥思的效果遠非分段短期靜坐所能比擬，也不是其他領導技能訓練（leadership coaching）所能望其項背。Supermind工坊的參與者都是高階經理人，他們接受過不少的領導技能訓練課程，根據他們的回饋反應，心智Supermind工坊比起其他領導技能訓練課程挑戰性高，當然成果也更徹底更深遠。最主要的差別是，一般的領導技能訓練課程是由外而內想改變影響參與者，而Supermind工坊是由內而外的提升個人身心能階達到更高的層次。

靜坐冥思固然效果卓著，但是切忌不得其法。瞎修忙練，往往練出毛病出來。明朝的王陽明篤信「聖人必可學而致之」，立志成為聖人，他用宋朝理學家朱熹的「格物致知」的方法。十七歲那一年，他與一位姓錢的朋友在爺爺的竹軒，每天從早到晚面對著竹子，竭心盡力「格」其中的道理。朱熹說一草一木皆含至理，他們兩人就這樣地格竹驗證。到了第三天，姓錢的朋友格到生病了，王陽明笑他不中用，到了第七天，他自己也心力耗竭病倒了。這一病一直影響到他三十一歲那年，雖然中了進士，也任了官，身體卻太差了，只好告病返鄉休養（註十三）。

日本江戶時期臨濟宗中興祖師白隱慧鶴禪師，十五歲出家，二十三歲的一個晚上，坐禪中聽到鐘聲響而有所省悟，後來到正受老人身邊繼續參禪而開悟，開悟之後的他更加用力修行，二十六歲時因為參禪用力過度，身心疲憊，積勞成疾。後來向洛東白河山的白幽子學習內觀養生法才調好身體（註十四）。

Supermind工坊是專門為高階經理人量身打造設計的，由於高階經理人平素業績壓力大，身心透支相當厲害，不能像一般人修禪那樣嚴格要求，但是又要在四天三夜內達成效果，除了方法得體之外，還需要拿捏力道，並且配合有機飲食養生，方能奏效。

有機食養

美國流行音樂名歌手巴布．狄倫是天才型的創作歌手，但是年紀一大，創意能力也變差了。歌曲直接從腦子裡跑出來的情形已經不再發生，他再也無法那樣寫歌了（註十五）。不僅他如此，所有天才的藝術家都有類似的問題。年紀老化後，能量不足，無法上升到穿過通道連結右腦，這也是為什麼那些天才型的藝術家或科學家到老的時候，創作力就變差了。這樣的問題可以透過靜坐冥思與營養調食來緩減克服。

高階經理人壓力大，壓力造成心理失衡，進而引起生理失衡。尤其人過了四十歲以後，身心狀況逐漸走下坡，更要注重養生保健，讓自己的戰力維持在高檔。

根據我們的觀察，高階經理人平時相當忙碌，根本無暇顧及自己的飲食調養。最根本的原因是，大部分的高階經理人都不懂得如何飲食調養。《韓非子．解老》：「眾人之用神也，躁；……聖人之用神也，靜。」面對上億的業績壓力，能像聖人一樣用心清淨，實在是不容易。我們絕大多數人是凡人，為了業績有壓力是很正常的。既然壓力是無可避免，如果能懂得清淨飲食，讓身心輕盈，可以幫助我們解決很多的壓力所造成的身心問題。

台灣農政機關二〇〇三年九月十五日頒布新修正「有機農產品管理作業要點」之前，「準有機農產品」是被允許的。一些蔬果作物因為產期長，不易防治病蟲害，所以允許使用少部分化學肥料和農藥，但是上市的產品必須經檢驗無農藥殘餘，才可以稱為「準有機農產品」。

有一次我要到中部一個大學演講有機農業，順道去看大湖一位栽培準有機草莓的農友。離開時，他送我一小盒草莓，拿過來一聞，我明顯地聞到農藥味。可是農民說他一個月之前噴的藥，應該沒有問題才對。我堅持要他拿去給相關單位檢驗農藥殘餘。為了做藥物官能感覺辨識，我吃了一顆，十五分鐘我覺得中左方腦袋好像有一處被什麼東西堵住了。到了大學以後，整場演講語無倫次，思考困難。當中我嘗試打了三次大哥大給我朋友，電話號碼都撥錯，六個鐘頭後，我發現腦袋堵住的地方鬆開了，馬上打電話給我朋友，一下子就對了。

我請教那個大學的農藥專家，他說：「老師，草莓為了防治紅蜘蛛，用的藥都是有機化學合成磷的神經性毒藥。」我的天啊！那是腦神經性毒藥，難怪會堵在腦袋裡頭。更不可思議的是，一個月後，農民轉給我分析檢驗報告，真的是沒有農藥殘餘。

二〇〇五年日本群馬縣內科小兒科醫師青山美子在有機農業學會（有機農業研究年度報告）中指出，有機化學合成磷農藥會造成記憶障礙、智力減弱、憂鬱、統合失調等神經障礙，日本許多農地使用的有機磷農藥可說是造成環境污染和自殺率高的元兇。

二〇〇六年日本秋田縣政府認知到，秋田縣的自殺率連續十年都高居全國第一，似乎與有機化學合成磷農藥導致憂鬱症有密切關係。秋田縣是農業大縣，生產蘋果與水蜜桃。

二〇一〇年陽明大學教授陳美蓮發表〈有機磷農藥暴露與兒童注意力缺陷過動症之相關性研究〉，受測的台北地區一百九十五名國小與幼稚園學童中，九成八都在尿液中被驗出低劑量的有機磷農藥殘留。

如果小朋友的尿液都有有機化學合成磷農藥尿殘餘，那麼大人會好到哪裡去，而且長期累積會有什麼樣的問題？有機化學合成磷僅僅是其中的一個例子，其他還有更多食物的農藥殘餘進入人體。

這些飲食問題造成無形的戰力減損，一直是台灣企業界高階經理所忽略的。

南管樂療

兩千多年前荀況在《荀子．勸學篇》裡說：「瓠巴彈瑟很好聽，連沉在水底的魚都浮上水面來聽；伯牙彈琴很好聽，連正在吃草的馬都停下動作，仔細聽他彈琴。」動物的聽力鑑賞水準比人類高，例如，人類只能聽到十六至二萬赫茲的振動音，而狗卻能聽到高達一百萬赫茲的振動音。荀子所提到的現象在現代的世界裡，可能只剩下南管音樂可以印證他的觀察。

南管傳承講究口傳心授，一些幽理微旨不見於文字記錄，而是歷代先賢口耳相傳沿襲下來。南管名譜《梅花操》是一首很好聽的曲子，描述冬末春初，梅花凌霜勝雪，綻放報春。根據南管前賢的口授，《梅花操》樂曲走到最後一章〈萬花競放〉時，琵琶與三絃要此起彼落，此落比起，陰陽交互，高低互換出滿山谷梅林中一區集一區集梅樹輪番綻開花朵的現實臨場感覺。並且琵琶與三絃要彈撥出類似「劈劈啪啪」的聲音，象徵梅苞綻開，爆響空中。梅苞綻開成梅花的聲音應該很小，怎麼會有「劈劈啪啪」的爆響聲呢？唯一可能的解釋即是，寫這首曲子的作者必定是個修道人，耳根已經有「聽之以氣」的功力，才能寫出這樣的曲子，要求如此的彈撥法。從坐禪修行六識精化的角度來看，我認為不少保留在南管裡頭的漢樂，應該是以前道家修行人的作品。

南管練洞簫的人就是在練氣，練丹田之氣，我有一位絃友是某一家知名家庭衛生用品化學工廠的廠長，他也認為長期浸淫南管洞簫，真的改變他的個性，提升他的領導力。南管老樂師們追求的就是入音樂三昧，五種樂器五音和諧時，玩音樂的人很容易進入音樂三昧。

其實西方世界已經注意到這些內容了，像德國柏林音樂學院引進引磬、梵鐘做音樂治療。尤其是禪坐冥思之後，輔以南管音樂，更容易讓人輕盈飄渺。禪坐挑戰性比較高，聆聽南管音樂則比較輕鬆，音樂屬於動態藝術，配合靜態禪坐，一靜一動，動靜二相互相調諧成就。

ＤＩＳＣ個性測驗評估

學員參加Supermind工坊的成效如何，活動結束時，現場調查他們的心得。活動結束後，等他們回歸職場工作後一週，我們再做一次追蹤。一般而言，活動結束時，參加者的眼、耳、鼻、舌、身前五識都會有變化，但是第六識還沒敏感到捕捉到前五識的變化。等他們回到工作崗位，受到環境的刺激，心智與行為自然而然表現出差異，這時候才體會到自己的變化。

為了讓外界有更清楚的掌握，也協助學員瞭解自己的心智行為變化，我們也採用ＤＩＳＣ個性測驗評估Supermind工坊活動的成效。針對學員參加活動之前與之後一個月內，分別做ＤＩＳＣ個性測驗，比較兩次的差異變化。

ＤＩＳＣ個性測驗是由一九二〇年代，美國心理學家威廉・莫爾頓・馬斯頓所建立的，他採用四個非常典型的人格特質因子，即：Dominance（支配）；Influence（影響）；Steady（穩健）；及Compliance（思考），來描述一般人常見的基本情緒反映，也就是常人的「人格特徵」。

在二次世界大戰中，美國廣泛使用ＤＩＳＣ於新兵招募工作，二次世界大戰後，企業界也運用DISC協助聘僱員工。現在，DISC個性測驗是國外企業廣泛應用的一種人格測驗，用於測查、評估和幫助人們改善其行為方式、人際關係、工作績效、團隊合作、領導風格等。

Supermind工坊成果報告

《孟子．離婁》：「聽其言也，觀其眸子，人焉廋哉！」原則上，我們觀察學員在活動過程中的身心反應，已經足夠有效掌握他們的進程。再經過學員的心得回應，可以更進一步確認工坊活動的成效。然而配合DISC測驗，可以讓外界有一個比較清楚的印象。以下我們列舉一些學員案例分享社會大眾。

A先生

他是一位IQ極高的優秀高階經理人。公司給他不少的領導力訓練課程，他卻認為Supermind工坊是他所參加過的最挑戰、最艱苦、但是最有效的訓練課程。

從他的外觀判斷，我認為他可能有某種潛在的毛病，A先生堅持他沒有，何況不久之前，公司所做的高階經理人身體健康檢查，一切都很正常。果然，Supermind工坊的第二天下午，他出現一六〇mm Hg的高血壓。高效力密集坐禪的機制對人體而言，好像是把日產汽車的引擎提升到賓士汽車的引擎，但是如此高效率的運轉之下，哪一處的零件效能不夠時，便會自動顯現出來。

我們的高階經理人或多或少都有一些潛在的毛病，只是平常不會表現出來，一遇到超限運轉時，便會曝露出來。一個月以後，他給我們的回應是：耳聰目明後，他對自己的決策能力更有自信，更加果決。

A先生，Supermind工坊活動前DISC分析

領導統御上的完美主義者，具備全方位系統的思想。個人生活和工作上謹慎地按照程序一步一腳印地累積知識與人脈。在一個井然有序的環境下，指揮與管理團隊，明察秋毫地指導並交付已預定的工作任務。以委婉的外交模式與人溝通，很少對人說「不」。刻意尋求高精密度及高水準，期望自己是一位態度好又認真的領導楷模。但是有時會陷入過度追求完美與拘泥小細節，尤其是必須做出重大決策的時候。喜歡安全的環境，希望團隊都能依標準作業程序完成使命，不要有突然的意外插曲。

A先生，Supermind工坊活動後DISC分析

最大的改變是不再侷限於一個安全的框框內，而是淬鍊出一個更大方向、更大格局的魄力；自信心增加了好多倍，連他自己都很訝異。行為模式由內斂謹慎轉變到高能量，樂觀和進取。溝通手法不再太委婉求全，而是以更真誠的心、以更忠實的角度去贏得別人的尊敬與跟隨。他仍然保有對己對人的高標準要求，比以前更喜歡收集事實，以更科學、更客觀的方法與團隊溝通，進而做出更正確的決定。

一旦做出任何決定後，他帶領組織整體一致朝向目標。主張友善、熱情、健談的人際關係，能設身處地從別人的角度思考問題。當啟動一個新項目時，他完全掌握要點，知道團隊的預期心理，盡心盡責的說服別人，透過邏輯分析與平日團隊培養出的感情去達成目標。

B先生

他是香港人，曾經是帶領一萬員工的VP，從廣州來台灣參加Supermind工坊。幼年時候，家庭經濟困難，那樣的環境孕育他從小即有致力脫貧，成就功名的壯志。他之所以想接觸禪，是因為他觀察到美國老闆由於獨子喪生，萬念俱灰的情況下，只

有念觀世音菩薩名號才告消解愁緒。因此B先生也想一探佛法的究竟，他是個運動健將，他知道自己有躁進的毛病，卻苦於沒有能力改變。Supermind工坊後，他有不少的感想，他建議我們應該擴大到整個華語地區，協助高階經理人提升心志能量。從此之後，他刻意蒐羅、閱讀禪的相關書籍。

B先生，Supermind工坊活動前DISC分析

積極、主動、強烈企圖心的領導統御。前瞻、創造性的思考能力，高度自信於自己的說服力，喜歡用直接的溝通方法與協調。目標導向為主的管理方式，樂於幫助別人實現目標。行動前會做好規畫並協調相關的活動，但是對例行公事容易感到不耐煩，沒有興趣關照太細膩的細節，所以會有一些挑戰。他一直以來尋求權力與聲望的不斷提升，是一位有影響力、擅長解決方案的能手，但是不太信任別人。他盼望能在一個更加和諧的工作環境，帶領想法一致，循序漸進的團隊。

B先生，Supermind工坊活動後DISC分析

最大改變是可以放下身段並且多一點信任別人。行為模式由先利己而利他轉變成先利他而利己。

雖然保留一直以來的創造性的思考能力，但是溝通的手法已經改變，不再以單向直接的溝通方法去管理與協調，多了一些真誠的關懷與傾聽。透過別人的分享與回饋，更清楚如何發揮自己的領導統御的能力。不再強力行銷自己的觀點，由於先利他而利己的行為模式，獲得周遭多種類型的個人的真正尊重。以友好的方式與不斷的努力，共同達成自己所預設的目標。自己也察覺到應該要留神多一點小細節，不要意氣用事，過度熱情，會造成過度行銷。他已經認知到自己容易高估自己的能力。他追求自由，希望更有效地工作，建立權威與威望。

C先生

C先生個性溫柔，擁有美國一流學府的博士學位，卻是個武林奇葩。本來就對禪有點興趣，但是未經過完整系統性的導引。他在Supermind工坊活動的第二天，一部分身體已經空掉，第三天身體空掉只剩一個腦袋還沒空掉。如此的成績相當殊勝，一般理工科高ＩＱ的人，很少能在短短的三天內有這樣的體證。

回去工作上班後，引入禪的概念，激勵引導他的下屬。發現自己變成經常可以比旁人更早看出問題癥結所在。

C先生，Supermind工坊活動前DISC分析

「顧問型」的領導統御，濃厚的熱情與善體人意，善於引導團隊成員達成共識與既定目標。擅長與人溝通，並且被認為是很好的聽眾。不會強迫別人接受自己的想法，事實上，他可能是太間接地下達指示。往往要求自己比要求別人更高。對於別人的是與非與種種表現過於寬容和耐心。他鼓勵團隊成員面臨壓力時要多為別人設身處地著想。時間管理需要改善，容易高估完成任務所需的時間。盼望在工作上得到團隊每一個成員的關注和好評。

C先生，Supermind工坊活動後DISC分析

最大改變是增強了自信心，體悟不當濫好人。領導統御的行為模式由過度寬容和耐心，轉變成積極設定標準與原則供大家遵守。保持原來就有的傾聽修養，但溝通的手法蛻變成不再拐彎抹角，會適時給予直接的指點與引導。仍然不喜歡用權威式的

管理方式，但管理模式由好好先生的「顧問型」，轉為更有效益的「輔導長型」；輔導團隊成員達成目標，同時對於表現優劣者適時適度地執行獎懲。持續保有原來的熱情、同理心，和理解別人對他的好評、喜愛和深刻印象。樂觀的人生態度讓他很容易看到別人的優點，並且建立長期友好關係。面對壓力，仍然堅持「人是最重要的」，採取寬容與間接溝通手法，但是變得更細心與實務，提供更高度效益的輔導與建議。

D先生

D先生是一位住在台灣三十幾年的英國人。現年七十二歲，每年參加二十公里的「半馬拉松」長跑。可能年紀大了，D先生素來有因循拖延的毛病，他自己也知道，卻一直無法改善。他來參加Supermind工坊的最主要目的是想要對治這個毛病。

D先生坐在蒲團上，佝僂著上半身像是一隻水煮過的蝦子。第一、二天他必須坐在兩個疊在一起的加高型蒲團上，第三天他主動拿出一個蒲團，第四天他的背部已經可以拉直了。他很驚訝如此的效果，因為曾經進出健身房一段頗久的時間，想把背部拉直，但是一直沒有奏效，卻在Supermind工坊的四天中把背部拉直了。

D先生，Supermind工坊活動前DISC分析

領導統御上是一位開創者，意志堅強不斷尋求新的視野。自力更生，是一位獨立的思想家，喜歡自己找到解決的方案。不喜歡受到任何的制約，而影響到他的相對自由。經常使用直接有力的溝通方法，想要精明地管控團隊的每個成員。參與其他團隊時，若個人主義被限制，他很容易成為好戰分子。執著追求成功與滿足願望，盡一切努力克服障礙。對別人的期望很高，最有興趣是實現自己的目標，重視進步和挑戰的機會。但是他可能缺乏同理心或漠視別人的反應。

D先生，Supermind工坊活動後DISC分析

最大改變是行動更為迅速。人格特質仍然是個人主義者，但是由一位喜歡完全獨立開創事業的先鋒者，轉變成稍為可以與人共享並以結果為導向的領導者。積極尋求和發展自己的能力來完成所追求的結果。變成一位以結果為導向的人，面對艱鉅的任務，願意承擔責任與他人共同完成重要任務。仍然傾向於迴避制約因素，像是被直接控制、陷入費時的細節和常規。喜歡單獨工作，但也會說服別人支持他的努力，尤其是在執行日常任務。他變成一位行動快速的思想家，對一些常規會很不耐煩，當下定

決心時，即使是面對對立，也不輕易妥協，所以仍然會顯現出漠不關心的態度。

後記

參加Supermind工坊的學員，有一半是我們公司曾經面談過的職缺應徵者，有一半是我們介紹到客戶公司任職的高階經理人。前者在面談中，我們瞭解他們的身心狀況，建議他們參加Supermind工坊，提升自己的身心能量；後者則通常兩、三年後會遇到瓶頸。一般而言，這些瓶頸不是他們的業績不好，而是其他的因素。舉例而言，有一位經理人表現太好，國外的總部跳過他的上司直接和他接洽，而他的上司正是當初招雇他進入公司的長官，結果這位經理人不擅長處理這樣的事情，竟然搞到胃潰瘍。技術背景出身的人通常不太懂得如何處理類似這樣的心靈智慧的課題。

我們當然希望介紹進去客戶公司的高階經理人不僅業績表現好，能做越久越好，如此對於客戶公司、我們公司、還有高階經理應徵者三方面是三贏的局面。基於上述問題的發現，所以我們設計了Supermind工坊來協助高階經理人。

原則上，我們已經相當程度瞭解參加Supermind工坊學員的心志情形，所以知道如何透過這個訓練活動提升他們的心智能量，而他們參加Supermind工坊前後的個性變化，也很高程度與DISC的前後測驗結果相吻合。

還有一位高階經理人平常喜歡照相，用的相機是一台十幾萬台幣。他用度假的心情參加Supermind工坊活動，到了第三天他說，他突然發現自己的照相技術變強了，取景比以前漂亮多了。

景色進入我們的眼球，一定都是一樣，但是由於大腦的篩選效果，導致不一樣的視覺效果。舉個例子來說，同樣一幅畫，一百人看過後寫出來的心得，會有一百種不同的看法。這一幅畫依然如此，並沒有改變，唯一改變的是人腦。

當自己都能感覺到自己的照相能力強化了，表示這位高階經理人的眼識比以前更敏銳；他同時也發現說服部屬的能力變強了。

我們前幾次的活動都在二月底舉辦，氣候還是有一點寒冷。有一位高階經理人早上出來外面做早操時，兩隻手總是縮在口袋裡面。我請他把手拿出來，擺開動作，他勉為其難的做出動作。我當下覺得事有蹊蹺，上前一摸，他的雙手是冰冷的。這是不可能發生的事情，尤其到了第三天的時候，手腳應該是溫暖的才對。仔細追蹤他的飲食習慣，原來他受了坊間那些書的影響，飲食不對勁。

書裡面說肥肉不好，會造成心肌梗塞，他就不吃肥肉；書上說喝茶、喝紅酒可以幫助清除膽固醇，他就喝不少的茶與紅酒。這些片斷的知識講得都對，但是組合起來卻不對。過多的紅酒與茶，洗除胃黏膜細胞的脂肪保護層，會形成潰瘍傷口，加上缺乏脂肪，無法修補胃潰瘍，所以腸胃吸收能力不好，營養能量無法送達遠端末梢神經，當然手腳冰冷。

最後的時間，我們傳予他一些基本的調食概念，讓他回去強化自己的身心靈狀況。其實很多高階經理人都不懂養生調食，以致於無法提升戰鬥力。

由以上的成果報告中，讀者不難捉摸到，為什麼蘋果電腦公司的賈伯斯有那樣的成就了吧！再者，這些高階經理人學員以前都未接觸過靜坐冥思、有機食養、南管音樂，這是他們的第一類接觸，成果相當卓著，他們身心的轉化超過我們原先的預期。

我們深信台灣的高階經理人不會比先進國家的高階經理人差，只是他們長期消耗而不知補養，減損戰力。台灣企業界所欠缺的是要有方法提升高階經理人的心志能量，而這個解決方案，就存在「禪」裡頭。「不經一番寒徹骨，哪得梅花撲鼻香。」其實密集坐禪是一項艱鉅的挑戰，能行難行，能忍難忍，我們的高階經理人是在挑戰他們自己的極限值。乍看之下，他們似乎是養尊處優慣了，然而活化的心志，爆發出來的力量，讓他們堅持到活動結束，完成這一個比魔鬼訓練營還要魔鬼的Supermind工坊活動，他們提升自己的身心靈，更上一層樓。

明心見性企業禪

BBC knowledge頻道有一個節目「哺乳類全傳」，提到原始人類與蟒蛇的關係。科學家從印尼的原始部落土著的生活圈裡發現不少人與蛇的相關遺跡，他們的祖先與蛇不僅是互相防範，而且還是共同獵物的競爭者。人與蟒蛇共同覬覦一隻兔子，若蟒蛇捷足先登，人類就得挨餓，反之亦然。所以人類除了留意不被蟒蛇吃掉外，還要和牠競爭獵物。所以原始人類發展出特殊意識能力，感知蟒蛇的位置，如此的意識能力很自然地保留在基因裡頭，一代一代地遺傳下來。

到了現代，雖然原始部落土著的食物來源和蟒蛇已經不再重疊，兩者的關係也不再那麼緊張，但是小孩子們身上仍然繼承著祖先的感知能力。不用經過後天學習，先天遺傳的能力讓他們能夠自然而然地意識到蛇的藏身位置。但是等到他們長大成人之後，這種感識能力卻消失了。

如同土著部落的小孩，我們每一個人降生到這個世界時，都帶著清淨本性的超能力，但是隨著環境汙染和欲望增長，便漸漸地失去這些超能力。

努力回憶一下，你最初有記憶的年紀，可以追溯到幾歲的時候？大部的人是三歲或四歲，再更早一些也不過是兩歲的年紀吧！然而從出生到開始有記憶的這一段時間，我們仍然活著，只是沒有記憶而已。這段天真無邪的時間內，每一個時刻都是「現在」。開始有記憶能力之後，我們就有「過去」，相對地也就有「未來」；有了記憶能力之後，我們開始有快樂，相對地也就無法迴避痛苦。

滌除玄覽

現象界是二元法的世界，有快樂就會有痛苦，有痛苦也一定會有快樂。但是人類天性好逸惡勞，一味追求六識的愜意快樂，反而墮入聲色犬馬的陷阱。《老子·第十二章》：「五色令人目盲；五音令人耳聾；五味令人口爽。馳騁畋獵，令人心發狂；難得之貨，令人行妨。是以聖人為腹不為目，故去彼取此。」道家哲學強調聖人的用心清淨，日常飲食僅為滿足基本生存，長養肉身，袪除老病，而不是追逐山珍海味的口腹欲望。

《老子．第十章》：「專氣致柔，能嬰兒乎？滌除玄覽，能無疵乎？愛民治國，能無知乎？」一心一德專意於打坐，可以將自己從「目盲耳聾心發狂」的昏聵愚昧，拉回到清淨本性，身心柔軟如同初生的嬰兒；玄異妙澈，洞見事物的本質，見人未見，發人未發；智慧聰睿，處理國事政治游刃有餘。春秋戰國時代的英雄風雲人物，例如：管仲、范蠡、樂毅，可以說是另類的道家修行者。居廟堂之上，他們是股肱良臣，修治事業，則是殷商巨賈。范蠡輔佐越王勾踐，功成身退後，個人財富三聚三散，最後化身商場，成為大實業家陶朱公。

中庸之道

《中庸．第四章》子曰：「道之不行也，我知之矣：知者過之，愚者不及也。道之不明也，我知之矣：賢者過之，不肖者不及也。人莫不飲食也，鮮能知味也。」

中庸大道不能施行於天下，是由於聰明的人操持太急，矯枉過正；另一方面魯鈍的人則不知不覺，反應遲鈍。不管聰明與魯鈍，各自落入兩端，都是「扁擔漢」只看一邊，沒有能力觀照全面。

《中庸‧第二章》仲尼曰：「君子中庸，小人反中庸。君子之中庸也，君子而時中；小人之中庸也，小人而無忌憚也。」孔夫子說能夠實踐中庸大道的人就是君子，反之，不懂得施行中庸的人就是小人。這裡孔子所說的小人不是邪佞奸惡的人，而是不瞭解中庸真義的人。

如何是中庸之道呢？老子：「治大國如烹小鮮」，人類一切思想與行為都受到慣性定理的制約，國家大事與法律不可以經常更動，就好像煎魚一樣，經常翻動魚身，魚肉很容易散落。但是「世事如棋局局新」，經常是計畫趕不上變化，聖人治國要洞燭先機，通權達變，只是聖人以戒懼謹慎的態度來面對變動的當兒；而小人則不管三七二十一，未經過審慎衡量說變就變。

孔子進一步用「人莫不飲食也，鮮能知味也」，詮釋中庸之道。這一句話很少有人做深入的解釋，宋朝朱熹註解的《四書集註》也未加詳解。一日三餐，人沒有不飲食，但是吃什麼卻自己不知道。孔夫子是養生美食專家，非常清楚飲食養生的道理。人要順應一年四季的變化，調整自己的飲食，讓個人精力充沛應付時勢的變化。比如說，氣候從春天進入夏天，天氣燥熱，我們要減少肉類的攝取，而多食用當季蔬果像是苦瓜、菜瓜、小黃瓜或竹筍等；若是冷涼食物攝取過多了，身體太過生冷，則要吃點荔枝、龍眼等燥熱的水果調整回來。氣候由秋天進入冬天，為了抗拒寒冷，我們多補充一些肉類飲食，但是也要吃點柑橘類水果，尤其是加減一些有機橘子皮。因為肉類攝取多了，橘子皮的精油可以幫忙去除膽固醇，我們的身體才不至於累積太多脂肪導致心肌梗塞。

如果像孔夫子一樣深諳飲食養生的道理，必然也會運用這番道理處理日常事務、經營企業甚至治理國家。所謂中庸之道即是「對治」，順應時勢變化而做調整對治，但是能夠運用中庸，靈活變通的前提是具有洞見時局變化的敏銳觀察力。

孔夫子之所以懂得飲食養生之道，全在於他的舌識敏銳，吃了什麼東西，生理機能能夠很快地反映出來。比如說，西瓜是大寒的食物，夏天要吃西瓜抗暑，吃了一片西瓜剛剛好，再多了一些些，身體便感覺有點冷，馬上知道要吃一點肉或喝一點酒補充熱量回來，驅除風寒。但是如果味覺與生理系統反應遲鈍，吃了太多的西瓜，自己雖然不感覺到過度冷涼，事實上已經罹患感冒，無形中減損自己的戰鬥力。

儒家的修業也講求靜坐冥思，所以孟子說：「我善養吾浩然之氣。」易經：「知幾之謂神」，事情尚未發生之前必然有徵兆，孔孟等聖賢人六識敏銳，讀取這些徵兆，便知道如何應對將要發生的事情。

撥雲見月

當年釋迦牟尼佛在菩提樹下成道時說：「奇哉！奇哉！一切眾生皆具如來智慧德相，但因妄想執著，不能證得，若離妄想，一切智，自然智，即得現前。」「本來無一物，何處惹塵埃。」眾生本來清淨，像是十五晚上的滿月，皓潔明亮。

但是人在江湖，身不由己，職場中為了生存，爾虞我詐，你爭我奪。明月被烏雲遮住了，顯露不出光亮。但這並不表示，明月消失了或皓潔有所減損，它只是被烏雲遮擋住而已。

打滾在紅塵俗世中，我們幾乎無可避免被這個大染缸污染，重要的是能時時惦記著淨化自己，以免越陷越深，積重難返。「時時勤拂拭，勿使惹塵埃。」參禪打坐即是「時時勤拂拭」的功夫，明鏡縱使蒙塵，只要勤加擦拭，還是可以恢復明鏡的光輝；所以不怕明鏡染塵，只怕是不知道要經常清掃拂拭。

根據我們的觀察，高ＩＱ的人靜坐冥思後，反差很大。「萬般皆下品，唯有讀書高」，以心智能力做為主流價值觀的社會結構上，六識反認的結果讓他們本來就傲人一等。但是離開學校進入社會後，企業經營只問業績不問出身的情況下，他們同樣經歷不少的挫折，累積在腦神經裡的挫折因子作祟，壯志消沉，他們不敢嘗試冒險。一旦透過禪坐，六識敏銳化後，又清除腦中的負因子，剎那間即可恢復自信心，勇猛進取。這就是為什麼自古以來，中國的高級知識分子比較能接受禪的原因。

禪坐的效果對高ＩＱ的人表現在「慧力」上，對低ＩＱ的人則表現在「定力」上。《圓覺經》：「無量清淨慧，皆從禪定生。」低ＩＱ的人受到所知障的侷限比較小，因此入禪定的機會比較高。體驗過禪定的人，知道世界的實相不止是眼前的現象界而已，不會被現實世界牽絆住，更能深刻檢討過去，提高未來的能見度。

近幾年來，全世界有目共睹，韓國三星集團的崛起。一九九七年，亞洲金融危機波及韓國，三星的長期負債甚至高達一百八十億美元，近乎公司淨資產的三倍。那時候三星領悟到，必須變法圖強，才能生存下來。三星集團會長李健熙最有名的宣示就是：「除了妻子、孩子，什麼都要變。」他們採用變更上下班時間，從早上九點上班下午六點下班，改為早七晚四，甚至練習以左手吃飯，讓員工適應變化。

「諸行無常，一切在變。」連妻子和孩子都可以變。今天穿洋裝，明天換套裝；今天別個胸針，明天換個耳環；你的老婆有沒有變呢？她絕對可以永遠漂亮，擄獲你的心。如果不行，是你的問題，不是她的問題，因為你的慣性認知太重了，所以體會不出環境的變化。解決的辦法：大家一起來，坐禪吧！

企業人無論高階低階，高ＩＱ低ＩＱ都可以藉由參禪打坐，精銳自己的六識，昇華身心靈，創新經營管理，振興事業經濟。

註一 本節有關賈伯斯的資料引用自：《賈伯斯傳》；華特．艾薩克森◎著，廖月娟等譯，天下文化，二〇一一年十月二十五日，一版二刷。

註二 《指月錄》（卷之八）六祖下第三世上；洪州百丈山懷海禪師。

註三 《賈伯斯傳》第六六八頁，華特．艾薩克森◎著，廖月娟等◎譯，天下文化，二〇一一年十月二十五日，一版二刷。

註四 《叔本華選集》第一至四十二頁，叔本華◎著，劉大悲◎譯，志文出版社，再版，一九九七年四月。

註五 《西洋音樂故事》，第一七八至二一二頁，赫菲爾◎著，李哲洋◎譯，志文出版社，一九九五年十二月，再版。

註六 承接「第三章天人生活與科技經濟——五百世野狐身」出自：《指月錄》（卷之八）六祖下第三世上；洪州百丈山懷海禪師。

註七 《賈伯斯傳》；第二八五頁，華特．艾薩克森◎著，廖月娟等◎譯，天下文化，二〇一一年十月二十五日，一版二刷。

註八 《指月錄》（卷之二十四）；六祖下第十一世；潭州石霜楚圓慈明禪師。

註九　《賈伯斯傳》；第一八八頁，華特．艾薩克森◎著，廖月娟等◎譯，天下文化，二〇一一年十月二十五日，一版二刷。

註十　《指月錄》（卷之二十四）六祖下第十一世；潭州石霜楚圓慈明禪師；「此眾無枝葉，唯有諸真實」出自《法華經．方便品》，意思是「支流末節的知見之徒走光了，留下來的眾人才是真正想掌握宇宙真實大義的人。」

註十一　《賈伯斯傳》；第四六二至四六四頁，華特，艾薩克森◎著，廖月娟等◎譯，天下文化，二〇一一年十月二十五日，一版二刷。

註十二　同上書，第七十三至七十四頁，及一六八、三八〇、六五九頁。

註十三　《大儒王陽明》；第十七頁，周月亮◎著，海南出版社，二〇一二年三月，五刷。

註十四　《白隱禪師夜船閒話》；伊豆山格堂◎著，春秋社，一九九五年六月十五日，十二刷。

註十五　《賈伯斯傳》；第五七二頁，華特．艾薩克森◎著，廖月娟、姜雪影、謝凱蒂◎譯，天下文化，二〇一一年十月。

結語

三十年間磨一劍 凌空登頂問鋒芒

感謝的話

三年前閉關圓滿下山後，謁見祖師爺，祖師爺劈頭就說：「你可以寫一、兩本書了吧！」我茫茫然無言以對，但是這一句話一直駐留在我的心頭裡。

兩、三年來接觸企業界，終於誘發我找到寫書的靈感。現象界的世界如果是完美的話，那可太無聊了，因為完全不需要改善。正因為有改善的空間，顯示一定還有問題；既然有問題，那就先找出問題所在，再尋求解決問題的方案——所以我寫成了這本書。「台上一分鐘，台下十年功。」雖然我用了一年半的時光寫成這本書，實際上卻是累積三十年參禪的領會。一切在變，日新又新，短短的一年半之間人類社會又有不少的創新變化：諸如，Google的眼鏡、Tesla的電動車。科技進展促使人類生活又跨近一步天人的快意世界。

感恩是做人的最基本道理，尊師重道、孝養父母都是感恩的表現，禪門中人更應該學會懂得感恩。

感謝：追隨三十年的大毗盧遮那禪林祖師爺顧老師，徹底改變我的人生。

感謝：太太良宜，無畏閒言閒語，支持我深山坐禪閉關，並扛下家計。

感謝：母親與岳母的體諒、幫忙看顧我的家庭。

感謝：兒子德霖、梵霖的體恤分憂、協助家庭的成長，並讓我從他們身上印證佛法。

感謝：我的兄姊親人及太太娘家兄長親族們容忍我的任性專橫，並給予我們精神與物質支援。

感謝：大毗盧遮那禪林先進與同修們的提攜，有機農民好朋友的扶持，和廚餘堆肥的革命夥伴Pierre Loisel提供台灣電腦產業肇端的第一手資料。

感謝：雅書堂發行人詹慶和先生，總編輯蔡麗玲小姐，編輯林昱彤小姐熱誠協助，促成本書付梓出版。

感謝：一切「冤債主」，困知勉行，增益吾所不能。

國家圖書館出版品預行編目資料

明心見性企業禪 / 吳三和著. -- 初版.
-- 新北市 : 雅書堂文化, 2013.09
面； 公分. -- (People ; 12)
ISBN 978-986-302-128-5 (平裝)
1.企業管理 2.佛教修持
494 102015463

People 12

明心見性企業禪

作　　者／吳三和
發 行 人／詹慶和
總 編 輯／蔡麗玲
執行編輯／林昱彤
編　　輯／蔡毓玲・劉蕙寧・詹凱雲・李盈儀・黃璟安・陳姿伶
封面設計／陳麗娜
內頁排版／鯨魚工作室・造極
美術編輯／周盈汝・李盈儀
出 版 者／雅書堂文化事業有限公司
郵政劃撥帳號／18225950
戶　　名／雅書堂文化事業有限公司
地　　址／新北市板橋區板新路206號3樓
電子信箱／elegant.books@msa.hinet.net
電　　話／（02）8952-4078
傳　　真／（02）8952-4084

2013年9月初版一刷　定價 350 元

總經銷／朝日文化事業有限公司
進退貨地址／235新北市中和區橋安街15巷1號7樓
電　　話／02-2249-7714
傳　　真／02-2249-8715
星馬地區總代理：諾文文化事業私人有限公司
新加坡／Novum Organum Publishing House（Pte）Ltd.
20 Old Toh Tuck Road, Singapore 597655.
TEL：65-6462-6141 FAX：65-6469-4043
馬來西亞／Novum Organum Publishing House（M）Sdn. Bhd.
No. 8, Jalan 7/118B, Desa Tun Razak,56000 Kuala Lumpur, Malaysia
TEL：603-9179-6333 FAX：603-9179-606

ZEN Q
Practice